"十二五"职业教育国家规划教材

经全国职业教育教材审定委员会审定

工程流体力学（第三版）

主　编　孙丽君

副主编　王海瑛　侯　涛

编　写　杜雅琴

主　审　幸福堂　邹文华

中国电力出版社

CHINA ELECTRIC POWER PRESS

内 容 提 要

本书为“十二五”职业教育国家规划教材。

本书系统地阐述了流体的性质、流体静止和运动的基本规律，着重介绍了流体一元管流流动的基本规律，侧重工程实例和管道计算等方面的内容，同时对平面运动、气体动力学基础知识进行了介绍。

本书可作为高职高专电力技术类热能与动力装置专业和火电厂集控运行专业的教材，也可作为电力职工大学和高等院校成人教育、函授相应专业的教材，还可供有关专业技术人员参考。

图书在版编目(CIP)数据

工程流体力学/孙丽君主编．—3 版．—北京：中国电力出版社，2014.8（2022.5 重印）

“十二五”职业教育国家规划教材

ISBN 978-7-5123-5976-5

Ⅰ.①工…　Ⅱ.①孙…　Ⅲ.①工程力学-流体力学-职业教育-教材　Ⅳ.①TB126

中国版本图书馆 CIP 数据核字(2014)第 117636 号

中国电力出版社出版、发行

（北京市东城区北京站西街 19 号　100005　http://www.cepp.sgcc.com.cn）

北京雁林吉兆印刷有限公司印刷

各地新华书店经售

*

2005 年 8 月第一版

2014 年 8 月第三版　　2022 年 5 月北京第二十三次印刷

787 毫米×1092 毫米　16 开本　13.25 印张　316 千字

定价 **38.00** 元

前　言

本书第一版为教育部职业教育与成人教育司推荐教材，2010 年修订为第二版，第三版被评为“十二五”职业教育国家规划教材。

本教材因针对性强、容量适中，符合高职高专的教育要求，经过近几年的使用，受到广大读者欢迎。同时，编者收到了许多老师和学生们的意见和建议。此次修订，主要是在第二版的基础上进行修订、补充和完善。

本教材除了继续注重于流体力学基本知识的阐述、理论上的公式推导大量简化外，重点补充了实际现场实例并修订了一些习题，按照必需、够用的原则，强调基础理论的同时又注重结合后续专业课程的内涵，有针对性地介绍了流体力学的基础知识。为了加深读者对流体力学中涉及的概念、现象的理解，提高学习兴趣，本次修订增加了 12 个课外阅读，分别列于部分章节之后。

本书的绪论、第三章第五～第八节、第四章和课外阅读由郑州电力高等专科学校孙丽君编写，第一、二章和第三章的第一～第四节由保定电力职业技术学院王海瑛编写，第五、第六章由郑州电力高等专科学校侯涛编写，本教材再版补充了配套的电子教案(见 http://jc.cepp.sgcc.com.cn)，由郑州电力高等专科学校杜雅琴老师制作。本书由孙丽君主编，侯涛、王海瑛任副主编。

本书在修订过程中参考了有关教材和文献资料，得到了其他院校老师和企业技术人员的大力支持，在此表示衷心的感谢。

编　者
2014 年 7 月

第一版前言

本书为教育部职业教育与成人教育司推荐教材，是根据教育部审定的电力技术类专业主干课程的教学大纲编写而成的，并列入教育部《2004～2007年职业教育教材开发编写计划》。本书经中国电力教育协会和中国电力出版社组织专家评审，又列为全国电力职业教育规划教材，作为职业教育电力技术类专业教学用书。

本书体现了职业教育的性质、任务和培养目标；符合职业教育的课程教学基本要求和有关岗位资格和技术等级要求；具有思想性、科学性、适合国情的先进性和教学适应性；符合职业教育的特点和规律，具有明显的职业教育特色；符合国家有关部门颁发的技术质量标准。本书既可以作为学历教育教学用书，也可作为职业资格和岗位技能培训教材。

本教材主要作为高职高专热能动力类、集控类专业工程流体力学教材使用，也可作为现场岗位培训和岗前培训使用教材，同时也可作为相关专业技术人员的参考书目。

鉴于本课程的性质和使用对象，编写本教材时，按照必需够用的原则，简化了理论上的公式推导，并以大量的生活事例、自然现象和大型火电机组所涉及的仪表设备为实例，在强调基础理论知识的同时，注重结合后续专业课程（如锅炉设备及运行、汽轮机设备及运行、泵与风机等）的知识要点，系统地、有针对性地介绍了流体力学基础知识。

本书的第一章、第二章和第三章的部分内容由保定电力职业技术学院王海瑛编写，绪论、第三章部分内容和第四章由郑州电力高等专科学校孙丽君编写，第五章、第六章由郑州电力高等专科学校侯涛编写。本书由孙丽君担任主编，侯涛担任副主编。

武汉科技大学化工与自然环境学院幸福堂副教授和河南电力试验研究院邹文华高级工程师担任本书主审。二位审稿老师花费了大量的时间和精力从不同的侧面提出了很多宝贵的意见。幸福堂老师在篇幅裁减、内容表述、文字校核方面，做了细致严密的审核，邹文华高级工程师提供了许多现场技术资料。同时，本书在编写过程中参考了有关教材和文献资料，得到了其他院校老师和企业技术人员的大力支持，在此表示衷心的感谢。

限于编者水平，书中不当之处，恳请读者斧正。

编　者

2005年5月

目　录

绪　论

流体力学是力学的一个分支。根据研究对象不同，力学大致分为以受力后不变形的绝对刚体为研究对象的理论力学，以受力后产生微小有限变形的固体为研究对象的固体力学，以受力后产生较大变形的流体为研究对象的流体力学。

流体力学是研究流体的平衡和运动规律，以及流体与约束其流动的固体壁面之间相互作用的一门学科。流体力学属于物理学的范畴，是一门理论与实验紧密结合的学科。

物理学从不同角度来研究流体。从流体分子的微观结构和热运动概念出发，运用概率统计方法来解释和揭示流体宏观现象和运动规律的本质，属于分子物理学研究范畴；以观测和实验为依据，从能量观点出发，分析流体在状态和相态变化过程中有关热、功、能转换的关系和条件，属于热力学研究的内容。

流体力学研究由于外部原因而影响流体平衡与运动的规律。研究中，我们也是从宏观角度来对流体运动现象进行观察，分析流体运动过程中力（动量、动能）与运动（位移、速度、加速度）之间的制约关系。

流体力学与其他自然科学的成长过程相同，它们都是人类在实践活动中，认识和总结流体的规律而发展成为自然科学的一个重要分支学科。

公元前20世纪，中国、古埃及、古希腊和古罗马等古国的劳动人民，已在水利灌溉、城市供水、造船和航运中积累了丰富的水力学知识。最早的流体力学研究文献是阿基米德（公元前250年左右）的《论浮体》一书，揭示了有关"浮力"的基本定律。

文艺复兴时期的著名艺术家和物理学家达·芬奇曾系统地研究过沉浮、孔口出流、物体运行阻力、流体在管道和水渠中流动等问题。1510年他发明的离心抽水机，已具有现代离心泵的雏形。他的《论水的流动和水的测量》一文将水利工程和流体力学问题结合起来研究，在他逝世400多年后仍能发表。

达·芬奇以后，很多科学家对流体力学基础理论作出了巨大贡献，流体力学开始了快速的发展：1612年伽利略建立了沉浮的基本理论；1586年斯蒂芬建立了液体压力和连通器定律，解释了"静水奇象"；1643年托里拆利发明了水银气压计，论证了孔口出流基本规律；1650年帕斯卡证明了流体中压力传递的基本定理。在这个时期基本建立了流体静力学的基础理论。1686年牛顿建立了流体内摩擦定律。另外，牛顿、伽利略等人对有关阻力的一系列问题的研究，为流体力学学科的建立准备了条件。

流体力学成为一门独立的学科，始于18世纪。科学家对流体流动问题进行了很多理论分析，但是某些理论与实际之间还存在着很大的差异，其结论甚至完全相反，如达朗贝尔提出，当一个无限长的圆柱在理想流体中运动时，流体没有对物体产生阻力，其结果与实际不符，这就是所谓的"达朗贝尔疑题"。因此，对流体流动问题的研究出现了两种不同的方法，一个是以严密的理论分析为主，另一个是以实验研究为主。

18世纪以来，大批科学家对流体力学作出了卓越贡献。伯努利首先采用"流体动力学"这一术语，他通过实验和理论推导，总结出流体流动过程中能量转换的基本关系，即著名的伯努利方程。达朗贝尔根据质量守恒定律，提出了流体流动的连续方程。欧拉在 1755 年导出了描述流体运动的著名的欧拉方程，被人们誉为古典流体力学的创始人。拉格朗日发展了欧拉理论。纳维尔和斯托克斯导出了黏性流体运动方程，他俩被视为近代流体动力学的理论奠基人。之后，亥姆霍兹和克希霍夫在旋涡运动和分离流动的理论与实验方面进行了大量研究，从而解决了许多理论与实验结果之间的矛盾。

19 世纪末，工业生产蓬勃发展，加速了流体力学和水力学的发展。工业领域不仅有水的流动问题，而且还涉及其他种类流体的流动问题。对其他流体的研究促进了相似理论的发展。雷诺提出了层流与紊流的概念，找出判别流动状态的重要参数——雷诺数，为流动阻力和能量损失研究奠定了基础。同时，瑞利运用相似理论和量纲分析，解决了流体力学中大量的关键问题。1904 年普朗特提出了边界层理论，对黏性流体力学模型的建立起了很大的作用。同时，航空工业和动力工业的兴起促进了空气动力学的发展，使其成为流体力学的一个重要分支。儒可夫斯基创立了机翼升力理论，对螺旋桨和机翼的研究作出了杰出的贡献。20 世纪初，紊流理论、可压缩流体运动理论、高速空气动力学的研究获得了巨大的成就。20 世纪 50 年代以后，随着宇宙航行、原子能工业的发展，稀薄动力气体学、电磁流体力学也成为新的流体力学分支。近年来，由于高分子材料、生态环境保护等学科发展的需要，非牛顿流体力学、多相流体力学、生物流体力学、气动噪声流体力学也在创立和发展中。

流体力学是一门基础性很强和应用性很广的学科，它的研究对象随着生产的需要与科学的发展在不断地更新、深化和扩大。20 世纪 60 年代以前，它主要是围绕航空、航天、大气、海洋、航运、水利等方面，研究流体运动中的动量传递问题，即局限于研究流体的运动规律，研究流体与固体、液体或大气界面之间的相互作用力问题。20 世纪 60 年代以后，能量、环境保护、化工和石油等领域中的流体力学问题，逐渐受到重视。近年来，流体的对流传热、传质问题受到高度重视，并获得巨大发展。这样，流体力学的研究对象，从流体的动量传递扩展到它的热量与质量传递，也就是说，除了研究流体的运动规律以外，还要研究它的传热、传质规律。同样，在固体、液体或气体界面处，不仅研究相互之间的作用力，而且需要研究它们之间的传热、传质规律。

流体力学与我国现代化建设有着密切的联系。例如：研究大气和海洋运动可以作好天气与海情预报，以便为农业、渔业、航空、航海、国防和人民生活服务；研究各种空间飞行物体，如飞机、人造卫星、导弹、炮弹，以及各种水上或水下运动物体，如船舶、潜艇、鱼雷等的运动，可以了解它们与空气和水的动力性能，以便获得阻力小、稳定性高的最佳物体外形；研究河流、渠道和各种管路系统内的流动，可以掌握它们的运行规律，特别是它们与各种壁面之间的作用力，以便获得耗能少、安全性高的工程设计；研究核反应堆、动力设备中的冷却系统，如热交换器、水暖系统以及各种化工设备中的流动系统，不仅可以了解它们的运动规律，而且可以掌握它们在壁面的传热、传质规律等。此外，油田气田的开发、地下水的利用以及机械的润滑等，均与流体力学密切相关。特别是近几十年来，流体力学与相邻学科相结合，发展了许多新的交叉分支学科，大大充实了流体力学的研究内容，扩大了它的研究和应用领域。

按 GB 3102—1993 规定，流体力学中有关的物理量采用以国际制单位（SI 单位）为基础制订的法定单位。除特殊说明的有关公式外，本书所有公式和计算均采用法定计量单位，故在实际应用时，必须将计算单位换算成法定计量单位，才能正确应用书中的所有公式。

与流体力学有关的各种物理量的法定单位及符号列于表 0-1 中。

表 0-1　　流体力学有关物理量的符号、法定单位

量的名称	量的符号	单位名称	单位符号	备　注
长度	l，L	米	m	SI 基本单位
质量	m	千克	kg	SI 基本单位
时间	t	秒	s	SI 基本单位
热力学温度	T	开［尔文］	K	SI 基本单位
摄氏温度	t，θ	摄氏度	℃	SI 辅助单位
［平面］角	α，β，γ，θ，φ	弧度，度	rad，°	SI 辅助单位 $1°=\pi/180$ rad
面积	A，(S)	平方米	m^2	SI 导出单位
体积	V	立方米	m^3	SI 导出单位
速度	u，v，w，c	米每秒	m/s	SI 导出单位
加速度	a	米每二次方秒	m/s^2	SI 导出单位
力 重量	F W，(P, G)	牛［顿］	N	SI 导出单位
压力，压强 正应力 切应力	p σ τ	帕［斯卡］	Pa	SI 导出单位
［质量］密度	ρ	千克每立方米	kg/m^3	SI 导出单位
［动力］黏度	η	帕［斯卡］秒	Pa·s	SI 导出单位
运动黏度	ν	二次方米每秒	m^2/s	SI 导出单位
转速，旋转频率	n	每秒	s^{-1}	SI 导出单位
能［量］ 功 热量	E W，(A) Q	焦［耳］	J	SI 导出单位
功率	P	瓦［特］	W	SI 导出单位
动量	p	千克米每秒	kg·m/s	SI 导出单位
弹性模量	E	帕［斯卡］	Pa	SI 导出单位
力矩	M	牛顿米	N·m	SI 导出单位

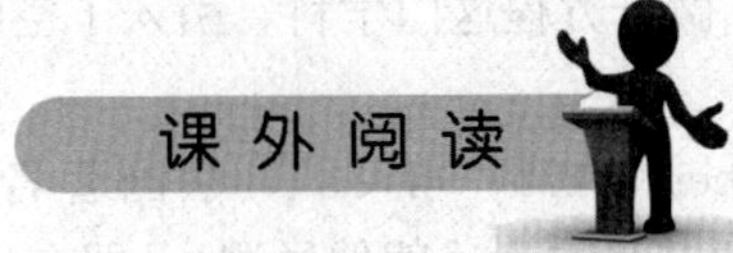

贡献突出的科学家

阿基米德（Archimedes，公元前 287—公元前 212），古希腊哲学家、数学家、物理学家、力学家，静态力学和流体静力学的奠基人。他在亚历山大里亚时期发明了阿基米德式螺旋抽水机。后来阿基米德成为数学家与力学家，并享有“力学之父”的美称。

列奥纳德·达·芬奇（Leonardo. da. Vinci，1452—1519），意大利文艺复兴三杰之一，也是整个欧洲文艺复兴时期最完美的代表。他是画家、天文学家、发明家、医学家、建筑工程师和军事工程师。他设计建造了一个小型水渠，系统地研究了物体的沉浮、孔口出流、物体的运动阻力以及管道、明渠中水流等问题。

斯蒂芬（Stevin，1548—1620），荷兰数学家、工程学家。斯蒂芬的著作非常丰富，涉及数学、力学、天文学、航海学、地理学、建筑学、工程学、军事科学、音乐理论等多种学科。1586 年曾做实验证明两个重量不同的球同时落下，同时到地，时间比伽利略还早。在流体静力学原理中，提出流体静力学悖论。

伽利略·伽利雷（Galileo Galilei，1564—1642），16～17 世纪的意大利物理学家、天文学家、比萨大学教授。伽利略发明了摆针和温度计，他在科学上为人类作出巨大贡献，是近代实验科学的奠基人之一，他被誉为“近代力学之父”、“现代科学之父”和“现代科学家的第一人”。在流体静力学中应用了虚位移原理，并首先提出运动物体的阻力随着流体介质密度的增大和速度的提高而增大。

托里拆利（Torricelli，1608—1647），意大利物理学家、数学家。他在流体力学方面提出了液体从小孔射流的定理，他还解释过风的成因起源于空气的密度与温度差。在静力学方面，托里拆利发现：一个物体系统，当其重心处在最低位置时，发生小位移时重心下降，系统才是稳定的。

帕斯卡（B. Pascal，1623—1662），法国数学家、物理学家、哲学家、散文家。1646 年，他制作了水银气压计，撰写了液体平衡、空气的重量和密度等方向的论文，提出了密闭流体能传递压强的原理——帕斯卡原理。

牛顿（I. Newton，1642—1727）爵士，英国皇家学会会员，英国伟大的物理学家、数学家、天文学家、自然哲学家，于 1687 年出版了《自然哲学的数学原理》。研究了物体在阻尼介质中的运动，建立了流体内摩擦定律，初步奠定了黏性流体力学的理论基础，并讨论了波浪运动等问题。

伯努利（D. Bernoulli，1700—1782），瑞士物理学家、数学家、医学家，著有《流体动力学》，建立了流体势能、压强势能和动能之间的能量转换关系——伯努利方程。

欧拉（L. Euler，1707—1783）瑞士数学家、自然科学家。他不但在数学上作出伟大贡献，而且把数学用到了几乎整个物理领域，他是刚体力学和流体力学的奠基者、弹性系统稳定性理论的开创人。小行星欧拉 2002 就是为了纪念欧拉而命名的。他写了大量的力学、分析学、几何学、变分法的课本，《无穷小分析引论》、《微分学原理》、《积分学原理》都成为数学中的经典著作。他创立了微分方程这门学科，引入了空间曲线的参数方程，给出了空间曲线曲率半径的解析表达式。

达朗伯（J. le R. d'Alembert，1717—1783），法国著名的物理学家、数学家和天文学家。1744 年提出了达朗伯疑题（又称为达朗伯佯谬），即在理想流体中运动的物体既没有升力也没有阻力。从反面说明了理想流体假定的局限性。

谢才（A. Chezyap，1718—1798），法国水力工程师。他参与了巴黎学多桥梁与街道的施工和验收，并对法国的运河建设，尤其是连接塞纳河与罗纳河流域的勃垠第运河进行了研究。他逝世的当年被任命为桥梁与公路学院的院长。他在水力学上的主要贡献是提出了明渠均匀流公式——谢才公式。

纳维（L. Navier，1785—1836），法国人，他首先提出了不可压缩黏性流体的运动微分方程组，并由斯托克斯导出，称为纳维-斯托克斯方程。

拉格朗日（J. L. Lagrange，1736—1813），法国著名数学家、物理学家。他提出了新的流体力学微分方程，使流体力学的解析方法有了进一步发展。

弗劳德（W. Froude，1810—1879），英国船舶设计师，对船舶阻力和摇摆的研究颇有贡献，他提出了船模试验的相似准则数——弗劳德数，建立了现代船模试验技术的基础。

斯托克斯（George Gabriel Stokes，1819—1903），英国数学家、物理学家。斯托克斯在对光学和流体动力学进行研究时，推导出了在曲线积分中最有名的被后人称之为"斯托斯公式"的定理。直至现代，此定理在数学、物理学等方面都有着重要而深刻的影响。

亥姆霍兹（H. von Helmholtz，1821—1894），德国生物物理学家、数学家与德国物理学家基尔霍夫 G. R. Kirchhoff，1824—1887）一起对旋涡运动和分离流动进行了大量的理论分析和实验研究，提出了表征旋涡基本的旋涡定理、带射流的物体绕流阻力等学术成就。

雷诺（O. Reynolds，1842—1912），英国力学家、物理学家和工程师。1868 年出任曼彻斯特欧文学院（后改名为维多利亚大学）的首席工程学教授。1877 年当选为皇家学会会员。1883 年用实验证实了黏性流体的两种流动状态——层流和紊流的客观存在，找到了实验研究黏性流体流动规律的相似准则数——雷诺数，以及判别层流和紊流的临界雷诺数，为流动阻力的研究奠定了基础。

瑞利（L. J. W. Reyleigh，1842—1919），英国科学家，在相似原理的基础上，提出了实验研究的量纲分析法中的一种方法——瑞利法。

儒科夫斯基（H. E. Жуковский，1847—1921），俄国空气动力学家，航空科学的开拓者。从 1906 年起，发表了《论依附涡流》等论文，找到了翼型升力和绕翼型的环流之间的关系，建立了二维升力理论的数学基础。他还研究过螺旋桨的涡流理论以及低速翼型和螺旋桨桨叶剖面等。

库塔（M. W. Kutta，1867—1944），德国数学家，1902 年曾提出过绕流物体上的升力理论，但没有在通行的刊物上发表。

普朗特（L. Prandtl，1875—1953），德国力学家，近代力学奠基人之一，建立了边界层理论，解释了阻力产生的机制。以后又针对航空技术和其他工程技术中出现的紊流边界层，提出混合长度理论。1918～1919 年间，论述了大展弦比的有限翼展机翼理论，对现代航空工业的发展作出了重要的贡献。

卡门（Theodore von Karman，1881—1963），匈牙利裔美国数学家、物理学家。近代力学奠基人之一。在 1911～1912 年连续发表的论文中，提出了分析带旋涡尾流及其所产生的阻力的理论，这种尾涡的排列被称为卡门涡街。在 1930 年提出了计算紊流粗糙管阻力系数的理论公式。在紊流边界层理论、超声速空气动力学、火箭及喷气技术等方面都有不少贡献。

周培源（Zhou Peiyuan，1902—1993），中国著名流体力学家、理论物理学家、教育家和社会活动家。多年从事紊流统计理论的研究，取得了不少成果，1975 年发表在《中国科学》上的《均匀各向同性湍流的涡旋结构的统计理论》便是其中之一。

钱学森（Qian Xuesen，1911—2009），世界著名科学家，空气动力学家，中国载人航天奠基人，中国科学院及中国工程院院士。1938 年，提出了平板可压缩层流边界层的解法——卡门-钱学森解法。他在空气动力学、航空工程、喷气推进、工程控制论等技术科学领域做出过许多开创性的贡献。

吴仲华（Wu Zhonghua，1917—1992），中国工程热物理学家。中国科学院院士。在1952年发表的《在轴流式、径流式和混流式亚声速和超声速叶轮机械中的三元流普遍理论》和在1975年发表的《使用非正交曲线坐标的叶轮机械三元流动的基本方程及其解法》两篇论文中所建立的叶轮机械三元流理论，至今仍是国内外许多优良叶轮机械设计计算的主要依据。

第一章　流体及流场的基本性质

第一节　流 体 的 概 念

通常将能流动的物质称为流体。从力学的特征讲，**流体**是一种受任何微小剪切力作用都会连续变形的物质。只要这种力连续作用，流体就将继续变形流动，只有外力停止作用，变形才会停止。这种无限制的变形就是流动。流体不能抵抗剪切变形，只能抵抗变形速度，即对变形速度呈现一定的阻力。流体具有的极易变形的这种特性叫做**流动性**。

自然界中物质的存在形式一般有三种：固体、液体和气体。从宏观的外在现象看，它们之间的主要区别是：固体具有一定的体积，并且有一定的形状；液体具有一定的体积，但没有一定的形状，很容易流动，其形状随容器形状而异，并能形成自由表面；气体没有固定的体积，也没有一定的形状，能充满任何容器。这就是说，液体和气体容易变形，具有易流动性，故统称为流体。固体和液体能承受一定压力，不容易被压缩变形，而气体则容易被压缩变形。

液体、气体和固体所具有的不同的力学特性，从微观来讲，是由于分子之间的距离和分子之间的吸引力不同造成的。固体的分子排列最紧密，分子间的距离很小，分子间的吸引力很大，抵抗变形的能力也很大，所以固体具有抗拉、抗切、抗压的能力；液体的分子排列较松散，分子间的距离较大，分子间的吸引力较小；气体与液体比较起来，分子之间的距离更大，因而分子之间的吸引力更小，它不能约束分子的自由运动，所以气体没有固定不变的体积，总是能够充满它所占据的整个空间。液体分子之间的相互作用表现为无一定方向和周期的无规则振动，虽然分子之间能够做相对移动，但已不能作自由运动了，因此液体有固定的体积，能够承受巨大的压力，不容易被压缩。当液体和气体接触时便会出现液体同气体间的交界面，这种交界面称为液体的**自由表面**。

第二节　流 体 的 物 理 性 质

在研究流体的力学规律之前，必须首先了解流体的基本物理性质，因为流体的平衡与机械运动规律固然与流体外部因素有关，但更主要的是内部因素。鉴于实际流动现象的复杂性，在研究每一个具体物理过程时，往往不是一开始就把所有的内在因素全部考虑进去，而是抓住影响问题本质的最基本因素，忽略一些次要因素，先建立研究的模型，然后再考虑次要因素，对研究结果逐步修正。流体力学正是遵循这样一种普遍的研究规律来解决每一个具体问题而不断发展的。

一、密度和比体积

（一）密度

按照牛顿定律，流体总是力图保持它原来的运动状态不变，这个性质就是所谓的**惯性**。当流体受外力作用而改变其运动状态时，流体必然产生反抗改变的惯性力。惯性的大小是用质量来度量的，质量越大，惯性就越大。为了便于比较不同流体惯性的大小，通常用密度来表明流体质量的密集程度。

对于均质流体（流体各点密度相同），单位体积流体内所具有的质量称为**密度**，用 ρ 表示，则

$$\rho = \frac{m}{V} \tag{1-1}$$

式中 ρ——流体的密度，kg/m^3；

m——流体的质量，kg；

V——流体的体积，m^3。

对于非均质流体（流体各点的密度不完全相同），流体中某点的密度为

$$\rho = \lim_{\Delta V \to 0} \frac{\Delta m}{\Delta V}$$

式中 ΔV——包含该点的微小流体体积；

Δm——ΔV 内的流体质量。

（二）比体积

单位质量的流体所占有的体积称为**比体积**，用 v 表示，单位为 m^3/kg，计算公式为

$$v = \frac{V}{m} \tag{1-2}$$

可以看出流体的密度与比体积之间互为倒数关系，即

$$\rho = \frac{1}{v} \tag{1-3}$$

例如：在常温下，水的密度 $\rho = 1000kg/m^3$，其比体积 $v = 1/1000 = 0.001$（m^3/kg）。

（三）影响流体密度的因素

1. 流体种类

流体的密度是流体的一种天然属性。流体的密度随流体种类不同而异，表 1-1 为几种常见流体的密度值。

表 1-1　　常见流体的密度

流体名称	温度 t（℃）	密度 ρ（kg/m^3）	流体名称	温度 t（℃）	密度 ρ（kg/m^3）
汽油	15～20	700～750	氨		0.771
苯	60	873	氮		1.251
甘油	0	1260	空气		1.293
煤油	15	769	氧		1.429
蒸馏水	4	1000	氯		3.217
重油	15	900～950	氢	0	0.089 9
酒精	15～18	790	甲烷		0.717
水银	0	13 600	一氧化碳		1.250
海水	15	1020～1030	二氧化碳		1.976
乙醚	0	740	乙烯		1.206
甲醇	4	810	二氧化硫		2.925

流体种类不同，其密度差别很大。水的密度（4℃）是空气密度（0℃）的 773 倍。由此可见，液体的密度比气体的密度大得多，因此当液体与气体共同存在于同一容器或管路之中

时，气体的质量往往可以忽略不计。

2. 温度和压力

流体的密度随压力和温度的变化而变化。这是因为温度和压力变化，流体的体积就要发生变化。一般情况下，液体的密度随压力和温度的变化很小，而气体的密度随压力和温度的变化而变化。表 1-2 列出了不同温度下水的密度值。

表 1-2　**不同温度下水的密度**（0.1MPa）

温度 t（℃）	密度 ρ（kg/m^3）	温度 t（℃）	密度 ρ（kg/m^3）	温度 t（℃）	密度 ρ（kg/m^3）
0	999.9	30	995.7	70	977.8
4	1000.0	40	992.2	80	971.8
10	999.7	50	990.1	90	965.3
20	998.2	60	983.2	100	958.4

表 1-3 列出了不同温度下空气和汞的密度。

表 1-3　**不同温度下空气和汞的密度**（0.1MPa）　kg/m^3

温度 t（℃） 流体名称	0	10	20	40	60	80	100
空气	1.29	1.24	1.20	1.12	1.06	0.99	0.94
汞	13 600	13 570	13 550	13 500	13 450	13 400	13 350

当压力和温度变化较小时，液体的密度值变化很小，故通常在压力和温度变化较小时，液体的密度取某一定值，如水的密度，通常是取纯净水在 101.3kPa（1atm）下、4℃时的密度值，即 $\rho=1000kg/m^3$ 作为计算值。但当压力和温度变化较大时，液体则要取不同的密度值。气体的密度随压力和温度的变化而变化，其变化关系可以用热力学中的理想气体的状态方程来表示，即

$$\rho_2 = \rho_1 \frac{p_2}{p_1} \frac{T_1}{T_2} \tag{1-4}$$

当气体的温度不变时，有

$$\frac{\rho_1}{\rho_2} = \frac{p_1}{p_2} \tag{1-5}$$

当气体的压力不变时，有

$$\frac{\rho_1}{\rho_2} = \frac{T_2}{T_1} \tag{1-6}$$

式中　ρ_1、p_1、T_1——气体状态变化前的密度、绝对压力、热力学温度；

ρ_2、p_2、T_2——气体状态变化后的密度、绝对压力、热力学温度。

热力学温度 $T(K)$ 与摄氏温度 t（℃）的关系是

$$T = 273.15 + t \approx 273 + t$$

【例 1-1】　求在 101.3kPa 下、4℃时，1L 水的质量。

解　101.3kPa 下，4℃时水的密度 $\rho=1000kg/m^3$，水的体积 $V=1L=0.001m^3$，则水的质量为

$$m = \rho V = 1000 \times 0.001 = 1(\text{kg})$$

【例 1-2】 某风机厂的产品标明，通风机的性能曲线是在环境温度为 20℃，大气压力为 101.3kPa 的条件下实验得到的，这时空气的密度为 1.2kg/m³，当风机在温度为 40℃，大气压力为 93.3kPa 的条件下工作时，风机入口空气的密度是多少？

解 $\rho_2 = \rho_1 \dfrac{p_2 T_1}{p_1 T_2} = 1.2 \times \dfrac{93.3}{101.3} \times \dfrac{273+20}{273+40} = 1.035(\text{kg/m}^3)$

二、压缩性和膨胀性

流体的体积随流体所承受的压力大小和温度不同而改变。流体的体积随压力增大而缩小的性质称为**压缩性**。流体的体积随温度升高而增大的性质称为**膨胀性**。液体和气体的这两个性质在变化规律上有很大的不同，下面分别加以讨论。

（一）液体的压缩性与膨胀性

1. 液体的压缩性

液体压缩性的大小，用压缩系数 β 或弹性系数 E_0 来表示。压缩系数表示温度不变时，单位压力变化所引起的液体体积的相对变化量，即

$$\beta = -\frac{1}{\Delta p}\frac{\Delta V}{V_1} \tag{1-7}$$

$$\Delta p = p_2 - p_1$$
$$\Delta V = V_2 - V_1$$

式中 β——液体的压缩系数，m²/N；

Δp——液体压力变化量，为变化后的压力与变化前的压力的差值，N/m²；

ΔV——液体体积变化量，为变化后的体积与变化前的体积的差值，m³。

压力增加，体积减小；反之，压力降低，体积增大，即 Δp 与 ΔV 的符号相反，因此，为了保持 β 为正值，在公式（1-7）中加了一个负号。

压缩系数 β 的倒数就是弹性系数 E_0，即

$$E_0 = \frac{1}{\beta} = -\Delta p \frac{V_1}{\Delta V} \tag{1-8}$$

表 1-4 列出了 0℃的水在不同压力下的压缩系数 β 的值。

表 1-4　0℃时水的压缩系数 β

p（$\times 10^5$N/m²）	4.904	9.807	19.614	39.228	78.456
β（$\times 10^{-9}$m²/N）	0.539	0.537	0.531	0.523	0.515

从表 1-4 中可以看出，水的压缩系数很小，约为 0.5×10^{-9}m²/N。实验显示，当压力增加时，液体的压缩性有所减小，如压力达到 500MPa 时，水的压缩系数减小到 $\beta=0.4\times10^{-9}$m²/N。液体的压缩系数很小，说明液体不易被压缩；反过来说，液体的弹性系数数值却很大，水的弹性系数 $E_0=1/\beta\approx2.0\times10^9$N/m²。这就是说，当液体的压力变化很大时，其体积变化很小，所以，在一般情况下，我们不考虑由于压力变化引起的液体体积的变化。但在特定的情况下，必须考虑其体积的变化，如启动前的锅炉水压试验等。

【例 1-3】 已知某锅炉厂生产的 1021/18.2YM 型锅炉从给水泵出口到汽轮机主汽门前的空间水容积是 484m³。启动前作水压试验时，如果压力从 0.2MPa 升高至工作压力

19.6MPa，不考虑温度变化的影响，求需要补充多少水。

解　由$\beta=-\frac{1}{\Delta p}\frac{\Delta V}{V_1}$，得

$$\Delta V=-\beta\Delta pV_1=-0.5\times10^{-9}\times(19.6-0.2)\times10^6\times484=-4.7(\text{m}^3)$$

可见在压力波动幅度较大时，由于压力变化引起的体积变化是应该给予足够重视的。

2. 液体的膨胀性

液体膨胀性的大小用膨胀系数α来表示。膨胀系数表示压力不变时，单位温度变化所引起的液体体积的相对变化量，即

$$\alpha=\frac{1}{\Delta T}\frac{\Delta V}{V_1} \tag{1-9}$$

其中
$$\Delta T=T_2-T_1,\quad \Delta V=V_2-V_1$$

式中　α——液体的温度膨胀系数，K^{-1}；

ΔT——温度变化量，为液体变化后的温度与变化前的温度之差，K；

$\frac{\Delta V}{V_1}$——液体体积的相对变化量。

同压缩系数一样，液体的膨胀系数也是很小的，在工程实际应用中，除了少数问题外，在温度变化不是很大时，可以不考虑液体的膨胀性。从实验得知，在温度和压力不高时，液体的膨胀系数较小，但随着压力和温度的增加，其值很快变大。它不仅随温度变化，而且随压力的变化而变化。总的说来，随着温度和压力的增大，水的膨胀系数较压缩系数增长要快得多。所以，高温高压下给水和炉水的密度比常温常压时减少，而体积增加很多，这也是必须根据压力和温度，查出汽水循环系统中不同设备与管道中水密度的原因。就此方面而言，已有的汽水密度的资料具有极为重要的意义。

虽然水的体积变化量较小，但由于升温膨胀而引起的对管道、容器等的热应力是很大的。热电厂的汽水循环系统压力温度都很高，而且采用密闭运行方式，在机组启、停与负荷变化过程中，采用控制温度和压力变化速率的方法，使产生的热应力在安全的范围内。大型电站锅炉在启动前上水时，一般只允许上到汽包最低可见水位（汽包正常水位线下100mm），因为点火后，随着炉水温度的升高，炉水会膨胀到正常水位甚至超过正常水位。

【例1-4】　如果一容器中水的体积$V_1=40\text{L}$，保持其压力不变，温度由4℃升高到90℃，问水的体积膨胀了多少？

解　从表1-2查出，4℃时水的密度$\rho_1=1000\text{kg/m}^3$，90℃时水的密度$\rho_2=965.3\text{kg/m}^3$。

水的质量$m=\rho_1V_1=0.04\times1000=40\text{kg}$。由公式$\rho=\frac{m}{V}$得

$$V_2=\frac{m}{\rho_2}=\frac{40}{965.3}=0.0414(\text{m}^3)$$

水的体积变化值　$\Delta V=V_2-V_1=0.0414-0.04=0.0014(\text{m}^3)=1.4(\text{L})$

体积相对增加值　$\frac{\Delta V}{V_1}=\frac{1.4}{40}\times100\%=3.5\%$

（二）气体的压缩性与膨胀性

温度和压力的改变，对气体的体积影响很大。由完全气体（气体分子不占体积，分子间

无作用力）的状态方程式 $p_1V_1/T_1 = p_2V_2/T_2$ 可知，当温度不变时，体积与压力成反比。压力增加一倍，体积变为原来的一半。当压力不变时，温度每升高 1℃，体积就比 0℃时膨胀1/273。因为压力与温度变化时气体的体积要发生较大的变化，所以气体的密度不能视为常数，但是当压力与温度变化很小时，气体的密度仍然可以看作常数。

（三）可压缩流体和不可压缩流体

由上述可知，流体的压缩性和膨胀性是流体的基本属性，任何流体都是可以压缩的，只是可压缩的程度不同而已。

当压力与温度变化时，体积变化不大，密度可以看作是常数的流体，称为**不可压缩流体**。当压力与温度变化时，体积要发生较大的变化，密度不能视为常数的流体称为**可压缩流体**。

液体的压缩系数和膨胀系数较小，密度可视为常数，通常将其视为不可压缩流体。管路中流动的气体，在一定的条件下，也可以视为不可压缩的。空气和烟风系统在压力低、流速小（流速在 60m/s 以内）的情况下，可以忽略密度变化的影响，而将其视为不可压缩流体来对待。对温度和压力有较大变化的汽水系统、燃烧系统等，从整个系统来说，密度变化较大，但对于各管段而言，则采取在不同段管路中取不同的密度。因此，对每一管段仍可按不可压缩流体对待，所不同的是各管段的密度不同而已。

三、黏性

黏性（亦称黏滞性）是流体的主要物理性质，它是引起运动流体产生能量损失的根本原因。自然界中的流体都具有黏性，由于黏性的存在，使得对流体运动的研究变得十分复杂。

（一）黏性的定义

在日常生活中，我们观察到水比油流得快；河里流动的水，靠岸边的水流得缓慢，越到中心水流得越快；圆管中流动的水也是这样，处于管壁边缘的水流动缓慢，而管子中心线上的水流动得最快。这些都是因为流体有黏性，致使流层间发生摩擦，流动速度由管轴中心线向管壁逐渐减小。

现在，以流体在两块平板间的流动为例加以说明，如图 1-1（a）所示。平板 A 固定不动，平板 B 以速度 u 作等速直线运动。若两平板的尺寸足够大，平板边缘效应可以忽略不计。紧贴两块平板的流体，由于流体与固体分子的附着力的作用，总是黏附在平板上，流速分别为 0 和 u。在与流速相垂直的 y 方向上，假定各点的流速分布如图 1-1（a）所示。整个流动可以看成是许多不同流速的流层组成，类似一本书，由许多很薄的书页构成一样，但每一层流体与其相邻的一层流体存

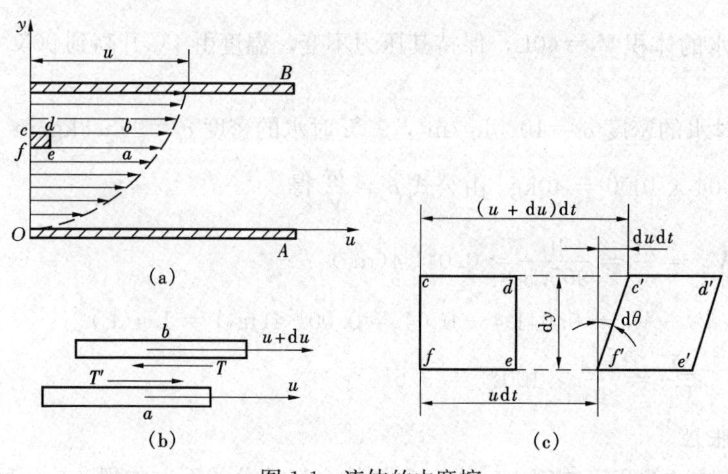

图 1-1 流体的内摩擦

在着相对运动。

在无数的流层中取相距 $\mathrm{d}y$ 的相邻两个 a、b 流层来看，如图 1-1（b）所示。假定两个流层的速度分别为 u 及 $u+\mathrm{d}u$，即两层流体以速度差 $\mathrm{d}u$ 作相对滑动。由于流体分子之间的相互吸引而形成的内聚力的作用，速度较快的流层 b 对速度较慢的流层 a 产生一个拖力 T'。根据作用力与反作用力相等的原理，速度慢的流层 a 对流速快的流层 b 也有一个反作用力 T，其方向与 T' 相反，是阻碍流层 b 运动的力，因而是阻力。阻力 T 与拖力 T' 是大小相等，方向相反的一对力，分别作用在两层流体上，作用的结果是阻碍或拖动流层间的相对运动，这种情况类似于固体的摩擦。因为它发生在流体的内部，故称为流体的内摩擦。内摩擦中出现的一对力叫做**内摩擦力**或**黏性力**。当流体流动时，在流体层与层之间产生内摩擦力的特性，称为流体的**黏性**。

流体在流动过程中，为了克服内摩擦力，不断将机械能转换成热能而散失，结果造成了流体的能量损失，因此流体的黏性是流体流动时造成能量损失的根本原因。

（二）牛顿内摩擦定律

通过大量的实验研究，英国科学家牛顿在 1686 年提出了确定流体内摩擦力的大小与影响因素的牛顿内摩擦力定律，用公式表示为

$$T=\eta A\frac{\mathrm{d}u}{\mathrm{d}y} \tag{1-10}$$

式中　T——流体的内摩擦力，N；

A——流层间的接触面积，m^2；

η——表征流体种类及温度影响的一个比例常数，称为流体的动力黏度（又称为黏度），Pa·s；

$\frac{\mathrm{d}u}{\mathrm{d}y}$——流体的速度梯度，表示与流速相垂直的 y 方向上速度的变化率，s^{-1}。

式（1-10）表明：内摩擦力的大小与两流层间的速度变化量 $\mathrm{d}u$ 成正比，与流层间的距离 $\mathrm{d}y$ 成反比，与流层间的接触面积 A 成正比，与流体的种类、温度有关，与流体受到的压力无关。

若以面积 A 除以公式（1-10）两端，则

$$\tau=\eta\frac{\mathrm{d}u}{\mathrm{d}y} \tag{1-11}$$

式中　τ——切应力，即单位面积上的内摩擦力，$\mathrm{N/m^2}$。

为了理解速度梯度的意义，在图 1-1（a）中取出一小方块流体微团 $cdef$ 来看，ef 面上的流速为 u，cd 面上的流速为 $u+\mathrm{d}u$，如图 1-1（c）所示。经过时间 $\mathrm{d}t$ 后，$cdef$ 运动到 $c'd'e'f'$ 位置。ef 面移动的距离为 $u\mathrm{d}t$，cd 面移动的距离为 $(u+\mathrm{d}u)\mathrm{d}t$，上下表面移动距离之差为 $\mathrm{d}u\mathrm{d}t$，两表面在 y 方向相距 $\mathrm{d}y$，在 $\mathrm{d}t$ 时间段内，两直角边夹角变化了 $\mathrm{d}\theta$。

$$\mathrm{d}\theta\approx\tan\theta=\frac{\mathrm{d}u\mathrm{d}t}{\mathrm{d}y}$$

故

$$\frac{\mathrm{d}\theta}{\mathrm{d}t}=\frac{\mathrm{d}u}{\mathrm{d}y}$$

由此可知，速度梯度就是角变形速度。速度梯度可由速度分布函数在该点的一阶导数求得。对于平衡流体，由于没有流体质点间的相对运动，$\mathrm{d}u/\mathrm{d}y=0$，故 $\tau=0$。所以讨论平衡

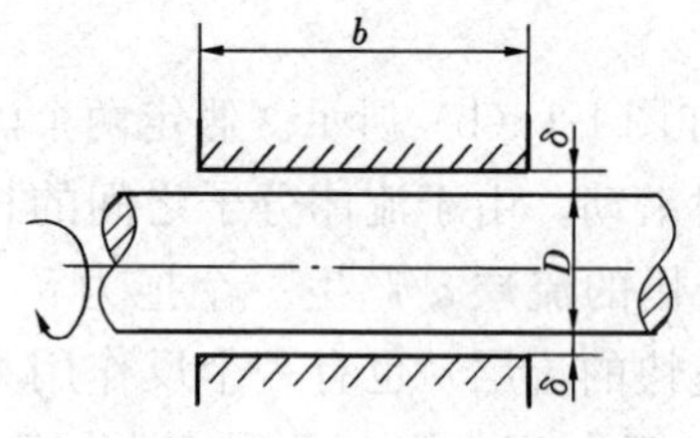

图 1-2 滑动轴承

的流体时不必考虑黏性的影响。

【例 1-5】 图 1-2 所示为一滑动轴承，轴与轴承的间隙 $\delta=0.1\text{cm}$，轴的转速 $n=2980\text{r/min}$，轴的直径 $D=15\text{cm}$，轴承宽度 $b=25\text{cm}$，润滑油的黏度 $\eta=0.245\text{Pa}\cdot\text{s}$。求轴承消耗的功率。

解 轴表面的圆周速度

$$u=\frac{\pi Dn}{60}=\frac{3.14\times0.15\times2980}{60}=23.40(\text{m/s})$$

取轴承间隙里流速呈线性分布，故

$$\frac{\text{d}u}{\text{d}y}=\frac{u}{\delta}=\frac{23.40}{0.001}=23\,400(\text{s}^{-1})$$

内摩擦力 $T=\eta A\dfrac{\text{d}u}{\text{d}y}=0.245\times3.14\times0.15\times0.25\times23\,400=675.06(\text{N})$

滑动轴承所消耗的功率

$$N=M\omega=T\frac{D}{2}\frac{2\pi n}{60}=675.06\times\frac{0.15}{2}\times\frac{2\times3.14\times2980}{60}=15\,790\text{W}=15.79(\text{kW})$$

（三）流体的黏度

流体的黏度有动力黏度和运动黏度两种。

1. 动力黏度

流体动力黏度的物理意义及单位可由式（1-11）得到，即

$$\eta=\frac{\tau}{\dfrac{\text{d}u}{\text{d}y}} \tag{1-12}$$

当 $\text{d}u/\text{d}y=1$ 时，$\eta=\tau$。即流体速度梯度为 1 单位时，流体相互接触面上的切应力等于动力黏度的数值。η 值大，表明内摩擦力的作用强，黏性对流动的影响大。

过去实验室中动力黏度一般常用 P（泊）作单位，它与国际单位的换算关系是 $1\text{P}=0.1\text{Pa}\cdot\text{s}$。

2. 运动黏度

在流体力学中将流体动力黏度 η 与密度 ρ 的比值称为运动黏度，用希腊字母 ν 表示，单位为 m^2/s，即

$$\nu=\frac{\eta}{\rho} \tag{1-13}$$

【例 1-6】 在一个标准大气压下，求空气在 280℃时的密度、动力黏度和运动黏度。

解 $\rho_2=\rho_1\dfrac{T_1}{T_2}=1.293\times\dfrac{273}{273+280}=0.638(\text{kg/m}^3)$

用线性内插法求动力黏度和运动黏度。从表 1-6 查得

(1) 300℃时，空气 $\eta=0.029\,8\times10^{-3}\text{Pa}\cdot\text{s}$，$\nu=49.9\times10^{-6}\text{m}^2/\text{s}$；

(2) 250℃时，空气 $\eta=0.028\,0\times10^{-3}\text{Pa}\cdot\text{s}$，$\nu=42.8\times10^{-6}\text{m}^2/\text{s}$。

故在 280℃时，

$$\eta=\left[0.028\,0+\frac{0.029\,8-0.028\,0}{300-250}\times(280-250)\right]\times10^{-3}=0.029\,08\times10^{-3}(\text{Pa}\cdot\text{s})$$

$$\nu=\left[42.8+\frac{49.9-42.8}{300-250}\times(280-250)\right]\times10^{-6}=47.06\times10^{-6}(\mathrm{m^2/s})$$

（四）黏性的影响因素

流体的黏性也是流体的一种自然属性，流体动力黏度的大小由实验测得。与密度一样，影响黏性的因素是流体种类、压力和温度。但我们一般忽略压力对黏性的影响，这是因为普通的压力对流体的黏性几乎没有什么影响，水的压力增加到 10^4 MPa 时，黏性增大至约为一个标准大气压下的 2 倍。

1. 流体的种类

流体的种类不同，黏性也不同。表 1-5 和表 1-6 给出了水和空气在不同温度时的动力黏度。从表中可以看出，在 20℃，水的动力黏度 $\eta=1.002\times10^{-3}$ Pa・s，而空气的动力黏度 $\eta=1.83\times10^{-5}$ Pa・s，水的黏性大约是空气的 55 倍。

表 1-5　不同温度时水的黏度

温度 t (℃)	动力黏度 η ($\times10^{-3}$Pa・s)	运动黏度 ν ($\times10^{-6}$m²/s)	温度 t (℃)	动力黏度 η ($\times10^{-3}$Pa・s)	运动黏度 ν ($\times10^{-6}$m²/s)
0	1.781	1.785	40	0.653	0.658
5	1.518	1.519	50	0.547	0.553
10	1.307	1.306	60	0.466	0.474
15	1.139	1.139	70	0.404	0.413
20	1.002	1.003	80	0.354	0.364
25	0.890	0.893	90	0.315	0.326
30	0.798	0.800	100	0.282	0.294

表 1-6　不同温度时空气的黏度

温度 t (℃)	动力黏度 η ($\times10^{-3}$Pa・s)	运动黏度 ν ($\times10^{-6}$m²/s)	温度 t (℃)	动力黏度 η ($\times10^{-3}$Pa・s)	运动黏度 ν ($\times10^{-6}$m²/s)
0	0.017 2	13.7	90	0.021 6	22.9
10	0.017 8	14.7	100	0.021 8	23.6
20	0.018 3	15.7	120	0.022 8	26.2
30	0.018 7	16.6	140	0.023 6	28.5
40	0.019 2	17.6	160	0.024 2	30.6
50	0.019 6	18.6	180	0.025 1	33.2
60	0.020 1	19.6	200	0.025 9	35.8
70	0.020 4	20.5	250	0.028 0	42.8
80	0.021 0	21.7	300	0.029 8	49.9

2. 流体的温度

温度是影响流体黏性的另一重要因素。从表 1-5 和表 1-6 发现，温度对液体和气体黏度的影响不一样。温度升高时，液体的黏度减少，而气体的黏度则加大。

温度对液体和气体黏度的影响之所以不同，是因为引起黏性的主要因素不同。液体的黏性主要是由分子间的吸引力造成的，当温度升高时，液体分子间的距离拉大，分子间的吸引力减小，使液体的黏度降低；气体的黏性主要是由气体内部运动质点的动量交换而产生的，温度增加，分子的碰撞增多，不同流层的质点动量交换加剧，从而导致了黏度升高。

液体的黏性随温度升高而降低的性质，对火力发电厂的安全运行有重要意义：一方面，这对锅炉燃油的输送和雾化质量的提高起到了积极作用；另一方面，也有一定的消极作用，润滑油系统除了要保持一定的油压外，还必须保持油温不高于 70℃，因为油温过高，黏性减小，油膜变薄，甚至可能难以支撑转子的质量而造成轴与轴瓦之间的干摩擦。反之，油温也不能过低，否则，黏性增大，油膜变厚，或厚薄不均，不能形成连续、均匀的油膜，会使机组振动加大，也会危及机组的安全。为保持适当的液体黏性，一般保持冷油器的出口油温在 45℃左右。因此，运行中油温的监控与调节是最重要的工作之一。另外，锅炉燃烧用的重油需加热到一定温度、黏性减小后，才能用油泵打出。

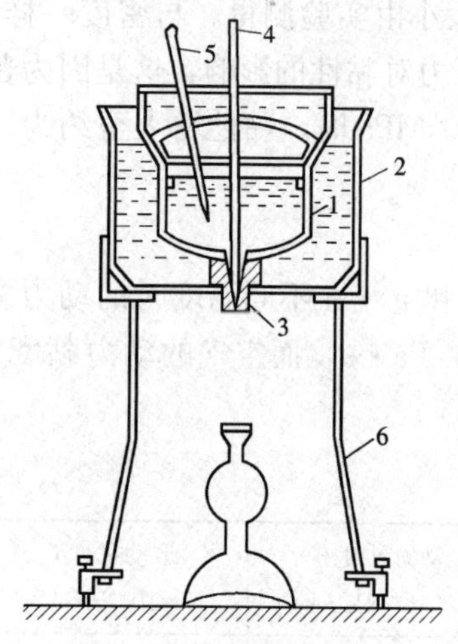

图 1-3 恩格勒黏度计

1，2—黄铜容器；3—管嘴；4—针杆；5—温度计；6—支架

（五）黏度的测量

黏度可用专门的仪器——黏度计来测量。下面介绍我国一般采用的恩格勒黏度计测定流体黏度的方法。

恩格勒黏度计如图 1-3 所示，它是由两个同心安装的黄铜容器和支架组成的。容器 1 的球形底部中心有一小管嘴，管嘴的孔口用具有锥形顶部的针杆塞住。在容器 1 和 2 之间充以水，并用电热器加热，以保持被测定液体所需要的温度。

用这种黏度计测定液体黏度时，先测出一定温度下 200cm^3 液体从管嘴流出的时间 t，然后再测出 20℃的同体积的水流出的时间 t_0。t 与 t_0 的比值，称为恩格勒黏度，并以$^\circ E$ 表示，即

$$^\circ E=\frac{t}{t_0} \tag{1-14}$$

在测出液体的恩格勒黏度（简称恩氏黏度）$^\circ E$ 以后，可用式（1-15）所示的经验公式算出液体的黏度，即

$$\nu=0.0731^\circ E-0.0631/^\circ E \tag{1-15}$$

式中 ν——流体的运动黏度，$10^{-4}\mathrm{m^2/s}$。

（六）牛顿流体与非牛顿流体

在一定的温度下，凡是切应力与剪切变形速度（即速度梯度）成正比的这种符合牛顿内摩擦定律的流体称为**牛顿流体**。它的切应力与速度呈线性变化关系，是一条通过坐标原点的直线，如图 1-4 中的 A 线所示。牛顿流体在一定温度下的黏度是常数。不符合牛顿内摩擦定律的流体称为**非牛顿流体**。非牛顿流体有很多种，一类如油漆、橡胶等，它们的动力黏度（曲线的斜率）随速度梯度的增大而减小，如图 1-4 中 B 线所示，这类流体称为伪塑性流体。另一类如糨糊，动力黏度随速度梯度的增大而增大，如图 1-4 中的 C 线所示，这类流体叫做涨塑性流体。此外，还有一类如牙膏、泥浆等，在产生连续变形前存在一个屈服应力 τ_0，在超过屈服应力之后，切应力

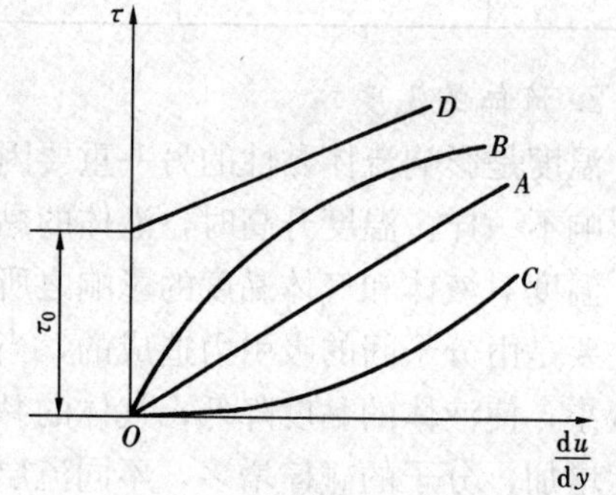

图 1-4 牛顿流体与非牛顿流体

仍然与速度梯度成正比，如图 1-4 中 D 线所示，这类流体称为塑性流体。图 1-4 中的纵坐标轴代表弹性固体，横坐标轴代表理想流体。

本书只讨论牛顿流体。

（七）理想流体与实际流体

自然界中存在的具有黏性的流体都是**实际流体**。黏性的存在使得流体的流动变得十分复杂。为了建立基本方程式，必须简化理论分析的复杂性，才能得到反映运动规律的方程式，然后再对基本结论进行修正和补充，使实际问题得以解决。为此，引进了理想流体的概念。**理想流体**就是假想的没有黏性的流体，虽然理想流体并不存在，但正是因为用了理想流体的概念，才找到了流体运动的基本规律。理想流体的假设是流体力学中最重要的假设之一。另外，在很多流体流动中，黏性的影响很小，可以忽略不计，运用理想流体的概念仍然可以得到符合实际的结果。流体力学中提到的理想液体和理想气体的概念均指没有黏性的液体和气体，这和热力学里我们定义的理想气体的概念不同，所以热力学中的理想气体（气体分子不占体积、分子间无作用力的气体）称为完全气体。

无论是理想流体、不可压缩流体或连续性的假定，都是一种力学模型。在分析与研究流体平衡与运动规律时，抓住影响问题最主要的因素，忽略次要因素，建立起相应的力学模型，就可以得到流体平衡与运动的数学方程式，找出各个基本物理量的变化关系，这是工程流体力学最常用的一种研究方法。

第三节　流体的表面性质

当液体与气体或固体有交界面时，即当出现液体的自由表面时，在液体的自由表面上能够承受极其微小的张力。在流体力学中，重要的是它的表面张力以及由表面张力引起的毛细现象。

一、表面张力

日常生活中，我们常常看到水滴悬挂在墙上或水龙头出口上，水银在平滑表面上呈球形滚动等现象，这些现象表明液体自由表面有明显的欲成球形的收缩趋势，这种在液体自由表面存在着的力称为**表面张力**。

液体的分子间具有内聚力，内聚力的大小与分子间的距离平方成反比。分子之间的吸引力在液体与气体的分界面上是不平衡的。气体与液体分子之间的吸引力小于液体分子之间的吸引力，这就导致了液体表面上的分子总有挤入内部的趋势。例如：如图 1-5 所示，液体中的某个分子 A，受到它相邻的分子的吸引，当超出某一定距离 r 时，其引力微弱不计。以这个作用距离作为半径的球面以内的其他分子才对 A 分子有吸引力。r 值很小，通常为 10^{-7} ～10^{-8}mm。在图 1-5 中有 A、B、C、D 四个分子，A、B 两分子与自由表面 0－0 的距离大于或等于 r。它们在各个方向的受力均是相等的，因而得到平衡。但与自由表面 0－0 的距离小于 r 的 C、D 两分子，受力就不能平衡，而合成一个垂直液面指向液体内部的合力，D 分子的合力达到最大值。指向液体内部的合力，就产

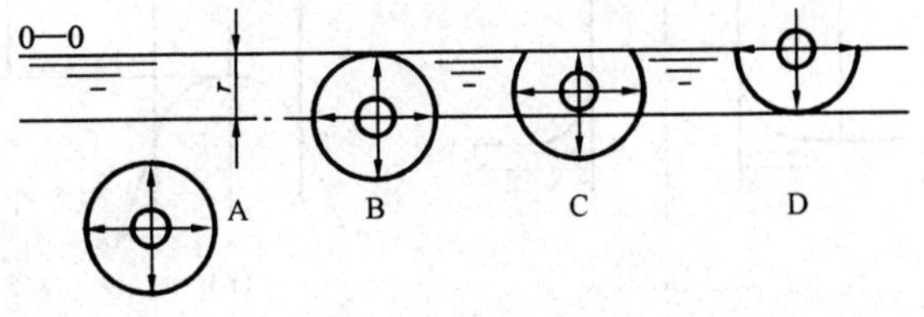

图 1-5　分子受力

生分子的内压力，在其作用下，发生使其表面缩小的趋势，从宏观上看，就好像在液体表面上有一个张紧的薄膜，使液体自由表面尽量收缩，液体自由表面受到张紧的拉应力，这个张紧的力就是表面张力。设 L 是液体自由表面的一部分，L 上的表面张力与自由表面相切，张力的大小与长度成正比，同时与液体的种类有关，其计算式为

$$T=\sigma L \tag{1-16}$$

式中 T——表面张力，N；

σ——表面张力系数，N/m；

L——液面长度，m。

单位长度上所作用的表面张力，称为表面张力系数。它是由液体的性质决定的，是一个物性参数，σ 值随温度升高而减小。σ 值与液体的纯度有关，当纯净液体中掺进杂质后，σ 值就大为减小。表 1-7 给出几种常用液体的 σ 值。

表 1-7　　几种液体的 σ 值　　N/m

液体名称	σ	液体名称	σ
水（0℃）	0.075 5	乙醚（20℃）	0.017
水（20℃）	0.072 5	煤油（20℃）	0.023 3～0.032 1
水（50℃）	0.067 8	润滑油（20℃）	0.035 0～0.037 9
汞（20℃）	0.540	原油（20℃）	0.023 3～0.037 9
酒精（20℃）	0.022	肥皂水（20℃）	0.02～0.039 9

由于气体不存在自由表面，所以不存在表面张力。表面张力是液体的特有性质。

二、毛细现象

表面张力很小，一般工程问题中可以忽略不计。但是把两端开口的细管立于液体中，表面张力可以引起相当显著的液面上升或下降，形成上凸或下凹的曲面，这就是**毛细现象**。形成毛细现象的细管称为**毛细管**。

液体除了有内聚力外，还有附着力。同一种液体分子之间的吸引力是内聚力，液体与固体分子之间的吸引力是附着力。附着力能够使液体黏附在固体表面上。

液体在毛细管内是上升还是下降取决于液体和固体之间的附着力与液体分子间内聚力的相对大小。将一根直径很小的管子（例如玻璃管）插入液体中，则液体与管壁接触，液体与管壁存在着附着力，由于管内液体的内聚力和液体与壁面的附着力共同作用的结果，将出现两种现象，如图 1-6 所示。

(1) 附着力大于内聚力。液体能润湿管壁（如水或酒精），并沿固体表面向上延伸，即表面张力使管中液面上升，形成凹面，如图 1-6（a）所示，这时管内液面将高于管外液面。

(2) 附着力小于内聚力。液体不能润湿管壁（如汞），表面张力使管中液面下降，形成凸面，如图 1-6（b）所示，管中液面下降，这时管内壁液面将低于管外液面。

这两种现象都称为毛细现象。

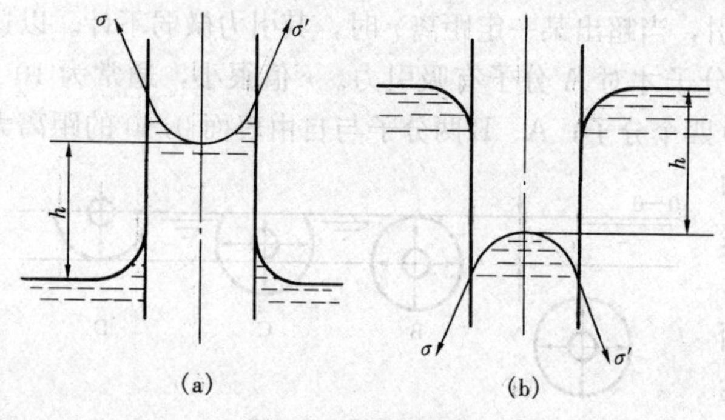

图 1-6　毛细管现象

温度为20℃时，毛细管中水面上升的高度，可近似按式（1-17）计算，即

$$h=\frac{29.8}{d} \tag{1-17}$$

式中　h——毛细管中水面上升的高度，mm；

d——玻璃管的内径，mm。

20℃时水银在毛细管中下降的高度，可近似按式（1-18）计算，即

$$h=\frac{10.15}{d} \tag{1-18}$$

式中　h——毛细管中水银面下降的高度，mm；

d——玻璃管的内径，mm。

毛细现象会引起液柱式压力测量仪器的误差，因此必须予以修正。但如果测量用的管子较粗，如水柱测压管内径 $d>20$mm，汞柱测压管 $d>15$mm 时，可忽略毛细现象的影响。对于U形测压管，因为两侧均受毛细现象影响，相互抵消，所以可不作任何修正。

在工程实际中，除上述液柱测压仪表外，大多数场合由于固体边界足够大，与液体所受其他作用力相比，表面张力可忽略不计，但在液滴或气泡的形成，液体的雾化和液体射流的破碎，汽液两相流动的传热等问题上，就必须考虑表面张力的作用，否则将得到与事实不符的错误结果。

第四节　流场　连续性假定

流体存在和流动所占据的空间称为**流场**。流场内仍保持流体所有宏观物理特性的流体微粒称为流体质点，简称**流点**。

一、连续性假定

流场内充满了流点，流场由无数流体质点组合而成，流体质点是流体的最小力学单元。从微观上来看，流体是由大量分子组成的，分子之间总有一定的间隙，流体是不连续的。以海平面上的空气为例，在温度为15℃，大气压力为101 308Pa（760mmHg）时，1cm^3 体积内含有的分子数为 2.7×10^{19} 个。可见体积甚小，而分子数众多，分子之间的间隙实际上是微不足道的。如果不去研究微观的无数分子的瞬时状态，而着眼于宏观的无数分子作用的总和，从宏观角度来观察流体，流体是由无穷多的流体质点密密实实地充满它所占有的空间，在流体质点之间没有任何空隙存在，也就是流场内的流体是由无数流体质点组成的连续介质。应用这种连续介质模型作为流体力学研究的物理模型，是欧拉于1753年建议采用的。

由于引入连续介质模型作为流体力学研究的基础，流体的所有力学特征，如速度、压力和密度等，都可以视为空间坐标 (x,y,z) 和时间 (t) 所决定的连续函数。因此，就可以利用高等数学连续函数的运算法则来进行流体力学问题的求解。

从宏观角度来看，将流体作为连续介质来研究是合理的。通常我们进行工程流体实验或实测，总是要使用各种仪器来测量其流场中的各种物理参数，如速度、压力和温度等，而这些仪器探头的特征尺寸远远大于分子运动的平均自由行程，所以仪器所测得的流场中某点的速度、压力和温度数值，都是该点的大量流体分子物理参数的平均值。例如，用直径为

0.1mm 的测速探头，测量流场中体积为 0.001mm^3 的某点物理参数，而 0.001mm^3 体积的水中含有 3.3×10^{16} 个水分子，同体积气体也含有 2.7×10^{13} 个气体分子，也就是说，流体中的点——流体质点，包含有大量的流体分子，而分子间的距离对于仪器测点、流体实验模型和流体机械的零部件尺度来说，完全可以忽略不计。

在实际工程问题中，运用连续介质模型进行数学物理分析后所得的结果，与通过实验实测的数据进行比较，结果也证明这种模型是可靠的。

流体介质连续概念包括两个内容：

（1）流体是由连续排列的流体质点所组成的，即流场内的每一点都被确定的流体质点所占据，流场中毫无间隙。于是，流体中的任一物理参数（如速度、压力、密度等）都可以表示成空间坐标 (x,y,z) 和时间 (t) 相对应的函数形式，例如压力 $p=p(x,y,z,t)$。

（2）在充满连续介质的空间里，所有物理量的函数，如压力 $p(x,y,z,t)$，必然是连续函数，而且是连续可微函数。在某些特殊情况下，允许在流场中的某些点、线、面上存在不连续。

由此可见，有了连续性的假定，就可以使流体力学摆脱研究分子运动的复杂性，只考虑外力作用下的宏观机械运动。同时，因为流体是连续的，表征流体特性的各个物理量，如温度、密度、流速、压力和切应力等，在一般情况下也是连续的，这样就可以利用连续函数这一有力的数学工具，分析和研究流体各个物理量的变化规律。

应该指出，连续介质的假定也有一定的应用范围。当研究的区域很小，与分子的自由行程处于同一数量级时，譬如在很稀薄的空气中或高真空中，连续介质的假定就不再适用了，而必须考虑为不连续介质了。另外，当流体性质有了局部突变时，连接介质的假定也不再适用了，如液流中局部地区的压力很低，发生汽化现象形成气穴时，就会破坏液体的连续性。

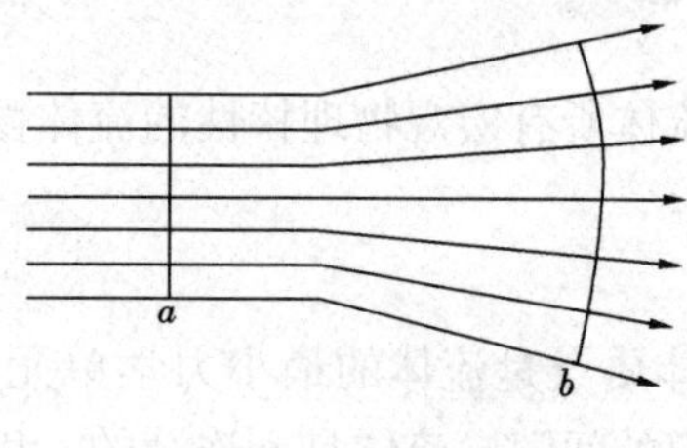

图 1-7　有效截面

二、水力要素

所谓**水力要素**是指液流横断面上的几何特征。在研究液流时应区分以下水力要素：有效截面、湿周及水力半径。

1. 有效截面

液流中与所有流线相垂直的截面称为**有效截面（过流断面）**。当液流流线互相平行时，有效截面是一个平面，如图 1-7 中的 a，如果流线不平行，有效截面将是一个曲面，如图 1-7 中的 b，有效截面的面积用 A 来表示。

2. 湿周

有效截面上液体与固体壁接触线的长度称为**湿周**。湿周用希腊字母 χ 表示。由湿周的定义可以看出，圆管中半管水流［图 1-8（b）］的湿周 $\chi=\frac{1}{2}\pi d$，而在完全被液流充满的圆管中［图 1-8（a）］，湿周 $\chi=\pi d$。湿周不包括液体自由表面的长度。由于流体

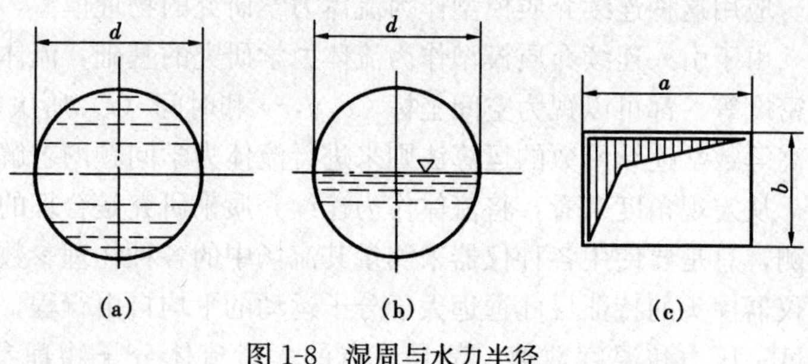

图 1-8　湿周与水力半径

受到的沿程阻力主要集中在靠近固体壁面处速度梯度较大的流层内，因此湿周是个重要的水力要素。

3. 水力半径

在工程流体力学中，由有效截面 A 与湿周 χ 组成了一个新的水力要素，这就是水力半径。**水力半径**是有效截面面积与该断面湿周的比值，用 R 表示，即

$$R=\frac{A}{\chi} \tag{1-19}$$

水力半径是有效截面上一个重要的水力要素，在阻力计算的许多公式中都会涉及，下面举几个例子说明水力半径的求法。

圆管中满管水流，如图1-8（a）所示，则

$$R=\frac{A}{\chi}=\frac{\frac{\pi d^2}{4}}{\pi d}=\frac{d}{4}=\frac{r}{2}$$

即 $d=4R$。由此可见，水力半径不同于几何半径。在非圆形的有效截面中，水力半径的四倍在工程上称为当量直径，用 d_e 表示，即

$$d_e=4R \tag{1-20}$$

矩形烟风道，如图 1-8（c）所示，其水力半径为

$$R=\frac{A}{\chi}=\frac{ab}{2(a+b)} \tag{1-21}$$

圆管中半管水流，如图 1-8（b）所示，其水力半径为

$$R=\frac{A}{\chi}=\frac{\frac{\pi d^2}{8}}{\frac{\pi d}{2}}=\frac{d}{4}=\frac{r}{2} \tag{1-22}$$

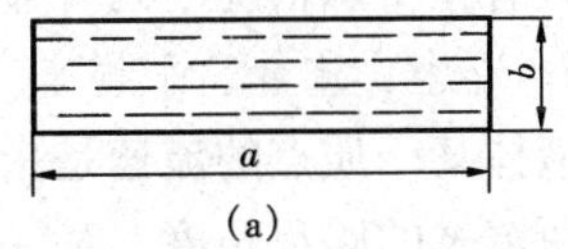

(a)

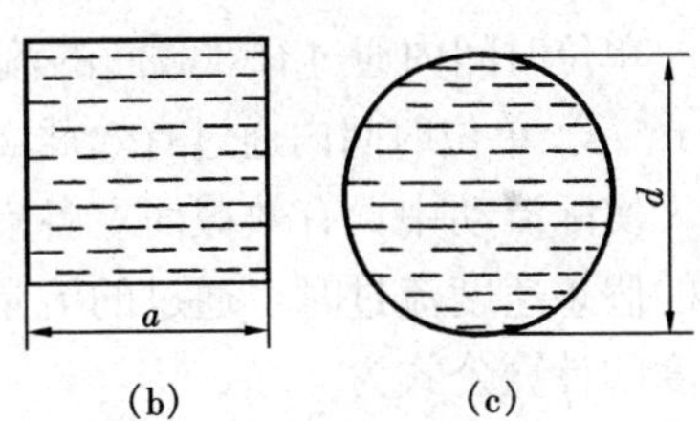

(b)　(c)

图 1-9　［例 1-7］图

【例 1-7】 图 1-9（a）中，矩形 $a=4\text{m}$，$b=0.25\text{m}$；图 1-9（b）中，正方形边长 $a=1\text{m}$；图 1-9（c）中，圆形直径 $d=1.13\text{m}$，计算它们的有效截面面积、湿周、水力半径和当量直径。

解　有效截面面积　$A_a=ab=4\times0.25=1(\text{m}^2)$

$A_b=a^2=1^2=1\ (\text{m}^2)$

$A_c=\frac{\pi}{4}d^2=\frac{3.14}{4}\times1.13^2=1\ (\text{m}^2)$

湿周　$\chi_a=2(a+b)=2\times(4+0.25)=8.5(\text{m})$

$\chi_b=4a=4\times1=4(\text{m})$

$\chi_c=\pi d=3.14\times1.13=3.55(\text{m})$

水力半径　$R_a=\frac{A_a}{\chi_a}=\frac{ab}{2(a+b)}=\frac{4\times0.25}{2\times(4+0.25)}=0.12(\text{m})$

$R_b=\frac{A_b}{\chi_b}=\frac{a^2}{4a}=\frac{a}{4}=\frac{1}{4}=0.25(\text{m})$

$$R_c=\frac{A_c}{\chi_c}=\frac{\frac{\pi}{4}d^2}{\pi d}=\frac{d}{4}=\frac{r}{2}=\frac{1.13}{4}=0.2825(\mathrm{m})$$

当量直径
$$d_{ea}=4R_a=4\times0.12=0.48(\mathrm{m})$$
$$d_{eb}=4R_b=4\times0.25=1(\mathrm{m})$$
$$d_{ec}=4R_c=4\times0.2825=1.13(\mathrm{m})$$

由［例1-7］可以看出，三个有效截面形状虽然不同，但有效截面面积相等，然而，湿周又不相等。由计算结果可以看出，圆形断面的湿周最小，矩形断面的湿周最大。在有效截面面积相等的条件下，湿周越小，流体与管壁的接触线长度就越小，所引起的流动阻力损失也就越小。圆形断面的湿周最小，因此工程上大多采用圆管来输送流体。

三、运动要素

表示液体运动特征的基本物理量称为液体的**运动要素**。动压力和流速是液体的运动要素，这是因为它们的大小和变化规律将确定或影响整个液体的运动情况。

1. 动压力

作用在运动液体内部单位面积上的压力叫液体的**动压力**，用p表示，常常简称为压力。但是必须指出，一般情况下，液体流动的横断面上动压力的分布规律，是不同于液体静压力的，只有在特殊情况下两者才相同，这一点必须加以区别，不能混淆。

2. 流速、流量、平均速度

液体某一质点的**流速**是指该质点在空间中移动的速度。速度的大小决定于质点在单位时间内所流过的路程长度。某一质点的流速用u来表示。

单位时间内通过有效截面的流体体积，称为**体积流量**，常简称流量，用q_V来表示，单位为$\mathrm{m^3/s}$。单位时间内通过有效截面的流体质量，称为**质量流量**，用q_m来表示，单位为kg/s。

实际流动中，有效截面上各点的流动速度是不相等的。假设在有效截面上的各点均以相同的假想速度流过时，通过的流量与实际流量相等，那么这个假想的流速为**平均速度**。平均速度的计算公式为

$$c=\frac{q_V}{A}\tag{1-23}$$

工程计算中所说的“速度”通常指的是“平均速度”，而局部实际速度则会另加说明，因此，平均速度一般用c表示。

思　考　题

1-1　什么是流体？流体与固体的最大区别是什么？与固体和气体相比较，液体的主要特征是什么？

1-2　流体的主要物理性质有哪些？

1-3　什么是流体的密度、比体积？二者有何联系？影响密度的因素有哪些？

1-4　什么是流体的黏性？流体的动力黏度与运动黏度在意义上有哪些不同？影响流体黏性的因素有哪些？温度升高，气体和液体的黏性如何变化，为什么？

1-5　试比较流体的内摩擦定律与固体的摩擦定律的差异，有何本质区别？在什么情况下没有内摩擦力？

1-6　内聚力与附着力有何不同？表面张力是怎样产生的？

1-7　试述以下流体力学模型的区别：

（1）牛顿流体与非牛顿流体；

（2）可压缩流体与不可压缩流体；

（3）理想流体与实际流体。

1-8　在液柱式测压计中，气体柱的压力可以忽略不计，为什么？

1-9　汽轮机组的轴承润滑油温应保持在什么范围内？油温过高或过低有什么危害？

1-10　“液体就是不可压缩流体，气体就是可压缩流体”，这句话对吗？为什么？

1-11　什么是连续介质？为什么要提出连续性的假定？

1-12　什么是有效截面的水力要素？包括哪几个物理量？各自表示了什么意思？相互的关系如何？

1-13　判断下列说法是否正确：

（1）湿周不包括自由液面长度；

（2）水力半径等于几何半径。

习　题

1-1　已知水的比体积为 0.001 117 456m^3/kg，求水的密度。

1-2　氧气瓶容积为 50L，密封在里面的氧气重 40N，求氧气的密度。

1-3　已知烟气在温度为 0℃、压力为 101.3kPa 时的密度为 1.3kg/m^3，若压力不变，求烟气在锅炉内燃烧到 800℃时的密度。

1-4　温度 $t_1=20$℃的空气，经过空气预热器后，温度升高到 $t_2=250$℃，问空气的密度改变了多少？

1-5　炉膛压力 p_2 为 98 070Pa、温度 t_2 为 800℃时，计算烟气的密度 ρ_2。假如此时烟气的体积 $V_2=100m^3$，求烟气的质量和重力。已知烟气在 $p_1=101\ 354Pa$，$T_1=273K$ 时，$\rho_1=1.32kg/m^3$。

1-6　有一根长度 $L=50m$，直径 $d=300mm$ 的输水管道要进行水压试验。在压力 $p_1=9.8\times10^4N/m^2$ 下灌满了水。问使压力升高到 $p_2=490\times10^4N/m^2$ 时，需向管道里补充多少水？水的压缩系数 $\beta=0.5\times10^{-9}m^2/N$。

1-7　试计算要使水的体积减小百分之一，需要施加多大的压力？

1-8　原油的密度为 890kg/m^3，动力黏度 $\eta=0.025Pa\cdot s$，求原油的运动黏度。

1-9　求空气在 150℃时的密度。已知动力黏度 $\eta=23.9\times10^{-6}Pa\cdot s$，求运动黏度 ν。

1-10　已知常温常压下水的动力黏度 $\eta=0.599\times10^{-3}Pa\cdot s$，求其运动黏度。

1-11　一个直径为 200mm，长为 900mm 的柱塞，同心地装在内径为 200.6mm 的缸套内，柱塞与缸套间充满了油。已知油的运动黏度 $\nu=5.6cm^2/s$，油的密度 $\rho=918kg/m^3$。问要使柱塞以 0.3m/s 的速度移动，需要多大的推力？

1-12　若固体表面上液体水平流动的速度按二次抛物线分布，如图 1-10 所示。液面上的流速为8m/s，液面距底面的深度为 4m，液体的动力黏度为 0.001$Pa\cdot s$。问 2m 深处的切应力为多少？

1-13　一块平板浮在油面上。平板下底面距固定的表面的高度 $h=0.3\text{m}$，如图 1-11 所示，平板以 $u=3\text{m/s}$ 的速度运动，若油的动力黏度为 0.02Pa·s，求此平板每单位面积上所受到的阻力。

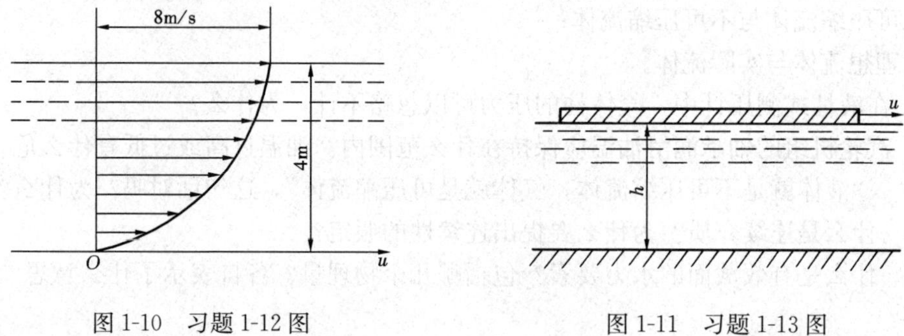

图 1-10　习题 1-12 图　　图 1-11　习题 1-13 图

1-14　如图 1-12 所示，转轴直径 $d=0.36\text{m}$，滑动轴承轴瓦长度 $L=1\text{m}$，轴与轴承间隙 $\Delta=0.2\text{mm}$，其中充满动力黏度 $\eta=0.72\text{Pa}\cdot\text{s}$ 的油，若轴的转速 $n=200\text{r/min}$，求克服油的黏性阻力所需要的功率。

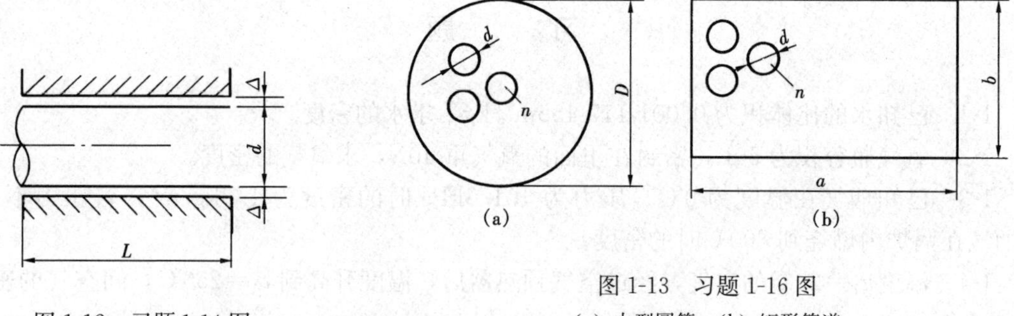

图 1-12　习题 1-14 图

图 1-13　习题 1-16 图

(a) 大型圆管；(b) 矩形管道

1-15　30 号汽轮机油用恩格勒黏度计测得 20℃时的恩格勒度为 35，50℃时的恩格勒度为 4，求这两种温度下汽轮机油的运动黏度，并用国际单位表示。

1-16　图 1-13 (a) 中，直径为 D 的大型圆形管道中有直径为 d 的 n 个小管，求小管外流动流体的当量直径；图 1-29 (b) 中，矩形管道中有直径为 d 的 n 个小管，求小管外流动流体的当量直径。

1-17　计算如图 1-14 所示管道的当量直径。

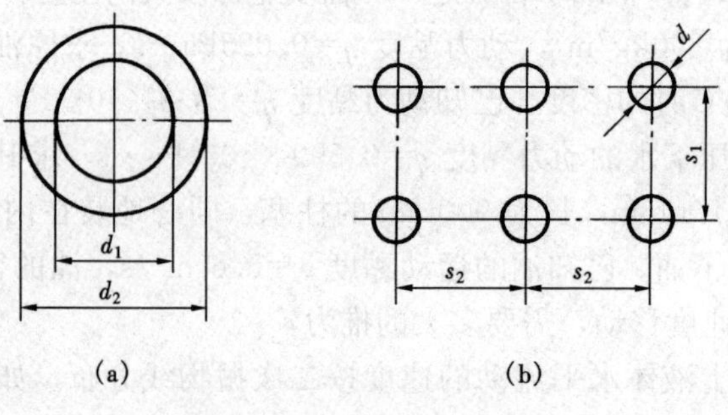

图 1-14　习题 1-17 图

(a) 充满流体环形管道；(b) 充满流体的管束

非牛顿流体

在日常生活和工业生产中，常遇到的各种高分子溶液、熔体、膏体、凝胶、交联体系、悬浮体系等复杂性质的流体，差不多都是非牛顿流体。

早在人类出现之前，非牛顿流体就已存在，因为绝大多数生物流体都属于现在所定义的非牛顿流体。人身上的血液、淋巴液等多种体液，以及像细胞质那样的"半流体"，都属于非牛顿流体。近几十年来，促使非牛顿流体研究迅速开展的主要动力之一，是聚合物工业的发展。聚乙烯、聚丙烯酰胺、聚氯乙烯、涤纶、橡胶溶液、各种工程塑料、化纤的熔体、溶液等，都是非牛顿流体。石油、泥浆、水煤浆、陶瓷浆、纸浆、油漆、油墨、牙膏等也都是非牛顿流体。非牛顿流体在食品工业中也很普遍，如番茄汁、淀粉液、蛋清、菜汤、酱油、果酱、炼乳等。有时为了工业生产的目的，在某种牛顿流体中，加入一些聚合物，在改进其性能的同时，也将其变成为非牛顿流体，如为提高石油产量使用的压裂液、新型润滑剂等。

血液、果浆、蛋清、奶油等这些非常黏稠的液体，牙膏、石油、泥浆、油漆、各种聚合物（聚乙烯、尼龙、涤纶、橡胶等）溶液等非牛顿流体，也称为软物质。

1. 非牛顿流体的射流胀大特性

如果非牛顿流体被迫从一个大容器流进一根毛细管，再从毛细管流出时，可发现射流的直径比毛细管的直径大。射流的直径与毛细管直径之比称为模片胀大率（或称为挤出物胀大比）。对牛顿流体，它依赖于雷诺数，其值为0.88～1.12。而对于高分子熔体或浓溶液，其值大得多，甚至可超过10。一般来说，模片胀大率是流动速率与毛细管长度的函数。模片胀大现象，在口模设计中十分重要。聚合物熔体从一根矩形截面的管口流出时，管截面长边处的胀大，比短边处的胀大更加显著，尤其在管截面的长边中央胀得最大。因此，如果要求生产出的产品的截面是矩形的，口模的形状就不能是矩形，而必须是四边中间都凹进去的形状。这种射流胀大现象，也称为Barus效应或Merrington效应。

2. 非牛顿流体的爬杆效应

1944年，Weissenberg在英国伦敦帝国学院表演了一个有趣的实验：在一只盛有黏弹性流体（非牛顿流体的一种）的烧杯里，旋转实验杆。对于牛顿流体，由于离心力的作用，液面将呈凹形；而对于黏弹性流体，却向杯中心流动，并沿杆向上爬，液面变成凸形，甚至在实验杆旋转速度很低时，也可以观察到这一现象。

爬杆效应也称为Weissenberg效应。在设计混合器时，必须考虑爬杆效应的影响。同样，在设计非牛顿流体的输运泵时，也应考虑和利用这一效应。

3. 非牛顿流体的无管虹吸现象

对于牛顿流体来说，在虹吸实验时，如果将虹吸管提离液面，虹吸马上就会停止。但对高分子液体，如聚异丁烯的汽油溶液或聚醣在水中的轻微凝肢体系等，都很容易实现无管虹吸实验。将管子慢慢地从容器拨起时，可以看到虽然管子已不再插在液体里，液体仍源源不断地从杯中抽出，继续流进管里。甚至更简单些，连虹吸管都不要，将装满该液体的烧杯微倾，使液体流下，该过程一旦开始，就不会中止，直到杯中液体都流光。这种无管虹吸的特性，是合成纤维具备可纺性的基础。

4. 非牛顿流体的湍流减阻特性

非牛顿流体的另一奇妙性质是湍流减阻。如果在牛顿流体中加入少量聚合物，则在给定的速率下，可以看到显著的压差降。湍流一直是困扰理论物理和流体力学界未解决的难题。然而在牛顿流体中加入少量高聚物添加剂，却出现了减阻效应。

减阻效应也称为 Toms 效应，虽然其道理尚未弄清楚，但已有广泛的应用。在消防水中添加少量聚乙烯氧化物，可使消防车龙头喷出的水的扬程提高一倍以上。应用高聚物添加剂，还能改善气蚀发生过程及其破坏作用。

非牛顿流体除具有以上几种有趣的性质外，还有其他一些受到人们重视的奇妙特性，如拔丝性、剪切变稀、连滴效应及液流反弹等。由于非牛顿流体涉及许多工业生产部门的工艺、设备、效率和产品质量，也涉及人本身的生活和健康，所以越来越受到科学工作者的重视。1996 年 8 月，在日本京都国际会议中心召开的第 19 届国际理论与应用力学大会（IUTAM）上，非牛顿流体流动是大会的六个重点主题之一，也是流体力学方面参与最踊跃的主题。高分子溶液和熔体的特性远异于牛顿流体，并认为对这些异常特性的研究，都是具有挑战性的课题。

第二章 流体静力学

流体质点之间没有相对运动，就称为平衡状态。由于流体处于平衡状态时没有内摩擦力，因此黏性显示不出来，本章讨论的一切结论，不论是对理想流体还是实际流体都同样适用。

本章研究的中心问题是静压力的分布规律。首先讨论静止情况下的静压力计算，进而扩展到相对静止的情况，最后计算面上的总压力。热力发电厂中广泛使用的液柱式测压计、水位计以及承压容器的计算等，都必须确定平衡流体静压力或总压力。此外，流体力学的其他章节，以及泵与风机的讨论，都与流体静力学的基本原理有着密切的联系。

第一节 作用在流体上的力

流体平衡或运动的规律除取决于本身的物理性质外，还与作用在流体上的力有密切关系。因此，首先必须确定作用在流体上的力。

流体力学通常的解题步骤是：首先在流场中用一个封闭的几何面 A 作界面，隔取体积为 V 的一部分流体团作为研究对象——控制体，然后对控制体作受力分析。

作用在流体上的力有两大类：表面力与质量力。

一、表面力

作用在所取流体分离体（即流体团）表面上的力称为**表面力**。表面力可以是外力，如活塞对水的压力，容器壁对所盛流体的约束力或大气作用于液体自由表面的压力等；也可以是内力，这种内力是由于流体质点之间的相互作用而产生的，如流体内部的切应力及压力等都是这种内力。表面力的大小与流体表面积的大小有关。

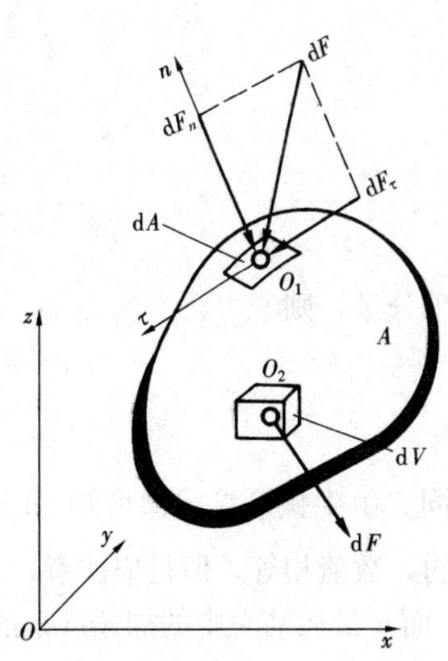

图 2-1 作用在流体上的力

表面力是通过流体团表面作用于流体的，其大小用应力来表示。设在流场内用界面 A 隔离出的流体团的体积为 V，如图 2-1 所示。在界面 A 上的某一点 O_1 处取一微元面积 dA，作用在微元面上的表面力为 dF。dF 在法线方向上的分力为 dF_n，在切线方向上的分力为 dF_τ。当微元面趋向于 O_1 时，O_1 点的应力为

$$p_n = \lim_{\mathrm{d}A \to 0} \frac{\mathrm{d}F_n}{\mathrm{d}A} \tag{2-1}$$

$$\tau = \lim_{\mathrm{d}A \to 0} \frac{\mathrm{d}F_\tau}{\mathrm{d}A} \tag{2-2}$$

式中 p_n——法向应力，即流体所受的压力（强），Pa；

τ——切向应力，即流体的摩擦应力，Pa。

则作用在微元面 dA 上的表面力为

$$dF_n = p_n dA \tag{2-3}$$

$$dF_\tau = \tau dA = dT \tag{2-4}$$

在连续介质模型中，认为流场中各点的 p_n 和 τ 是坐标 (x,y,z) 和时间 t 的连续函数，即

$$p_n = p_n(x,y,z,t)$$

$$\tau = \tau(x,y,z,t)$$

因此，界面上某点 O_1 的表面力 dF_n 和 dT 也是 O_1 点的坐标 (x,y,z) 和时间 t 的连续函数，即

$$dF_n = F_n(x,y,z,t)$$

$$dT = T(x,y,z,t)$$

二、质量力

质量力是某种力场作用在流体的全部质点上，并与流体的质量成正比的力。质量力主要分为两种：一种是地球对所研究的流体的引力，如在重力场中，由地球对全部质点的引力所产生的重力（$G = mg$），以及电力场、磁力场对带电物质或磁性物质所产生的电动力、磁力等；另一种是流体作变速运动时虚加在它上面的惯性力，如直线变速运动的直线惯性力（$F = ma$）和圆周运动时的离心力（$F = m\omega^2 r$）等。这些力虽然形式不同，但是具有一个共同的特点，即力的大小都与流体的质量成正比。因为均质流体的质量与体积成正比，所以质量力又称为体积力。

图 2-1 中，在控制体中 O_2 点处，取一微元体 dV。此处流体的平均密度为 ρ，则重力场作用在它上面的质量力应为 $\rho g dV$。

当应用达朗贝尔（D'Alembert)原理来研究流体的加速运动时，虚加在流体质点上的惯性力也属于质量力。在直线加速运动中，只有沿直线的惯性力，而在一般曲线运动中，则有切向惯性力和离心惯性力。当微元体的加速度为 a 时，虚加在微元体上的惯性力可用 $dF = -dma = -\rho dVa$ 来表示，负号表示惯性力方向与加速度方向相反。

作用在单位质量流体上的质量力称为单位质量力，用 $\vec{f}$ 来表示，其计算式为

$$\vec{f} = \frac{d\vec{F}}{dm} = \frac{d\vec{F}}{\rho dV} \tag{2-5}$$

式中 $\vec{f}$——单位质量力，N/kg；

$d\vec{F}$——作用在微元体上的质量力，N；

dm——微元体质量，kg。

如果用 f_x，f_y，f_z 表示单位质量力在直角坐标系中的三个分量，则

$$\vec{f} = f_x\vec{i} + f_y\vec{j} + f_z\vec{k} \tag{2-6}$$

式中 $\vec{i}$、$\vec{j}$、$\vec{k}$ —— x、y、z 轴方向的单位矢量。

单位质量力 $\vec{f}$ 的单位为 N/kg，与加速度的单位 m/s^2 相同。由牛顿第二定律可知：$d\vec{F} = dm \cdot \vec{a}$。从式（2-5）中知，$d\vec{F} = \vec{f} \cdot dm$，故 f 与 a 单位相同，数值相等。但是应注意，f 是单位质量流体所受的质量力，如 1kg 流体的重力或惯性力，而 a 是运动学中的加速度，前者属“力”的概念，后者属“运动”的概念。在流体力学中可将加速度视为单位质量力。

由于流场中各点的加速度 $\vec{a}$（即 $\vec{f}$）和密度 ρ 均为坐标 (x,y,z) 和时间 t 的连续函数，即

$$\vec{a} = \vec{a}(x, y, z, t)$$

$$\rho = \rho(x, y, z, t)$$

所以单位质量力 $\vec{f}$ 也应是坐标 (x, y, z) 和时间 t 的连续函数，即

$$\vec{f} = \vec{f}(x, y, z, t)$$

单位质量力函数 $\vec{f} = \vec{f}(x, y, z, t)$ 表征流场质量力的分布状态，而某点的 $\vec{f}$ 值表征该点质量力的密集程度，故 $\vec{f}$ 又称为质量力分布密度。

从以上讨论中可看出，流场中的流体因为不能成为单独的固定形体，故流体力学是用封闭曲面隔离出局部流体，即流体团作为研究对象的。流场中流体的压力 p、切应力 τ、密度 ρ、加速度 $\vec{a}$ 等是随地点和时间变化的连续函数。

第二节　静压力的概念和表示方式

本章所讨论的流体在静止和平衡状态下的基本规律，主要是指静止流体压力的分布规律，因此研究的主要参数是压力（压强）。

一、静压力的概念

人们在实践中知道，游泳时水淹过胸部会感到胸部受压；用手堵住水龙头，打开阀门后手感到有压力；盛水容器如果有孔，水就会从孔处泄流。这些现象说明，流体处于静止状态时，在流体内部存在压力，流体对固体界壁也有压力作用。

如图 2-2 所示，在静止流体内部取一控制体为研究对象，用平面将其分为Ⅰ、Ⅱ两部分。若将Ⅰ部分移去，为保持Ⅱ部分平衡，必须在截面 A 上外加一个大小和方向与移去的Ⅰ部分对Ⅱ部分作用等效的力 F。人们把单位面积上所受到的流体作用力，称为平均静压力，用符号 $\bar{p}$ 表示，即

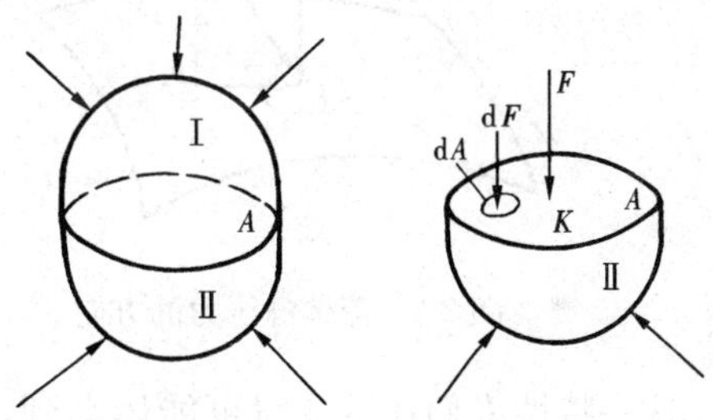

图 2-2　静止流体中的分离体

$$\bar{p} = \frac{F}{A} \tag{2-7}$$

式中　F——某一面积上的总压力，N；

A——控制体截面积，m^2；

$\bar{p}$——平均静压力，N/m^2。

平均静压力并不表示面积 A 上某点的真实静压力。若要求出面积 A 上 K 点的静压力，则应包括 K 点取一微小面积 dA，其上的总压力为 dF。当 dA 趋近于零时（即 dA 缩小到 K 点），平均静压力 dF/dA 就趋近于某一极限值，该极限值称为 K 点的静压力，也叫静压强，用 p 表示，即

$$p = \lim_{dA \to 0} \frac{dF}{dA} \tag{2-8}$$

流体总压力 F 的单位是 N，静压力 p 的单位是 Pa（帕斯卡），即 $1Pa = 1N/m^2$。因此，

F 和 p 是两个不同的概念，虽然它们都具有流体对受压面作用的性质，但流体总压力 F 是作用在某一面积上的力，静压力 p 是作用在受压面上某点的力。

二、静压力的特性

流体静压力有两个重要特性。

1. 流体静压力的方向与作用面垂直并指向作用面

这个特性可以用反证法加以证明。在静止的流体中，选定一个作用面 MN（如图 2-3 所示），假定 K 点处静压力 p 的方向不垂直于微元面积 dA，则可将 p 分解为两个力：一个是与作用面垂直的力 p_1，另一个是与作用面相切的力 p_2。由流体的概念可知，流体在切向力 p_2 的作用下势必要产生连续不断的变形而流动起来，这与流体平衡的前提不吻合，故 p_2 一定等于零。因此，静压力的方向必须与作用面相垂直。另外，一般来讲流体受到拉力作用也要运动，失去平衡状态，所以，处于平衡状态的流体只能承受压力，即流体静压力的方向总是指向作用面的。

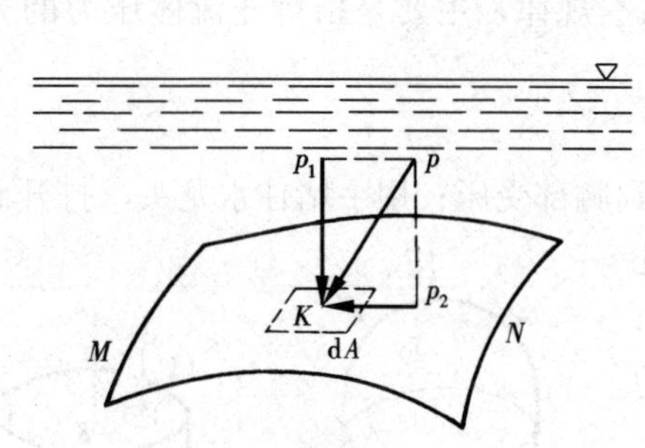

图 2-3 流体静压力的方向

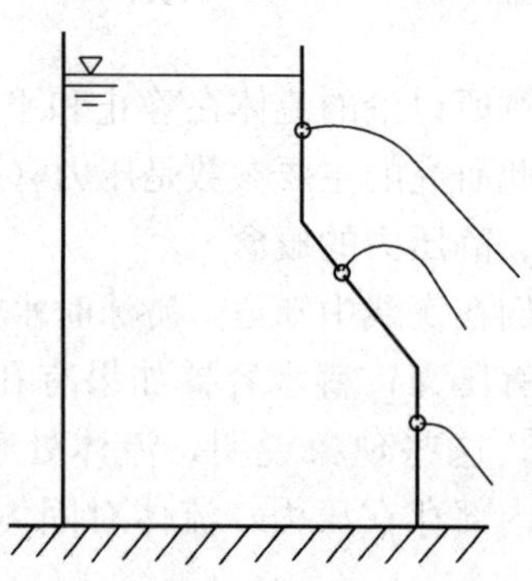
图 2-4 静压力的方向

这一特性人们在游泳时更能体会到，当胸部浸没在水中时，会感到胸部受压而不是受拉。图 2-4 所示为薄壁异形水箱，侧壁上开有三个孔，当水箱盛有水时，细小的水束从小孔流出，而且水束离开水箱侧壁时总是垂直于壁面，这说明静压力的方向总是垂直指向作用面的。这个特性说明了静压力方向与作用面之间的关系。若已知作用面位置，则可确定静压力的方向，这一特性不仅适用于流体内部的界面，也适用于流体与固体界壁的表面。

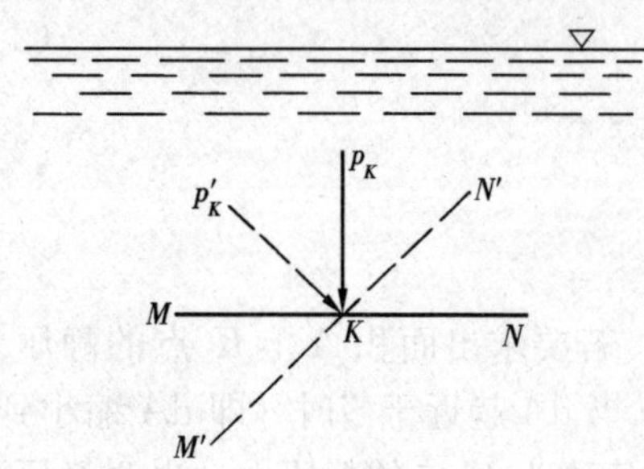

图 2-5 静压力的大小与方位无关

2. 流体静压力的大小与作用面的方位无关

为了证明这个特性，先要了解这个特性的含义。以图 2-5 中的 MN 作用面为例，K 点的静压力为 p_K，根据静压力的第一个特性，它垂直于 MN，并指向 MN。当作用面绕 K 点旋转至 $M'N'$ 时，作用面的方位变了，静压力也随之变成如图 2-5 所示的 p'_K 了。现在就是要证明 p_K 与 p'_K 是相等的，从而说明流体静压力的大小与作用面的方位无关。

为了更普遍地说明空间里的这种变化情况，如图2-6所示，在静止流体中任意一点 K 的附近取一个微元四面体 $KBCD$，其正交的各边分别为 dx，dy，dz。该四面体在外力作用下

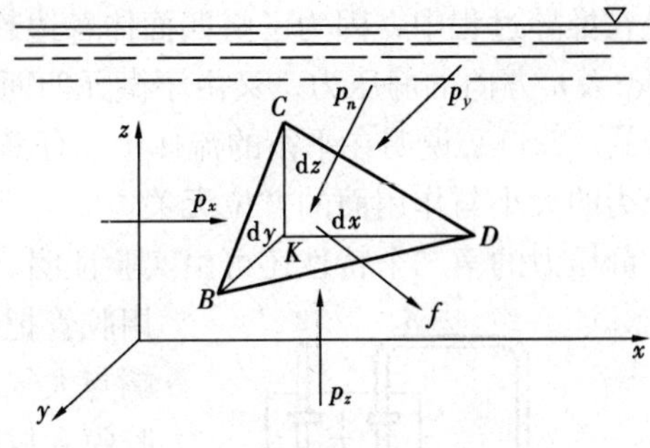

图 2-6 微元四面体的平衡

处于平衡状态，四个作用面上的表面力分别为四面体的微元面积与相应静压力的乘积，即

$$dP_x = p_x dA_x = p_x \times \frac{1}{2} dy dz$$

$$dP_y = p_y dA_y = p_y \times \frac{1}{2} dx dz$$

$$dP_z = p_z dA_z = p_z \times \frac{1}{2} dx dy$$

$$dP_n = p_n dA_n$$

式中 dA_n——四面体倾斜面△BCD的面积。

作用在微元四面体上的单位质量力$\vec{f}$在三个方向的分量分别为f_x, f_y, f_z，故微元四面体质量力在x, y, z三个方向的分量为

$$dF_x = \rho \times \frac{1}{6} dx dy dz f_x$$

$$dF_y = \rho \times \frac{1}{6} dx dy dz f_y$$

$$dF_z = \rho \times \frac{1}{6} dx dy dz f_z$$

微元四面体是平衡的，故作用在它上面所有的力在各个方向的投影之和应等于零。在x方向力的平衡方程式为

$$dP_x - dP_n \cos(n, x) + dF_x = 0$$

或

$$p_x \frac{1}{2} dy dz - p_n dA_n \cos(n, x) + \frac{1}{6} \rho dx dy dz f_x = 0 \tag{2-9}$$

上式中$\cos(n, x)$为△BCD斜面的外法线n与x轴的夹角的余弦，也就是平面△BCD与△BCK的夹角的余弦，故

$$dA_n \cos(n, x) = dA_x = \frac{1}{2} dy dz \tag{2-10}$$

将式（2-10）代入式（2-9），得

$$(p_x - p_n) \frac{1}{2} dy dz + \frac{1}{6} \rho dx dy dz f_x = 0$$

或

$$(p_x - p_n) + \frac{1}{3} \rho dx f_x = 0$$

同样列出y方向及z方向的平衡方程式，可得到

$$(p_y - p_n) + \frac{1}{3} \rho dy f_y = 0$$

$$(p_z - p_n) + \frac{1}{3} \rho dz f_z = 0$$

当微元四面体无限缩小而趋近于一点K时，dx，dy，dz趋近于零，故上述各式可以写成

$$p_x = p_n, \quad p_y = p_n, \quad p_z = p_n$$

即

$$p_x = p_y = p_z = p_n \tag{2-11}$$

在推导过程中，因为已将四面体各边趋近于零，所以 p_x, p_y, p_z 及 p_n 分别代表了 K 点在 x, y, z 及 n 方向的静压力。又由于微元四面体 $KBCD$ 是任意选取的，即 p_n 的方向是任意的，因此式（2-11）说明在平衡的流体中，任意一点的静压力在各个方向上都是相等的，即流体静压力的大小与作用面的方位无关。

静压力的第二个特性还可由实验证明。图 2-7 是一个 U 形管测压计，管中为有色液体，用胶管把一个扎有胶薄膜的小圆盒接到测压计的 A 端，B 端与大气相通，这时管中液面在同一水平面上。实验时把胶膜盒放在水中，可以看到 A 管液面降低，B 管液面升高；胶膜盒入水越深，测压管液柱高度 h 也越大。这说明静水中存在着压力，而且静压力随水深的增加而增大。保持胶膜盒在水中的位置不变，使胶膜盒向各个方向转动，则可看到 h 保持不变。

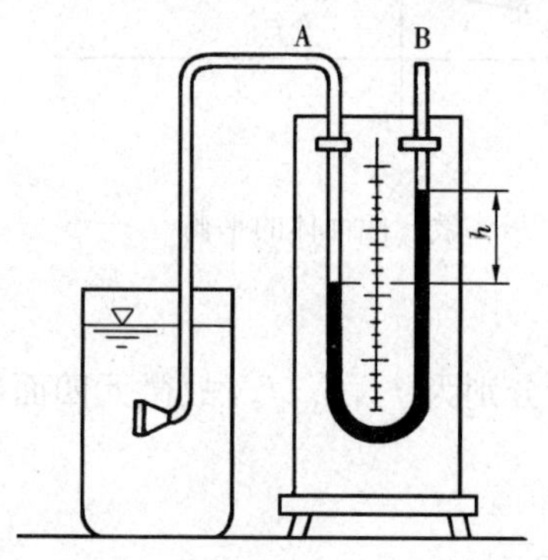

图 2-7　流体静压力的大小

应该说明，虽然同一点的静压力在各个方向上相等，但不同点上的静压力是不相等的，静压力的大小随空间位置不同而变化，也就是说，流体静压力是空间坐标点的连续函数，即

$$p = p(x, y, z)$$

因此，工程上在测量流体某点的静压力时，不必选择方向，只需确定该点的位置即可。这具有实际的应用意义。

三、压力的表示方法

流体中任意一点压力（或压强）的大小，按其度量基准（即零点）的不同，有下列三种表示方法。

1. 绝对压力

以绝对真空（完全真空）为基准点计算的压力值称为**绝对压力**，以字母 p 表示。

2. 相对压力

以当地大气压力为基准点计算的压力值叫做**相对压力**。绝对压力减去当地大气压力，便可得到相对压力值，并以字母 p_g 表示，即

$$p_g = p - p_a \tag{2-12}$$

由式（2-12）知道，绝对压力等于相对压力加上大气压力，即

$$p = p_g + p_a \tag{2-13}$$

在多数工程实际问题中，因流体所受的大气压力是互相平衡的，所以，真正起作用的是相对压力，故一般多采用相对压力来表示静压力。譬如，一般压力表上指示的零压就是大气压力，压力表的读数反映了流体的压力与周围空气的压力差，故压力表上的刻度是相对压力，因此，相对压力在工程上又习惯称为表压力或计示压力。

3. 真空压力

如果流体中某点的绝对压力小于大气压力，则称该处具有真空。可以举出热力发电厂中具有真空的很多例子，如水泵的吸水管、风机的吸气管、凝汽器以及虹吸管等。真空的大小，可以用真空压力或真空度来表示。

真空压力是指大气压力与绝对压力的差值，也称真空值。换句话说，真空值就是被测试

流体的绝对压力低于大气压力的部分，用字母 p_v 表示，即

$$p_v = p_a - p \tag{2-14}$$

比较式（2-12）与式（2-14），可以看出，相对压力与真空值有如下关系：

$$p_v = -p_g \tag{2-15}$$

式（2-15）表明真空值就是相对压力的负值，因此，真空值也称为负压。

真空度是指真空值与当地大气压比值的百分数，通常用 H_v 表示，即

$$H_v = \frac{p_a - p}{p_a} \times 100\% = \frac{p_v}{p_a} \times 100\% \tag{2-16}$$

绝对压力 $p=0$ 时的真空称为绝对真空，此时的真空值最大。理论上，最大真空值等于当地大气压力，但在实际上绝对真空是不存在的。当有液体存在时，随着真空值的增加，绝对压力相应降低，当其减小到液体的饱和蒸汽压力时，液体就会沸腾而产生蒸汽，使真空区域内保持与其温度相对应的饱和蒸汽压力。

为了便于区别以上几种压力的表示方法，可将它们之间的关系表示在图 2-8 中。

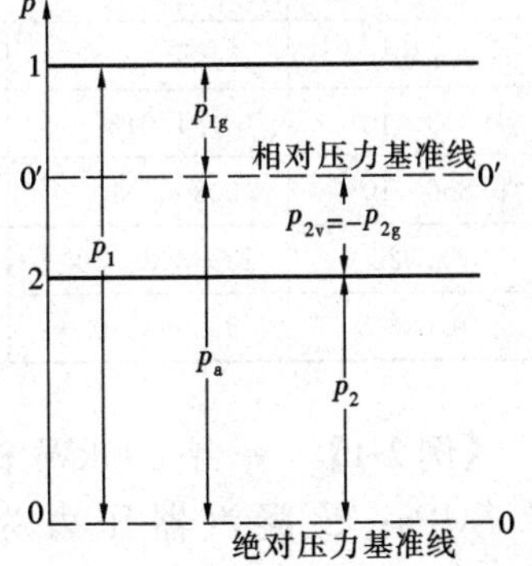

图 2-8 绝对压力、相对压力及真空值之间的关系

由图中可以看出：

（1）从绝对真空为零算起的压力是绝对压力，从大气压力为零算起的压力是相对压力，绝对压力与相对压力的基准相差一个大气压 p_a。

（2）点 1 的绝对压力 p_1 大于大气压 p_a，相对压力 p_{1g} 为正值，或称点 1 处于正压。

（3）点 2 的绝对压力 p_2 小于大气压 p_a，其相对压力 p_{2g} 为负值，即点 2 处于负压。这时的相对压力 p_{2g} 的绝对值就是点 2 的真空值 p_{2v}。

应当指出，当大气压力随海拔高度及气象因素发生变化时，若绝对压力保持不变，则相对压力和真空值将随大气压力的变化而变化。

大致说来，在工程技术问题中，属于流体的物性和状态的有关公式、计算、资料数据等多采用绝对压力，如完全气体状态方程、饱和蒸汽压力、汽轮机主汽门前的蒸汽参数、凝汽器或除氧器参数等的压力值。

属于流体工程的强度、测试等有关压力值多采用计示压力，例如，计算受压容器强度、管道附件公称压力、高压加热器水侧压力、汽轮机调节和润滑油压、泵与风机进出口压力等。

低于大气压的容器的压力多采用真空值或真空度，例如凝汽器、射汽抽汽器、水泵或风机进口等。

以上区分都不是绝对的，遇到有关压力参数时，应具体分析。

四、压力的单位

热力发电厂中计量压力的单位常用以下三种。

1. 用单位面积上所承受的力表示

国际单位帕斯卡（简称帕，符号为 Pa），$1Pa=1N/m^2$，常用的还有 kPa 和 MPa。

2. 用液柱高度表示

工程上常用一个标准大气压下，4℃的水柱或0℃的水银柱高度表示，单位是毫米水柱或毫米汞柱，符号分别是 mmH_2O 或 mmHg。这种表示方法既形象又准确，在绝对压力小于0.2MPa的范围内，被广泛应用在工程技术上，特别是测量压力时十分方便。

3. 用大气压表示

这种单位有两种：一种是标准大气压（又称物理大气压），符号为atm，它是指0℃时在纬度45°处海平面上大气的平均绝对压力值；另一种是工程大气压，符号是at，它指的是每平方厘米的面积上受到1kgf的压力值。

各种压力计量单位间的换算关系可以参考表2-1。

表 2-1　压力单位换算表

帕斯卡 Pa	巴 bar	标准大气压 atm	工程大气压 at	毫米汞柱 mmHg	毫米水柱 mmH_2O
1	1×10^{-5}	9.869×10^{-6}	1.02×10^{-5}	7.5×10^{-3}	1.02×10^{-1}
1×10^{5}	1	9.869×10^{-1}	1.02	7.5×10^{2}	1.02×10^{4}
1.013×10^{5}	1.013	1	1.033	760	1.033×10^{4}
9.806×10^{4}	9.806×10^{-1}	$9.678\,7\times10^{-1}$	1	735.559	1×10^{4}
133.322	133.322×10^{-5}	1.316×10^{-3}	1.36×10^{-3}	1	13.595
9.806	9.806×10^{-5}	9.678×10^{-5}	1×10^{-4}	735.559×10^{-2}	1

【例 2-1】 一台300kW机组的运行规程上给出几处参数值：①高压新蒸汽压力为16.7MPa；②凝汽器压力为5.4kPa；③除氧器压力为0.739MPa；④炉膛负压为0.05kPa。问

（1）分析给出压力的压力基准；

（2）如果大气压力 $p_a=101\,325$Pa，计算以上各处的绝对压力、相对压力和真空值。

解　（1）电厂中能够直接读出的都是计示压力或真空值，①、③、④都是如此，其中①、③为正压，④为负压（真空值）。比较大气压力 $p_a=101\,325$Pa 与凝汽器真空值可知，②是绝对压力。在规程中，常给出凝汽器的绝对压力，运行监督则采用真空值表示。

（2）

$$p_{1g}=16.7\text{MPa}$$

$$p_1=p_{1g}+p_a=16.7+0.1=16.8(\text{MPa})$$

$$p_2=5.4\text{kPa}$$

$$p_{2v}=p_a-p_2=101\,325-5400=95\,925(\text{Pa})=0.096(\text{MPa})$$

$$p_{3g}=0.739\text{MPa}$$

$$p_3=p_{3g}+p_a=0.739+0.1=0.839(\text{MPa})$$

$$p_{4v}=0.05\text{kPa}=50\text{Pa}$$

$$p_{4g}=-p_{4v}=-50\text{Pa}$$

$$p_4=p_a-p_{4v}=101\,325-50=101\,275(\text{Pa})$$

【例 2-2】 某电厂规程规定，润滑油压降低到0.05MPa时，必须紧急停机；凝汽器真空低于80kPa又不能恢复时，也要停机。设大气压力为0.1MPa，将压力换算成绝对压力值是多少？若分别用 mH_2O 或 mmHg 表示，又是多少？

解 $p_{1g}=0.05\text{MPa}=5\text{mH}_2\text{O}=368\text{mmHg}$

$p_1 = p_{1g} + p_a = 0.05 + 0.1 = 0.15(\text{MPa}) = 15\text{mH}_2\text{O} = 1103\text{mmHg}$

$p_{2v} = 80\text{kPa} = 0.08\text{MPa} = 8.16\text{mH}_2\text{O} = 600\text{mmHg}$

$p_2 = p_a - p_{2v} = 0.1 - 0.08 = 0.02(\text{MPa}) = 2.0\text{mH}_2\text{O} = 150\text{mmHg}$

从上面例题可以看出，由于新蒸汽压力很高，其绝对压力值与相对压力值相差不大，而相对压力不大的除氧器，其绝对压力值与相对压力值相差则较大。各电厂的新蒸汽压力随着参数的不同变化很大，但最终的排气压力几乎相等。对于采用平衡通风的煤粉炉，炉膛压力很接近。为了运行安全，防止煤粉向外泄漏，炉膛压力应稍低于大气压力，即所谓的“微负压”。

高压电厂新蒸汽压力在10MPa以上；凝汽器排气绝对压力在5kPa左右，也就是真空值约为93kPa左右；高压除氧器压力为0.5～0.9MPa；大气式除氧器压力在0.02MPa左右；而煤粉炉膛负压一般为20～100Pa。

在热力发电厂中，处于正压状态下工作的管道有主蒸汽管道系统、给水管道系统、高压加热器等。处于负压状态下工作的管道设备有以凝汽器为中心的真空系统、尾部烟道和锅炉炉膛、低压加热器等。

第三节 流体平衡微分方程 等压面

一、流体平衡微分方程（欧拉平衡方程）

欧拉平衡方程就是静止流体中的微元体的平衡方程。为了解析探求流体平衡的规律，在静止流体中任取一点$K(x,y,z)$，以K点为体心，在它的周围取一个边长各为dx，dy，dz的微元平行六面体作为研究对象，如图2-9所示。下面来分析微元六面体上的受力。图中只绘出z轴方向上的受力，x及y轴方向的受力可依此类推。

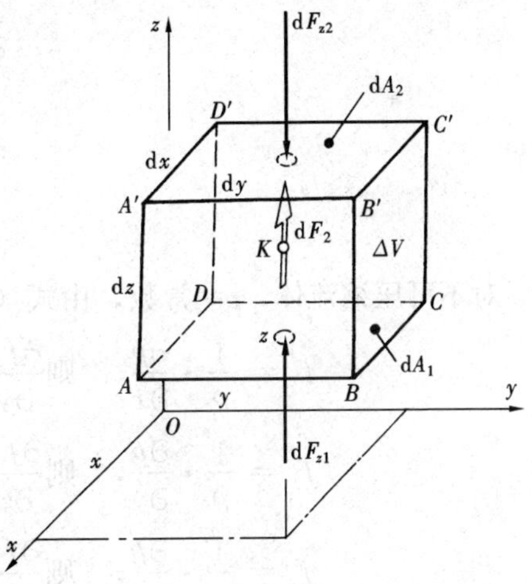

图2-9 微元六面体z方向的受力分析

首先分析z轴方向受力情况：

（1）微元体上的质量力在oz轴向上的分力为dF_z，与oz轴同向，大小为$dF_z = f_z\rho dV = f_z\rho dxdydz$，它作用在微元体质心$K$上。

（2）微元体下界面所受的表面力为dF_{z1}，方向与z轴同向，大小为$dF_{z1} = p_1 dA_1$，作用于下界面$ABCD$的形心点上。由于平面$ABCD$的形心在微元体质心K下方$dz/2$处，设K点的压力为p，则$ABCD$面上的平均压力$p_1 = p-\frac{\partial p}{\partial z}\cdot\frac{dz}{2}$，而$ABCD$的微元面积$dA_1 = dxdy$，故

$$dF_{z1} = \left(p-\frac{\partial p}{\partial z}\cdot\frac{dz}{2}\right)dxdy$$

同理可得微元体上界面所受的表面力dF_{z2}，方向与oz轴相反，大小为

$$dF_{z2} = p_2 dA_2 = \left(p+\frac{\partial p}{\partial z}\cdot\frac{dz}{2}\right)dxdy$$

静止的六面体流团在 z 轴方向上不发生移动的平衡条件是 z 方向的合力为零，即

$$\mathrm{d}F_z + \mathrm{d}F_{z1} - \mathrm{d}F_{z2} = 0$$

$$f_z \rho \mathrm{d}x\mathrm{d}y\mathrm{d}z + \left(p - \frac{1}{2} \cdot \frac{\partial p}{\partial z}\mathrm{d}z\right)\mathrm{d}x\mathrm{d}y - \left(p + \frac{1}{2}\frac{\partial p}{\partial z}\mathrm{d}z\right)\mathrm{d}x\mathrm{d}y = 0$$

化简上式，得

$$f_z - \frac{1}{\rho} \cdot \frac{\partial p}{\partial z} = 0$$

同理，由微元体在 x 及 y 轴方向上的受力平衡条件，可以导出相似的结论。

$$\begin{aligned} f_x - \frac{1}{\rho} \cdot \frac{\partial p}{\partial x} = 0 \quad 或 \quad f_x = \frac{1}{\rho} \cdot \frac{\partial p}{\partial x} \\ f_y - \frac{1}{\rho} \cdot \frac{\partial p}{\partial y} = 0 \quad 或 \quad f_y = \frac{1}{\rho} \cdot \frac{\partial p}{\partial y} \\ f_z - \frac{1}{\rho} \cdot \frac{\partial p}{\partial z} = 0 \quad 或 \quad f_z = \frac{1}{\rho} \cdot \frac{\partial p}{\partial z} \end{aligned} \tag{2-17}$$

式（2-17）称为静止流体平衡微分方程，即欧拉平衡方程，是欧拉于 1755 年推导的。此方程的物理意义是：微元体在 x,y,z 三个方向上均不发生移动的条件（即平衡的必要条件）是微元体上的表面力和质量力在三个方向上的合力均为零。

欧拉平衡方程是由微元体不发生移动为力学条件导出的，但是要保证流体真正静止，还要它不会发生转动，这就需要给流团的质量力加一定的限制条件，这个条件是压力在流场中的分布是连续函数。在高等数学中，已知 $p = p(x,y,z)$ 的连续条件是

$$\begin{aligned} \frac{\partial^2 p}{\partial x \partial y} = \frac{\partial^2 p}{\partial y \partial x} \\ \frac{\partial^2 p}{\partial y \partial z} = \frac{\partial^2 p}{\partial z \partial y} \\ \frac{\partial^2 p}{\partial z \partial x} = \frac{\partial^2 p}{\partial x \partial z} \end{aligned} \tag{2-18}$$

对不可压缩流体，ρ=常数，由式（2-17）得

$$f_x = \frac{1}{\rho} \cdot \frac{\partial p}{\partial x}，\quad 则\frac{\partial f_x}{\partial y} = \frac{1}{\rho} \cdot \frac{\partial^2 p}{\partial x \partial y}，\quad \frac{\partial f_x}{\partial z} = \frac{1}{\rho} \cdot \frac{\partial^2 p}{\partial x \partial z}$$

$$f_y = \frac{1}{\rho} \cdot \frac{\partial p}{\partial y}，\quad 则\frac{\partial f_y}{\partial z} = \frac{1}{\rho} \cdot \frac{\partial^2 p}{\partial y \partial z}，\quad \frac{\partial f_y}{\partial x} = \frac{1}{\rho} \cdot \frac{\partial^2 p}{\partial y \partial x}$$

$$f_z = \frac{1}{\rho} \cdot \frac{\partial p}{\partial z}，\quad 则\frac{\partial f_z}{\partial x} = \frac{1}{\rho} \cdot \frac{\partial^2 p}{\partial z \partial x}，\quad \frac{\partial f_z}{\partial y} = \frac{1}{\rho} \cdot \frac{\partial^2 p}{\partial z \partial y}$$

代入式（2-18）得

$$\begin{aligned} \frac{\partial f_x}{\partial y} = \frac{\partial f_y}{\partial x} \quad 或 \quad \frac{\partial f_x}{\partial y} - \frac{\partial f_y}{\partial x} = 0 \\ \frac{\partial f_y}{\partial z} = \frac{\partial f_z}{\partial y} \quad 或 \quad \frac{\partial f_y}{\partial z} - \frac{\partial f_z}{\partial y} = 0 \\ \frac{\partial f_z}{\partial x} = \frac{\partial f_x}{\partial z} \quad 或 \quad \frac{\partial f_z}{\partial x} - \frac{\partial f_x}{\partial z} = 0 \end{aligned} \tag{2-19}$$

我们在工程数学的矢量分析中已知，式（2-19）表示单位质量力 $\vec{f}$ 的旋度为 0，并称其为有势力。因此，对不可压缩流体达到真正静止的限制条件是单位质量力 $\vec{f}$ 为有势力。

二、不可压缩流体平衡微分方程

我们将任意一点附近得到的流体静止条件，延展到微元体以外的领域。这里我们假定流场中的密度 ρ=常数，即流体是不可压缩流体。

将式（2-17）依次乘以 $\mathrm{d}x$，$\mathrm{d}y$，$\mathrm{d}z$，并相加得

$$f_x\mathrm{d}x+f_y\mathrm{d}y+f_z\mathrm{d}z=\frac{1}{\rho}\left(\frac{\partial p}{\partial x}\mathrm{d}x+\frac{\partial p}{\partial y}\mathrm{d}y+\frac{\partial p}{\partial z}\mathrm{d}z\right)$$

$\left(\frac{\partial p}{\partial x}\mathrm{d}x+\frac{\partial p}{\partial y}\mathrm{d}y+\frac{\partial p}{\partial z}\mathrm{d}z\right)$ 是 p 的全微分 $\mathrm{d}p$。故上式可以写成

$$f_x\mathrm{d}x+f_y\mathrm{d}y+f_z\mathrm{d}z=\frac{1}{\rho}\mathrm{d}p$$

或

$$f_x\mathrm{d}x+f_y\mathrm{d}y+f_z\mathrm{d}z-\frac{1}{\rho}\mathrm{d}p=0 \tag{2-20}$$

已知

$$\vec{f}=f_x\vec{i}+f_y\vec{j}+f_z\vec{k}$$

及

$$\mathrm{d}\vec{l}=\mathrm{d}x\vec{i}+\mathrm{d}y\vec{j}+\mathrm{d}z\vec{k}$$

故式（2-20）可写成

$$\mathrm{d}p=\rho\vec{f}\cdot\mathrm{d}\vec{l}=\rho f\mathrm{d}l\cos(\vec{f},\mathrm{d}\vec{l}) \tag{2-21}$$

前面已经说明 $\vec{f}$ 应是有势力，而在实际问题中，我们常遇到的单位质量力（如重力等）多为有势力。

从以上分析中可知：

（1）只有在有势的单位质量力的作用下，不可压缩流体才能处于静止平衡状态。换言之，不可压缩流体静止的必要条件是单位质量力有势。

（2）不可压缩流体在有势的单位质量力的作用下，必然产生沿着力作用方向上的压力递增，其增量值为

$$\mathrm{d}p=\rho\vec{f}\cdot\mathrm{d}\vec{l}=\rho f\mathrm{d}l\cos0=\rho f\mathrm{d}l \tag{2-22}$$

将式（2-22）改写成

$$\frac{\mathrm{d}p}{\mathrm{d}l}=\rho f \tag{2-23}$$

即沿单位质量力作用方向上的压力梯度，与单位质量力的大小及流体的密度成正比。

（3）同样前提下，在单位质量力作用的垂直方向上，其压力的增量为 0，因为

$$\mathrm{d}p=\rho\vec{f}\cdot\mathrm{d}\vec{l}=\rho f\mathrm{d}l\cos90^\circ=0 \tag{2-24}$$

即在流体中的某点处，与该点的单位质量力 $\vec{f}$ 相垂直的那个微元平面上，流体的压力值是相同的。

三、等压面

1. 等压面的定义

在流场中，由压力值 p 相等的空间点所组成的面，称为**等压面**。在等压面上

$$p=p(x,y,z)=\text{常数} \tag{2-25}$$

$$dp = 0 \tag{2-26}$$

在与单位质量力作用方向垂直的微元平面上，流体的压力值是相等的。

2. 等压面的特征

(1) 等压面任意一点上的单位质量力，必与过该点的等压面垂直。

(2) 流场空间中的一点，只能属于一个等压面，而且仅属于一个等压面，这是因为压力是空间坐标的单值函数。因此可进一步推论：①流场中的等压面互不相交；②等压面是不能突然转折的光滑曲面。

(3) 对应于不同的压力值，在流体中就应有不同的等压面，因此在流体中存在着若干个（确切地说是无数个）等压面。

(4) 在不可压缩流体流场中，压差值相等的两个等压面之间的距离 dl 与该处的单位质量力 f 值成反比。因此等压面簇可以反映出该流场中单位质量力 f 的分布规律（大小和方向）。

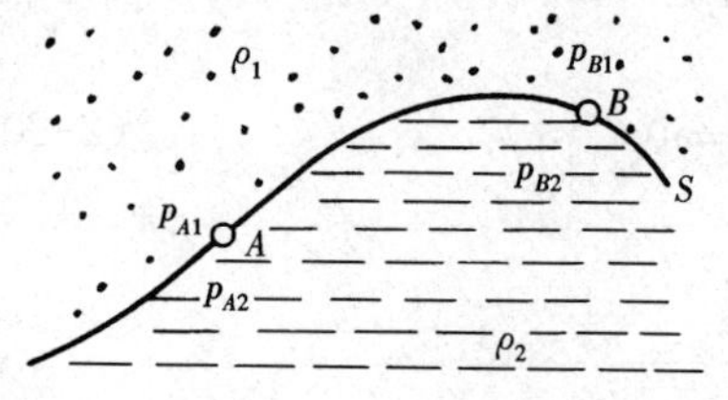

图 2-10 分界面是等压面

3. 两种互不混合的静止流体间的分界面必为等压面

设密度 ρ_1 与 ρ_2 为两种互不混合的流体（如水与空气、水与油等），它们在静止时的分界面为 S 曲面，如图 2-10 所示。

A 和 B 是分界面 S 上相邻的两点（A，B 既属于 ρ_1 流体，也属于 ρ_2 流体）。设 A 点的压力值为 p_A，B 点的压力值为 p_B。S 界面在 A 和 B 两点处保持静止的条件是 S 面两侧的压力值相等，即

$$p_{A1} = p_{A2} = p_A, \quad p_{B1} = p_{B2} = p_B$$

若 A，B 两点中存在着压力差，即

$$dp = p_B - p_A$$

在 ρ_1 流体中，有

$$dp_1 = \rho_1 f_1 dl\cos\alpha = p_{B1} - p_{A1}$$

式中 α ——$\vec{f}$ 与 $d\vec{l}$ 的夹角。

在 ρ_2 流体中，有

$$dp_2 = \rho_2 f_2 dl\cos\alpha = p_{B2} - p_{A2}$$

因为 $\rho_1 \neq \rho_2$，且都不为零，所以只有当 dp 和 $f dl\cos\alpha$ 均为零时上两式才能成立。又 $f \neq 0, dl \neq 0$，所以 $\alpha = 90°$，即 $p_A = p_B$，A、B 两点处于同一等压面上，即分界面为等压面，f 与分界面相垂直。

第四节 流体静力学基本方程式

一、流体静力学基本方程式

为了便于研究流体静力学中的不同问题，流体静力学基本方程式常有以下三种表达形式。

1. 第一表达式

设一开口容器内盛有密度为 ρ 的流体（如水），以容器底面作为坐标系 xoy 面，铅垂方

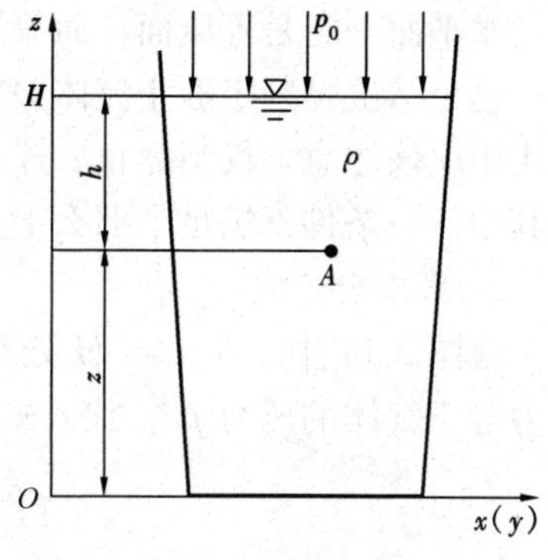

图 2-11 静力学基本方程

向为 oz 轴，如图 2-11 所示，取流体质点 $A(x,y,z)$ 作研究对象。

作用于流体上的质量力只有重力 G，即

$$G=-mg$$

则流体质点的单位质量力 $\vec{f}$ 为

$$f=\frac{G}{m}=-g$$

$\vec{f}$ 在 x,y,z 轴上的分量为

$$f_x=0$$
$$f_y=0$$
$$f_z=-g$$

代入式 (2-20)，得

$$0\mathrm{d}x+0\mathrm{d}y+(-g)\mathrm{d}z=\frac{1}{\rho}\mathrm{d}p$$

$$-gz=\frac{1}{\rho}p+C_1$$

变形，得

$$\rho gz+p=C_2$$

或

$$z+\frac{p}{\rho g}=C_3 \tag{2-27}$$

$$C_1=-\rho C_2=-\frac{C_3}{g}$$

式中 C_1、C_2、C_3 ——常数。

式 (2-27) 表示均质不可压缩静止流体在只有重力作用时的压力分布规律，称为流体静力学基本方程（或流体静压力基本方程），此式也称为静水条件。从式 (2-27) 中看出，此关系式只与 A 点的 z 坐标有关，而与 x，y 坐标无关。

我们对 A 点的选择是任意的，对于同一流场中不同的点（或 z 坐标值），可导出相同的结果。故上式可写成

$$\rho gz_1+p_1=\rho gz_2+p_2=\cdots=C_2$$

或

$$z_1+\frac{p_1}{\rho g}=z_2+\frac{p_2}{\rho g}=\cdots=C_3 \tag{2-28}$$

式 (2-27) 和式 (2-28) 即为流体静力学基本方程式的第一表达式，式中 C_2，C_3 由边界条件来决定。它表明：

(1) 在重力作用下，同种连通静止的液体中各点的 $p/\rho g+z$ 之和都相等，为一个常数。

(2) 如果把位置高度 z 相同的点所组成的面叫做水平面，静压力相等的点所组成的面叫做等压面，则从式 (2-28) 可知：在同种（即 ρ 相同）、连通、静止的液体中，若 $z_1=z_2$，则 $p_1=p_2$；反之，若 $p_1=p_2$，则 $z_1=z_2$。这表明在重力作用下，同种、连通、静止的液体

中，水平面一定是等压面，而等压面也一定是水平面。

这个结论是判定静止流体中等压面的依据，正确掌握它，可以简化液体静压力的计算。应用中应该注意，仅当静止、连通、同一种流体的条件同时成立时，上述结论才一定成立，若其中任一条件不满足，那么上述结论是不成立的。

2. 第二表达式

在图 2-11 中，在 $z = H$ 处是流体的自由表面，例如水与大气的分界面。界面上液体的压力等于气体的压力 p_0，代入式（2-27），得

$$C_2 = \rho g H + p_0$$

则

$$\rho g H + p_0 = \rho g z + p$$

流体中 A 点的压力为

$$p = p_0 + \rho g (H - z) = p_0 + \rho g h \tag{2-29}$$

式中　h——自由表面到 A 点的垂直距离，称为 A 点的淹深。

式（2-29）为流体静力学基本方程式的第二表达式，它只适用于不可压缩流体（通常是液体）。用它可以求静止流体中任意一点的静压力。它表明：在重力作用下的静止流体中，任意一点的静压力 p，等于自由表面上的压力 p_0 加上该点距自由表面的深度 h、流体密度 ρ 和重力加速度 g 三者的乘积。由式（2-29）可知，静压力是随深度按直线规律变化的，即某点的位置越深，静压力也就越大。

由不可压缩流体的静力学基本方程式（2-29）可以看出，对液体而言，不同位置处各点的压力都包含了同一个液体表面上的外压力 p_0。这就说明了在液体内部外压力将毫不减弱地向各个方向传递，这就是著名的**帕斯卡定律**。这个定律在水压机及液压传动等方面得到了广泛的应用。在液压系统中，由于外压力比重力的影响大得多，因而在式（2-29）中忽略 $\rho g h$ 一项，可得 $p = p_0 =$ 常数，即静止液体中各点的静压力相同，都等于液体边界上的外压力。

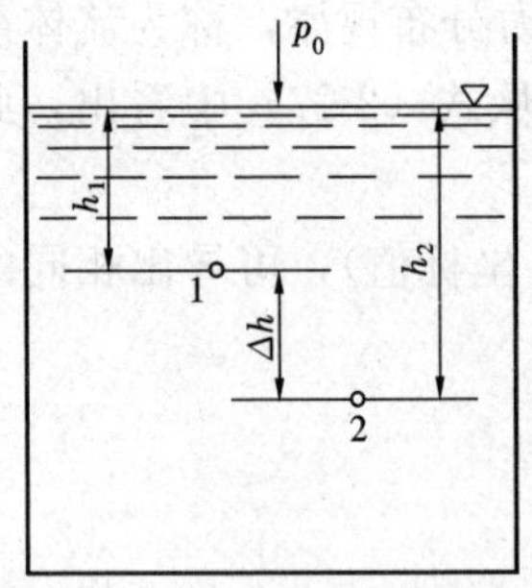

图 2-12　静止液体中不同位置处静压力之间的相互关系

3. 第三表达式

应用流体静力学基本方程式还可以分析液体在不同位置处静压力之间的相互关系，如图 2-12 所示。液体中 1，2 两点的深度分别为 h_1，h_2，两点的静压力分别为

$$p_1 = p_0 + \rho g h_1,\quad p_2 = p_0 + \rho g h_2$$

故

$$p_2 = p_1 + \rho g (h_2 - h_1)$$

即

$$p_2 = p_1 + \rho g \Delta h \tag{2-30}$$

或

$$p_1 = p_2 - \rho g \Delta h \tag{2-31}$$

式（2-30）及式（2-31）为流体静力学基本方程式的第三表达式。两式表明：深度较大的 2 点的静压力，等于深度较小的 1 点的静压力再加上两点的位置高度差、液体密度、重力加速度三者的乘积；反之，深度较小的 1 点的静压力，等于深度较大的 2 点的静压力再减去两点的位置高度差、液体密度、重力加速度三者的乘积。熟记这个关系，对计算静止液体中不同位置之间的静压力是很方便的。

流体静力学基本方程式的三种表达式反映的是同一个规律，只是表达形式不同，在不同的已知条件下应用不同的表达式。

二、流体静力学基本方程式的意义

由流体静力学基本方程式的第一表达式 $z_1+\frac{p_1}{\rho g}=z_2+\frac{p_2}{\rho g}=\cdots=C_3$，分析流体静力学基本方程式的意义。

1. 物理意义

由于质量为 m、位置高度为 z 的流体，相对于任选基准面 0-0 所具有的位能是 mgz，故位置高度 $z=\frac{mgz}{mg}$ 是表示该处单位重量液体所具有的位能，称为比位能。

在图 2-13 中，在与点 1 相对应的位置高度 z_1 的器壁上开一个小孔，孔口处连接一根顶端封闭并假想抽成绝对真空的测压管，则质量为 m 的液体由于该处压力的作用将在测压管中上升 $h_p=p/\rho g$，这表明在点 1 接上测压管，则该点压力就能做出 $mgp/\rho g$ 的功。由此可知压力是一种潜在的势能，在一定条件下，压力能可以转换为位能，而 $p/\rho g$ 就是单位重量液体所具有的压力能，叫做比压能。

设 $p/\rho g+z=e$，则 e 就是静止液体某点的总比能。

因此，公式 $p/\rho g+z=C$（常数）的物理意义是：在重力作用下，同种、连通、静止的液体中，各点对同一基准面的比位能与比压能之间可以互相转换，但各点的总比能都相等，为一常数，即 $e=C$。流体静力学基本方程式实质上是机械能守恒与转换定律在流体静力学中的具体表现形式。

2. 几何意义

由图 2-13 可以看出，z 和 $p/\rho g$ 的大小都可以用与基准面垂直的几何线段表示，如 z_1 是点 1 处液体距离基准面的高度，$p_1/\rho g$ 是点 1 处液体在假想的顶端封闭的测压管中上升的高度，即该液体在管内的柱高，他们都是具有长度的单位。从几何意义上看，z 表示任意点的位置高度，$p/\rho g$ 表示任意点的绝对压力高度。

因此，公式 $p/\rho g+z=C$（常数）的几何意义是：在重力作用下，同种、连通、静止的液体中，表示各点位置高度和绝对压力高度之和的垂直线段的顶点，都在同一个水平面上，在图 2-13 中为 S—S 水平线。

3. 流体力学意义

在流体力学中，为综合物理和几何两方面的意义，用所研究流体柱的高度表示单位重量流体所具有的能量，称之为**能头**，在水力学中，常称为水头。式（2-28）中，z 为位置能头，$p/\rho g$ 为绝对压力能头，若设 $p/\rho g+z=H$，则称 H 为静力能头。静止流体中，各点静力能头的顶点所在的面，即图 2-13 中的 S—S 水平面，称为静力能头面。

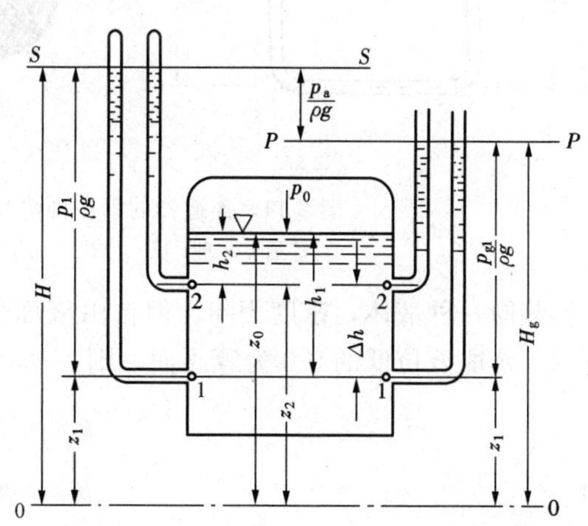

图 2-13　位置能头、压力能头及测压管能头

因此，公式 $p/\rho g+z=C$（常数）的流体力学意义是：在重力作用下，同种、连通、静

止的液体中，各点的位置能头和压力能头之间可以互相转换，但是液体的静力能头面（$S—S$）一定是一水平面。

工程上通常使用的不是顶端封闭的测压管，而是顶端开口的测压管。根据相对压力与绝对压力之间的关系 $p_g = p - p_a$，我们把静力能头与大气压力能头之差，称为测压管能头，用符号 H_g 表示，即

$$H_g = H - \frac{p_a}{\rho g} = \frac{p_g}{\rho g} + z \tag{2-32}$$

如图 2-13 所示，测压管能头 H_g 相当于某点处开口测压管内液柱顶点到基准面的高度。连接这些顶点所组成的面，即图 2-13 中的 $P—P$ 面，称为测压管能头面。由式（2-32）可知，在静止流体中它一定是平行于 $S—S$ 面的水平面。

第五节　流体静力学基本方程式的应用

流体静力学基本方程式揭示了流体的平衡规律，在工程实际中得到了广泛的应用。现举例说明如下。

一、连通器

连通器是在液面以下互相连通的两个或几个容器。根据流体静力学基本方程式可以简便地解决连通器中液体的平衡问题。在研究连通器中液体的平衡时，可以分成下列几种情况。

第一种情况：连通器内盛装同一种液体，密度相同，$\rho_1 = \rho_2$，并且自由液面上的外压力也相等，$p_{01} = p_{02}$，如图 2-14（a）所示。两个敞口容器内盛装的都是水，选择等压面 0—0，得到

$$p_{01} + \rho g h_1 = p_{02} + \rho g h_2$$

因为

$$p_{01} = p_{02}, \quad \rho_1 = \rho_2$$

所以

$$h_1 = h_2 \tag{2-33}$$

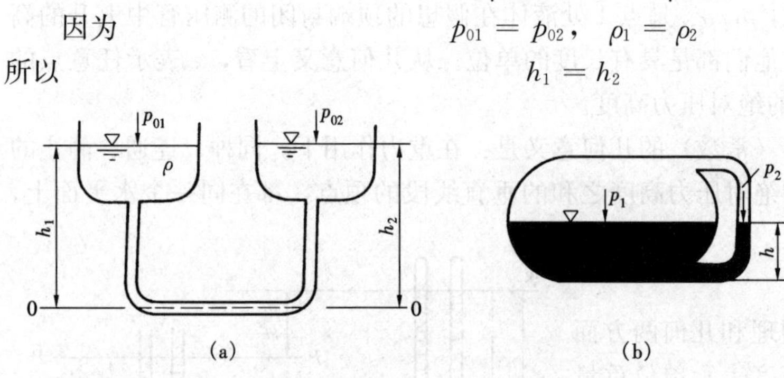

图 2-14　连通器的第一种情况

（a）连通器原理；（b）水位、油位计

这种情况表明，盛有相同液体、液面上压力相等的连通器，其液面高度相等。利用这个原理，制作了工程上广泛应用的水位计，如锅炉汽包水位计、汽轮机油箱油位计等，如图 2-14（b）所示。

第二种情况：连通器内盛装同一种液体，密度相同，但自由液面上的外压力不同，即 $p_{01} \neq p_{02}$，如图 2-15（a）所示。选取液位低的 0-0 为等压面，则

$$p_{01} = p_{02} + \rho g h$$

即

$$p_{01} - p_{02} = \rho g h \tag{2-34}$$

这种情况表明，盛有相同液体的连通器，其液面上的压力差等于液面差所产生的压力

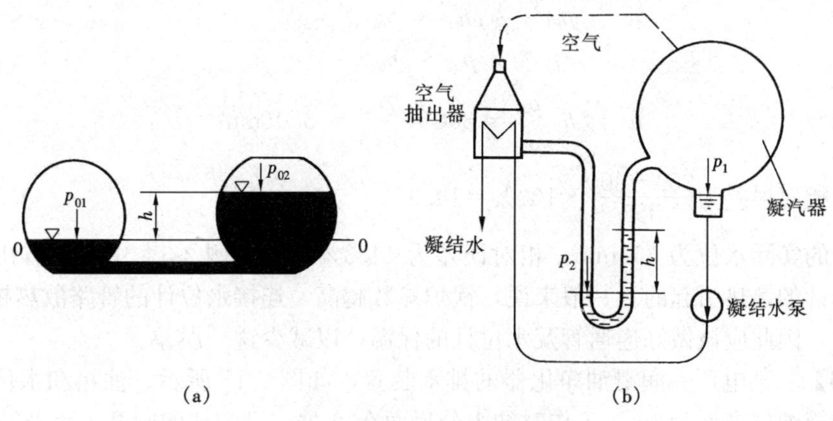

图 2-15　连通器的第二种情况

(a) 连通器原理；(b) U形管水封

值。利用这个原理，可以制成差压计以及各种差压平衡装置。图 2-15（b）中，空气抽出器内的压力大于凝汽器内的压力，为使蒸汽不至于进入凝汽器，采用U形管密封连接。

第三种情况：连通器中盛装有两种密度不同，互不相混的液体，但自由液面上的外压力相等，$p_{01}=p_{02}$，如图 2-16（a）所示。选取等压面 0-0，则

$$p_{01}+\rho_1 gh_1=p_{02}+\rho_2 gh_2$$

因为

$$p_{01}=p_{02},\quad \rho_1\neq\rho_2$$

所以

$$\rho_1 gh_1=\rho_2 gh_2 \text{或} \frac{\rho_1}{\rho_2}=\frac{h_2}{h_1} \tag{2-35}$$

式（2-35）表明，在液面上压力相等的连通器内盛有两种互不相混的液体时，自液体分界面以上，液体柱高与流体密度成反比。利用这一性质可以测定液体密度，进行液柱高度换算等。

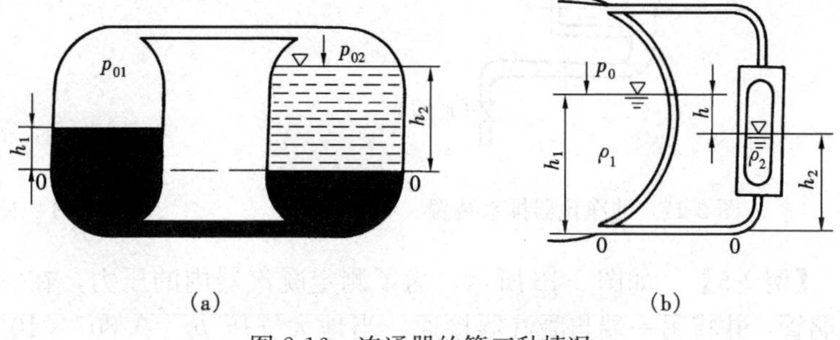

图 2-16　连通器的第三种情况

(a) 连通器原理；(b) 锅炉汽包就地水位计

由此原理还可分析锅炉汽包就地水位计与真实水位的不同，主要是由于散热，水位计内水温低，密度大，造成水位计中的水位比汽包内真实水位低。

【例 2-3】　有一台锅炉，如图 2-16（b）所示，汽包中的绝对压力 $p_0=10.89\times10^6$Pa，水位计中的水温 $t=260$℃，水位计的读数 $h=300$mm，试求汽包中的实际水位及其相对误差。

解　汽包与水位计相连，液面以上外压力相同。由 $p_0=10.89\times10^6$Pa，查得饱和水密度 $\rho_1=673\text{kg/m}^3$；再由 $p_0=10.89\times10^6$Pa 和 260℃，查出水位计中过冷水密度 $\rho_2=785\text{kg/m}^3$。以 0-0 为等压面，列等压面方程式

$$p_{01} + \rho_1 g h_1 = p_{02} + \rho_2 g h_2$$

因为

$$p_{01} = p_{02}$$

所以

$$h_1 = h_2 \frac{\rho_2}{\rho_1} = 300 \times \frac{785}{673} = 350(\text{mm})$$

水位的相对误差为$\frac{350-300}{350} \times 100\% = 14.3\%$

汽包中的实际水位为 350mm，相对误差为 14.3%。从［例 2-3］中可以看出，水位误差是由水位计的散热引起的。一般来说，锅炉参数越高，连接水位计的管路散热越强，则水位误差越大，因此应该做好连通管及水位计的保温，以减少这一误差。

【例 2-4】 某电厂一润滑油净化器的排水装置，如图 2-17 所示。油箱和水位计均与大气相通，油箱油位高 $h_1 = 2\text{m}$，工作时油水分界面在 A 处，已知油的密度 $\rho_1 = 887\text{kg/m}^3$，问水位计的高度 h 为多少？

解 选取油水分界面 A—A 为等压面，因外压力相同，则

$$h_1 \rho_1 = h\rho$$

即

$$h = h_1 \frac{\rho_1}{\rho} = 2 \times \frac{887}{1000} = 1.77(\text{m})$$

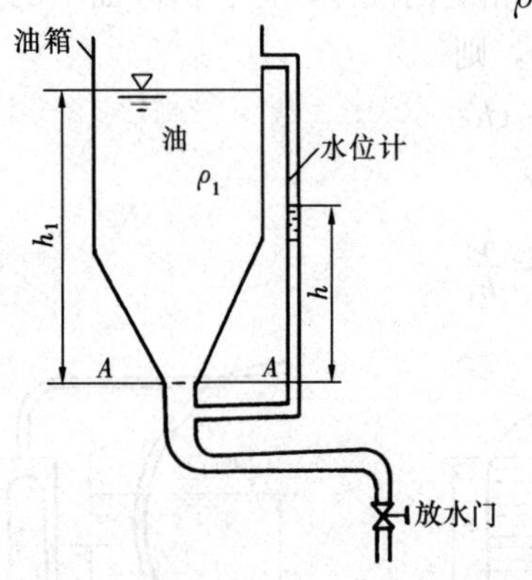

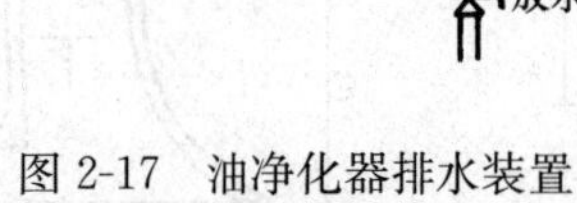

图 2-17 油净化器排水装置

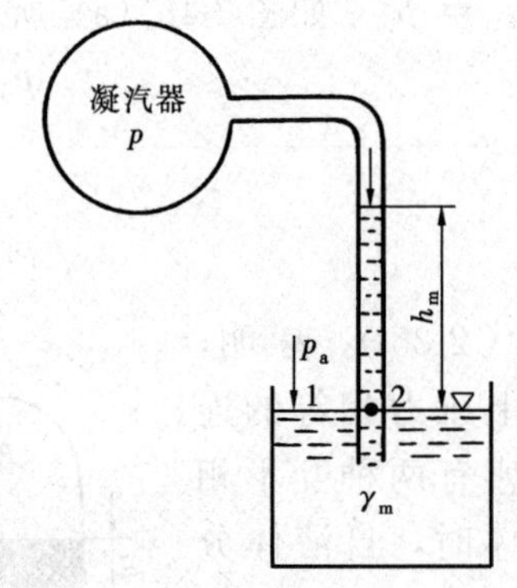

图 2-18 凝汽器真空的测量

【例 2-5】 如图 2-18 所示，为了测定凝汽器内的压力，在一盛水银的容器中插入一根玻璃管，并将另一端与凝汽器接通。当地大气压 $p_a = 9.807 \times 10^4 \text{Pa}$，若玻璃管中水银上升的高度 $h_m = 706\text{mm}$，求凝汽器内的绝对压力及真空值、真空度。

解 通过水银自由表面所作的水平面是等压面，所以 1 与 2 两点的静压力相同。根据流体静力学基本方程式，点 2 的静压力为

$$p_2 = p + \rho g h_m$$

因为

$$p_2 = p_1 = p_a$$

所以凝汽器的绝对压力

$$p = p_a - \rho g h_m = 9.807 \times 10^4 - 133\,400 \times 0.706 = 3889.6(\text{Pa})$$

凝汽器的真空值

$$p_v = p_a - p = 9.807 \times 10^4 - 3889.6 = 94\,180(\text{Pa})$$

凝汽器的真空度

$$H_v = \frac{p_a - p}{p_a} \times 100\% = \frac{p_v}{p_a} \times 100\% = \frac{94\ 180}{9.807 \times 10^4} \times 100\% = 96\%$$

二、液柱式测压计

测量压力的仪器称为测压计。测压计可分为液柱式、金属式和电测式。液柱式测压计利用连通器原理来测量气体或液体压力；金属式压力计利用弹性元件（扁弯管、波纹管、膜）的变形量来测压力；电测式则利用压力传感器，将压力转换成电量（电流值或电压值）后，通过对电量的测量来求得压力值。液柱式测压计常作为校准金属或电测式测压计的标准测压计。

1. 测压管（也称单管测压计）

简单的测压管就是一根玻璃管，一端连在要测量压力处的容器壁上，另一端开口与大气相通。根据管内液面上升的高度，便可得出容器中液体某点的静压力数值，如图 2-19 所示。

若容器内的压力高于大气压力，液体将从管内溢出进入玻璃管达一定高度 h_1，如图 2-19(a) 所示，则 A 点的计示压力 $p_{Ag} = \rho_1 g h_1$。

若容器内的压力低于大气压力，可用图 2-19（b）的方法安装玻璃管，这时玻璃管内将吸入 h_2 高的液柱，则 B 点的压力为

$$p_B = p_a - \rho_1 g h_2 - \rho_2 g h_3 \tag{2-36}$$

若容器内流体为气体时，$\rho_2 \ll \rho_1$，可将 $\rho_2 g h_3$ 忽略不计，则

$$p_B = p_a - \rho_1 g h_2 \tag{2-37}$$

B 点的真空值

$$p_{Bv} = \rho_1 g h_2 \tag{2-38}$$

这种测量压力的仪器称为单管测压计，也称测压管。显而易见，图 2-19（a）中的单管测压计只能用于液体测量，图 2-19（b）所示的测量方法也不方便，另外液体的 ρ_1 难于掌握，又不便移动，它测压的量程也很小，如管内液体为水，而 101.3kPa（1atm）相当于 10.33mH_2O，通常方便的测量高度只在 2m 以下，故单管测压计通常的量程只适用于 20.3kPa（0.2atm）以下。

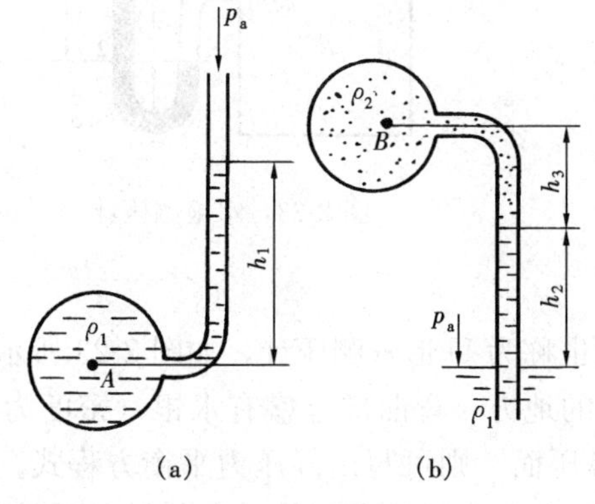

图 2-19　单管测压计

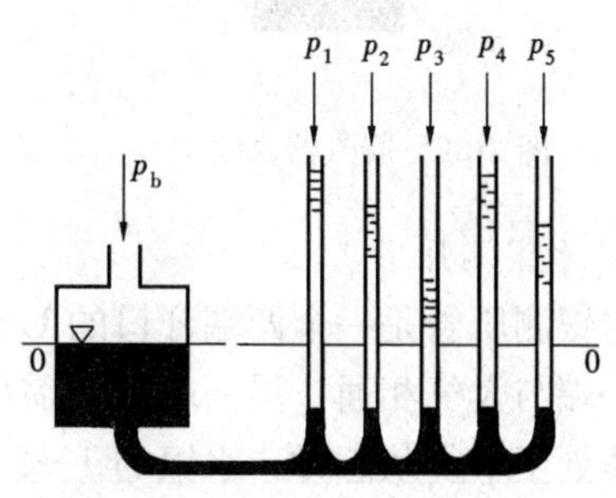

图 2-20　多管式测压计

工程上，常需要同时测量几个压力参数，为了节省测量仪表，可将多根玻璃管与一个宽容器相连，构成一个多管式测压计，如图 2-20 所示，以便同时测量多个压力。

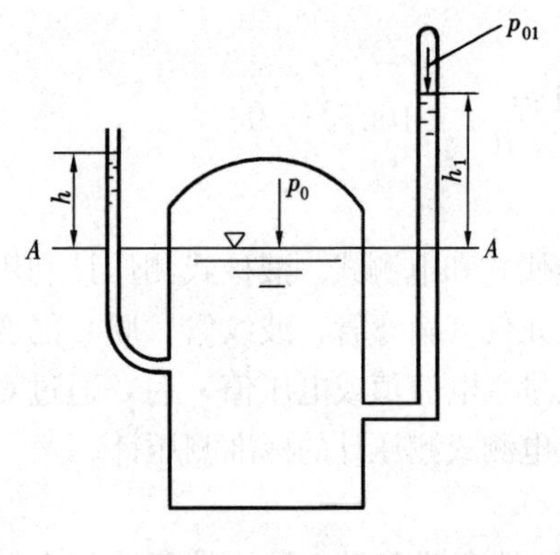

图 2-21　测压管高度

【例 2-6】　如图 2-21 所示，一密闭容器，内部盛装水，两侧各装一直管测压计，右管上端封闭，其中液面高 $h_1=3\text{m}$，液面绝对压力 $p_{01}=78.46\times10^3\text{Pa}$；左管液面为大气压，$p_a=98\text{kPa}$。问容器内自由液面上的外压力 p_0 是多少？左面测压管高度 h 又是多少？

解　取闭口管 A—A 为等压面，则

$$\begin{aligned}p_0&=p_{01}+\rho g h_1\\&=78.46\times10^3+1000\times9.807\times3\\&=107.9\times10^3(\text{Pa})\end{aligned}$$

又因为　　$p_0=p_a+\rho g h$

所以 $h=\dfrac{p_0-p_a}{\rho g}=\dfrac{107.9\times10^3-98\times10^3}{1000\times9.807}=1(\text{m})$

【例 2-7】　用于测量凝汽器真空的水银测压计如图 2-22 所示，已知一汽轮机组的凝汽器水银真空高度 $h=700\text{mmHg}$，当地大气压力 $p_a=101\ 325\text{Pa}$，水银密度 $\rho=13.6\times10^3\text{kg/m}^3$，求凝汽器内的绝对压力、相对压力和真空值（单位用 Pa 表示）。

解　选取大气压力面为等压面，则

$$p_a=p+\rho g h$$

$$p=p_a-\rho g h=101\ 325-13.6\times1000\times9.807\times0.7=7962(\text{Pa})$$

$$p_v=\rho g h=13.6\times1000\times9.807\times0.7=93.4\times10^3(\text{Pa})$$

$$p_g=-p_v=-93.4\times10^3(\text{Pa})$$

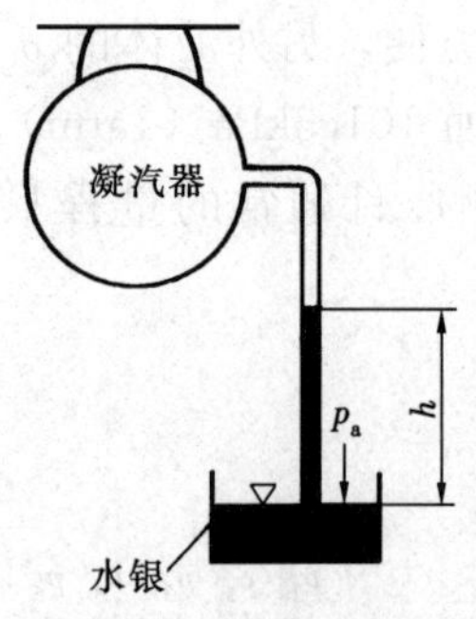

图 2-22　凝汽器真空

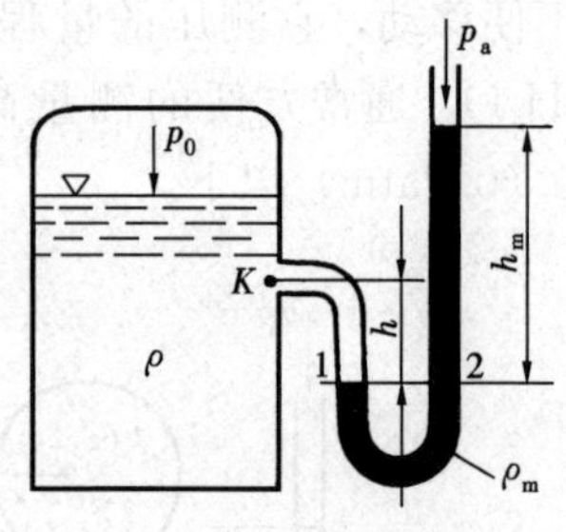

图 2-23　水银测压计

2. 水银测压管

水银测压管是一个两端开口的 U 形管，因此也称为 U 形管测压计，如图 2-23 所示。管子的一端与大气相通，另一端接在需要测量压力的地方，弯曲部分盛有水银（密度为 ρ_m）。当液体处于平衡状态时，水银的 1—2 水平面为等压面，则可写出静压力平衡方程式。具体作法是先从液体的自由表面上，或液体中某一需要求压力的地方开始，沿着管子进行计算。凡是低于前一点的地方，静压力为前一点的静压力，加上该点至前一点的高差、液体密度和重力加速度三者的乘积；凡是高于前一点的地方，该点静压力为前一点的静压力减去该点至前一点的高差、液体密度和重力加速度三者的乘积。

例如，在图 2-23 中，从 p_a 开始建立静压力平衡方程式，2 点的静压力为 p_a 加上 $\rho_m gh_m$，1 点与 2 点静压力相等，K 点的静压力为 1 点的静压力减去 ρgh，由此便可以直接求出 K 点的静压力，即

$$p_a + \rho_m gh_m - \rho gh = p_K$$

或者从 K 点开始建立静压力平衡方程式

$$p_K + \rho gh - \rho_m gh_m = p_a$$

移项后结果完全一样，即

$$p_K = p_a + \rho_m gh_m - \rho gh \tag{2-39}$$

K 点的相对压力

$$p_{gK} = \rho_m gh_m - \rho gh \tag{2-40}$$

水银测压计也可以用来测量真空值，称为水银真空计。当容器内 K 点的静压力低于大气压力时，1 点处（$p_1 = p_a$）的液面将低于 3 点，h_m 为负值，如图 2-24 所示。仍取水银中 1-2为等压面。

从 1 点开始至 K 点的静压力平衡方程式为

$$p_a - \rho_m gh_m - \rho gh = p_K \tag{2-41}$$

K 点的真空值

$$p_{vK} = p_a - p_K = \rho_m gh_m + \rho gh \tag{2-42}$$

如果用水银柱高度表示，则

$$h_{vK} = \frac{p_{vK}}{\rho_m g} = \frac{\rho_m gh_m + \rho gh}{\rho_m g} \tag{2-43}$$

水银测压计可以测量较大的压力，但一般也不超过 300kPa，否则 U 形管很高，出现制造及测量上的困难。

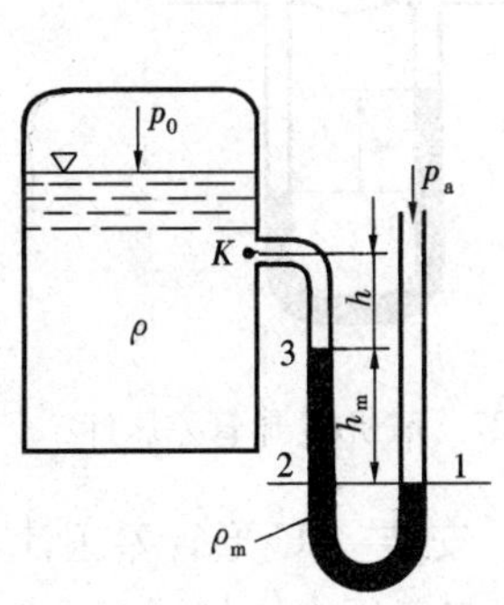

图 2-24　水银真空计

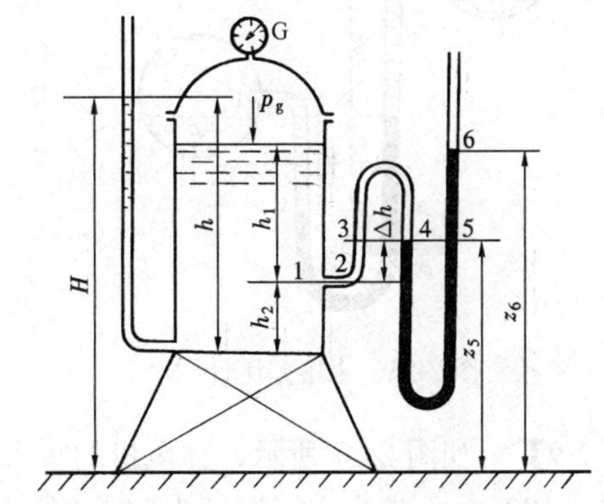

图 2-25　实验室测压装置

【例 2-8】　在实验室中，用图 2-25 所示的装置测量水箱中液体表面上的压力。在水箱侧壁上 1 点处连接一个 U 形管水银测压计。已知 h_1=0. 8m，h_2=0. 3m，Δh=0. 1m，z_5=2. 3m，z_6=2. 6m。试确定压力表 G 的读数和测压管中水面距地面的高度 H。

解　首先判定液体的 1—2 及 3—4—5 平面为等压面，并且 6 点压力为零（相对压力）。

写出自 6 点到水箱内液面上的静压力平衡方程式为

$$0+\rho_m g(z_6-z_5)+\rho g\Delta h-\rho g h_1=p_g$$

所以压力表读数

$$p_g=13\,600\times9.807\times(2.6-2.3)-1000\times9.807\times(0.8-0.1)=33.15\times10^3(\text{Pa})$$

再求测压管内水面上升的高度

$$h=\frac{p_g+\rho g(h_1+h_2)}{\rho g}=\frac{33.15\times10^3+1000\times9.807\times(0.8+0.3)}{1000\times9.807}=4.48(\text{m})$$

测压管中液面距地面的高度

$$H=h+(z_5-\Delta h-h_2)=4.48+(2.3-0.1-0.3)=6.38(\text{m})$$

3. 差压计

差压计（又称比压计）是用来测定两点压力差的仪器。图 2-26 表示了一个水银差压计。它的弯管内装有水银，两端分别接在管道的 1、2 两点上。水银平面 3—4 为等压面，由 1 至 2 点写出静压力平衡方程式

$$p_1+\rho g h_1-\rho_m g h_3-\rho g h_2=p_2$$

所以

$$\Delta p=p_1-p_2=\rho_m g h_3+\rho g(h_2-h_1) \tag{2-44}$$

若管道中为气体，由于气体的密度与液体比较起来很小，可以忽略不计，则式(2-44)为

$$\Delta p=p_1-p_2=\rho_m g h_3 \tag{2-45}$$

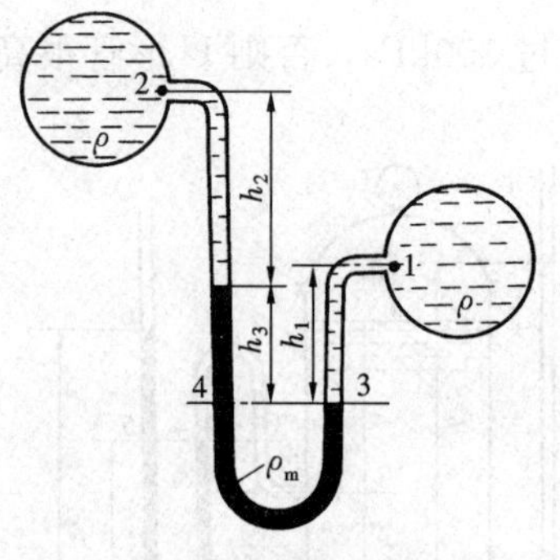

图 2-26　水银差压计

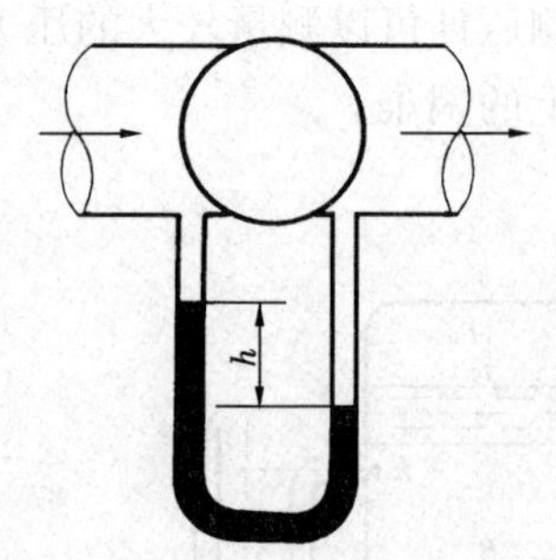

图 2-27　风机 U 形管差压计

【例 2-9】 如图 2-27 所示，在风机的吸入管和压出管中，安装一 U 形管差压计，测得水柱高 h=120mm，求当空气温度为 30℃时，在经过风机后，空气压力增加了多少？（分别用帕斯卡和空气柱高度表示）

解 根据密度换算公式

$$\rho_{30}=\rho_0\frac{T_0}{T_{30}}=1.293\times\frac{273}{273+30}=1.165(\text{kg/m}^3)$$

风压增加　$\Delta p=p_2-p_1=\rho g h=1000\times9.807\times0.12=1177(\text{Pa})$

空气柱高度　$h_k = \dfrac{\Delta p}{\rho_{30} g} = \dfrac{1177}{1.165 \times 9.807} = 103.0(\text{m})$

【例 2-10】　为了测量实验管道上 1、2 两点之间水的压力差，在这两点上连接了一个 U 形管水银差压计（图 2-28）。在水流动时读得 Δh=200mmHg，求 1、2 两点间水的压力差，用水柱高度表示。

解　1、2 两点虽是同一种连通的液体，且在一个水平面，但因为管内流体是流动的，并非静止流体，故 1、2 两点不在一个等压面上。通过水银上、下两个液面作 3—3 与 4—4 平面才是等压面。从 1 点至 2 点写出静压力平衡方程式如下

$$p_1 - \rho g h_1 - \rho_m g \Delta h + \rho g h_2 = p_2$$

所以　$$p_1 - p_2 = \rho_m g \Delta h - \rho g (h_2 - h_1) = \rho_m g \Delta h - \rho g \Delta h$$

即　$$p_1 - p_2 = (\rho_m - \rho) g \Delta h = (13.6 \times 10^3 - 1000) \times 9.807 \times 0.2 = 2.47 \times 10^4 (\text{Pa})$$

压力差用水柱高度表示，则

$$\frac{p_1 - p_2}{\rho g} = \Delta h \left(\frac{\rho_m}{\rho} - 1 \right) = 0.2 \times \left(\frac{13.6 \times 10^3}{1000} - 1 \right) = 2.52(\text{m})$$

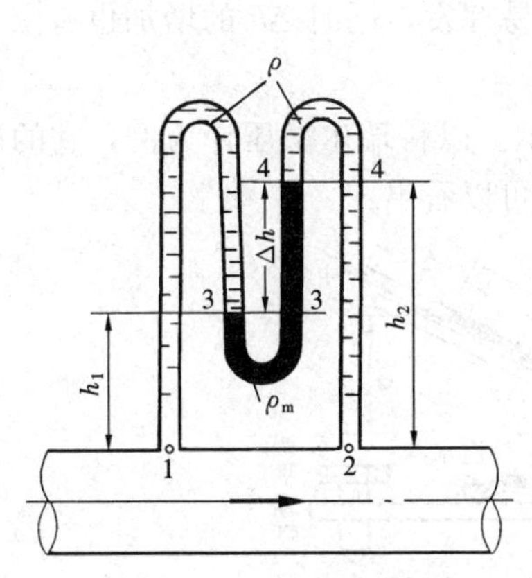

图 2-28　U 形管水银差压计

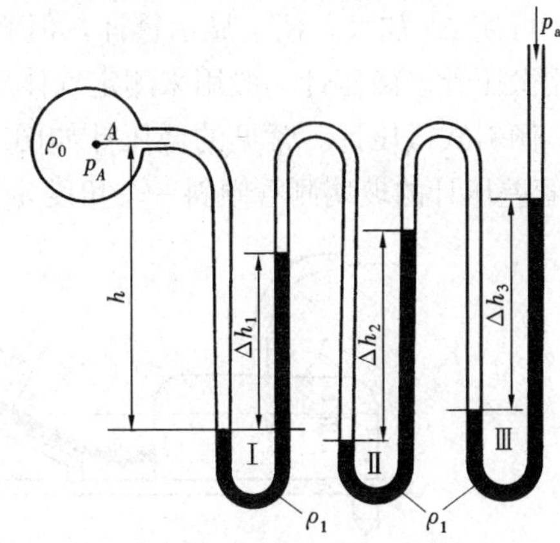

图 2-29　三 U 形管测压计

4. 高压差测量——多 U 形管式测压计

当被测流体压力较高时，所需 U 形管长度过长，Δh 测量起来既不方便又不准确，这时可采用多支 U 形管串联成多 U 形管测压计。

图 2-29 是利用三支 U 形管串联成的多 U 形管测压计，各 U 形管相连部分为气体，测量容器或管道中 A 点的压力值近似为

$$p_A = p_a + \rho_1 g (\Delta h_1 + \Delta h_2 + \Delta h_3) - \rho_0 g h \tag{2-46}$$

当所测流体也是气体时（并且无密封水），则

$$p_A = p_a + \rho_1 g (\Delta h_1 + \Delta h_2 + \Delta h_3) \tag{2-47}$$

串联 U 形管数目不同时，计算公式依此类推。

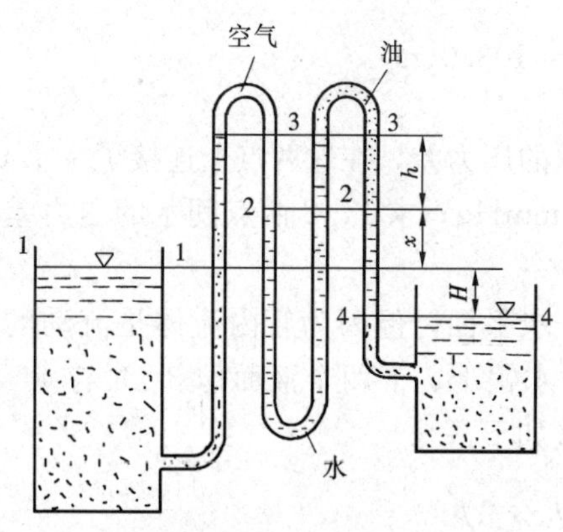

图 2-30　多管式差压计

【例 2-11】　如图 2-30 所示，在两水箱之间安装了一台多管式差压计。若差压计液面高差 $h=350\text{mm}$，油的密度 $\rho_0=800\text{kg/m}^3$，试求两水箱的液面差 H 为多少?

解　首先判定等压面为 2—2 与 3—3，然后根据下降时加上 $\rho g\Delta h$，上升时减去 $\rho g\Delta h$，自 1 点至 4 点写出相对压力平衡方程式（设 1—1 水平面至 2—2 液面的高差为 x）：

$$0-\rho g(x+h)-\rho gh+\rho_0 gh+\rho g(x+H)=0$$

其中差压计内空气密度与液体相比很小，可以忽略不计空气的压差，所以该段空气管内各处压力均相等。于是有

$$H=\frac{2\rho gh-\rho_0 gh}{\rho g}=\frac{2\times1000\times9.807\times0.35-800\times9.807\times0.35}{1000\times9.807}=0.42(\text{m})$$

5. 微压测量——微压计

在测量微小压力时，为了提高测量准确度，将 U 形管中水银或水换成密度较小的酒精或油等，可使 Δh 加大，便于显示量计，但酒精或油易挥发，同时 Δh 的增加也有限。因此可以采用微压计。微压计一般用来测定气体压力。

(1) 倾斜式微压计。常见的微压计如图 2-31 所示。以科瑞尔微压计为例，它的原理是将 U 形管差压计的玻璃测管倾斜一个角度 α，从图中可以看出：

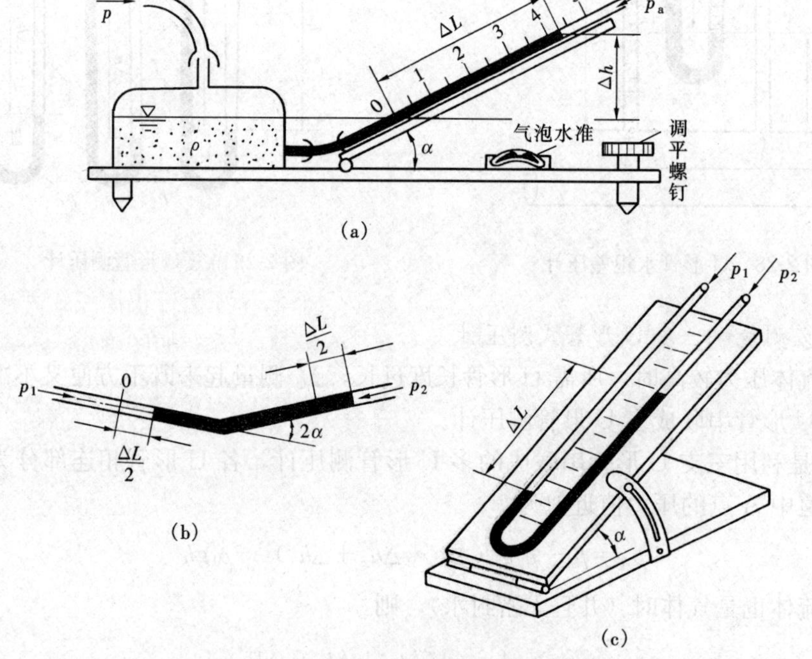

图 2-31　倾斜式微压计

(a) 科瑞尔微压计；(b) 特普洛压力水平仪；(c) 倾斜 U 形管测压计

$$p=p_a+\rho g\Delta h=p_a+\rho g\Delta L\sin\alpha \tag{2-48}$$

相对压力
$$p_g=\rho g\Delta h=\rho g\Delta L\sin\alpha \tag{2-49}$$

测量时，从 ΔL 的读数值可求出压力值。利用倾斜角 α，将 Δh 的测量转化成 ΔL 的测量，其长度量程增加 $1/\sin\alpha$ 倍，使微压测量精度提高。例如：当 $\alpha=30°$，$\Delta L=2\Delta h$；$\alpha=10°$，$\Delta L\approx5.76\Delta h$。说明倾斜角度越小，$\Delta L/\Delta h$ 放大的倍数就越大，测量的准确度也越高。但是，当 $\alpha<5°$时，在测压过程中，倾斜玻璃管内液面会发生较大的波动，液面不易确定，故以此为限（$\alpha=5°$时，$\Delta L\approx11.5\Delta h$）。由式子还知，$\rho$ 越小，ΔL 读数也越大。因此，工程上常采用密度比水更小的液体，如酒精（纯度为 95％的酒精，$\rho=810\text{kg/m}^3$），以提高测量准确度。

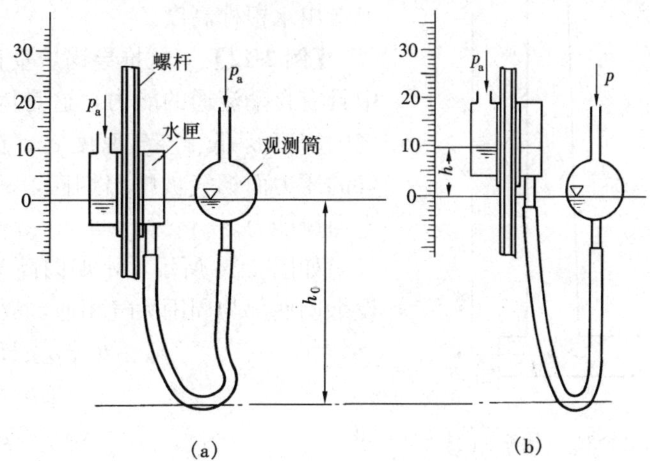

图 2-32 补偿式微压计工作原理

（a）测压前；（b）测压后

（2）补偿式微压计。如图 2-32 所示，补偿式微压计用于测量更准确的微小压力和压差，也用于校核普通的倾斜式微压计。测压前，调节两容器液面在同一水平线上，并对准零位。当被测压力 p 作用于右面观测筒液面上时，其液面水位下降，为了测量压力 p，可调节左面水匣使之沿螺杆上移，直至右面水位恢复至原来的位置，如图 2-32（b）所示。选择 0—0 为等压面，可得

$$p=p_a+\rho gh$$

$$p_g=\rho gh$$

6. 大气压测量

大气压力值首先由托里拆利用封闭顶端的灌水银玻璃管测出。至今标准的大气压力计仍用托式方法。

如图 2-33（a）所示，汞柱式气压计原理与其他液柱式压差计相同，它所测量的是大气压与绝对真空之间的压差，即

$$p_a-0=p_a=\rho gh$$

常用的汞柱气压计如图 2-33（b）和图 2-33（c）所示，简氏气压计多用于试验

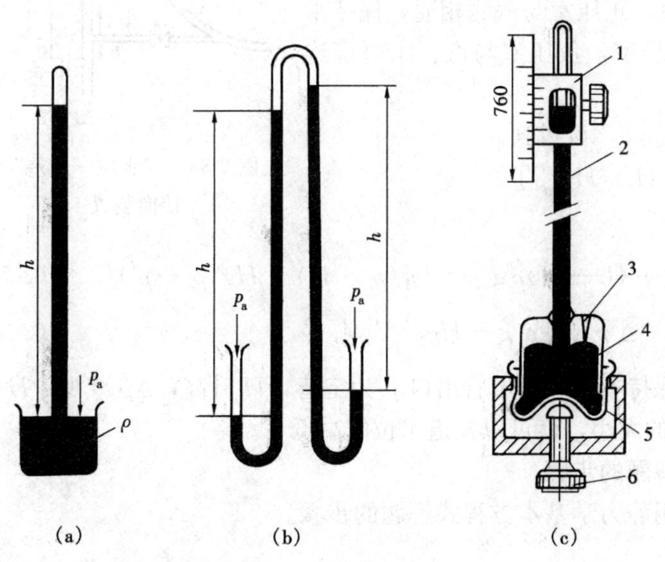

图 2-33 大气压力计

（a）托里拆利管；（b）双 U 形管简氏气压计；（c）福延氏气压计

1—窥视窗；2—容器；3—象牙指针；4—水银；5—橡胶囊；6—调节螺钉

现场，两侧均可测出大气压汞柱高；福延氏气压计多作为试验单位的大气压基准量器。两者在使用与运输中，均需保持垂直状态。福延氏气压计由玻璃管及连接的容器 2 构成，下部为一软革或橡胶囊 5，内盛水银 4。安装时校准垂直状态。每次使用时先调节螺钉 6，使之顶起革囊，使玻璃钟罩内的象牙指针 3 的尖端与水银面接触，再以上部有游标刻度的窥视窗 1 内的挡板对准管内水银面，从游标尺上量出水银柱高度。

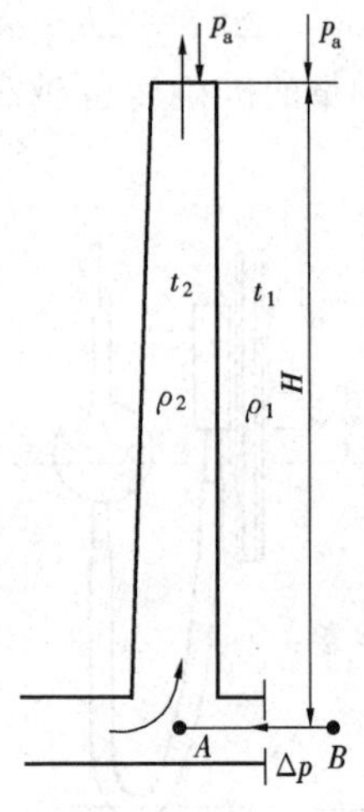

图 2-34 ［例 2-12］图

【例 2-12】 试推导锅炉垂直烟囱的自生通风力。烟气在烟囱中具有自动流通的能力，这是因为烟囱内气温高于周围空气，烟气的密度 ρ_2 低于空气密度 ρ_1。在烟囱底部烟气的压力小于周围空气的压力而烟气被挤出烟囱，故可以用这个压差来表示烟囱的自生通风能力。

如图 2-34 所示，一烟囱高为 H，烟囱的顶部大气压强为 p_a。设烟囱底部与周围大气相通，故 A 受 B 的挤压，压差为 Δp，可得

$$p_A = p_a + \rho_2 g H,\quad p_B = p_a + \rho_1 g H$$

$$\Delta p = p_B - p_A$$

即

$$\Delta p = (\rho_1 - \rho_2) g H$$

三、压差型水位计

机组启动前上水时，由于温度、压力都较低，锅炉汽包水位计、除氧器水位计的水位与容器中水位等高。正常运行时，锅炉汽包水位计、除氧器水位计是压差型水位计。压差型水位计由“水位-压差”转换装置，将水位的变化转换成压差的变化，用压差计测出压差，并将其转换成其他信号，例如电信号，供动圈指示仪表来指示水位。

“水位—压差”转换装置又称平衡容器，其转换原理如图 2-35所示。外面的大容器为正压室，正压室与汽测相通，保持水位高度 L 不变，里面的细管为负压室，负压室与汽、水侧都连通，其水位与汽包水位相同。

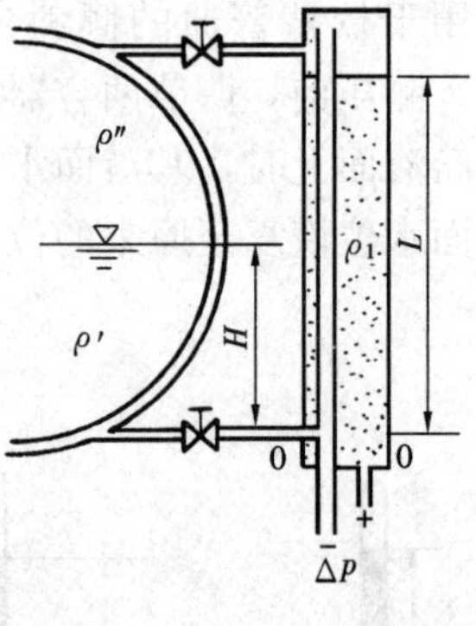

图 2-35 “水位—压差”转换装置

在平衡状态下，选取等压面 0—0，可得到

$$L\rho_1 g = H\rho' g + (L - H)\rho'' g$$

运行中，两水位的压力差

$$\Delta p = L\rho_1 g - [H\rho' g + (L - H)\rho'' g] = Lg(\rho_1 - \rho'') - Hg(\rho' - \rho'') \tag{2-50}$$

忽略 ρ''，得到

$$\Delta p = L\rho_1 g - Hg\rho' \tag{2-51}$$

正常运行中，L、ρ_1、ρ'、ρ''保持不变，正压管出口 p 为定值，H 升高，Δp 减少；H 降低，Δp 增大。用差压计测出 Δp 的大小，就可以知道水位的高低了。

四、应用静力学基本方程式解题的步骤

总结以上内容，可归纳出应用静力学基本方程式解题的步骤。

1. 选择正确的等压面

选择等压面是解决问题的关键，根据等压面的条件，选择包含已知条件和未知量的符合条件的水平面为等压面，一般选在两种液体的分界面或汽液分界面上。

2. 列出等压面等量关系式

由静力学基本方程式可知，在静止流体中，流体静压力在水平方向上不变化；沿深度方向向下，h 增加，静压力变大，应加上流体柱的压强 ρgh；相反，沿深度方向向上，静压力变小，应减去流体柱的压强 ρgh。

3. 解方程

将有关的已知条件带入后，求解未知量，注意单位的换算。

第六节　流体的相对平衡

我们在前面研究了只受重力作用的、静止流体内压力的分布规律及其应用。现在再来讨论较复杂的情况，即流体除受重力作用外，还有其他质量力作用的相对平衡问题。所谓**相对平衡**，是指盛有流体（以液体为例）的容器相对于地球来说是运动的，但流体相对于容器来说是静止的，流体质点之间没有相对运动。研究相对平衡的静压力分布规律，最方便的方法是把坐标系选取在运动的容器上，流体对此坐标是没有运动的，这时流体内部压力仍满足静压力的一般特性。

盛有液体的容器相对地球做直线匀加速移动或做定轴等角速转动时，容器内液体就会出现另一种形态的静止，它的自由表面将倾斜一个固定角度，或呈现抛物面状态。

相对于地面做变速运动的参照系称为非惯性系，在非惯性系的平衡表达式中，除相互作用所引起的力外，还受到由于非惯性系而引起的力——惯性力。对非惯性系的相对平衡问题，只需在平衡方程的质量力项中加入惯性力，即可进行平衡计算。

流体惯性力已在本章第一节中讨论质量力时作过详细介绍，下面分别就流体相对于地面作匀加速直线运动及等角速旋转运动两种情况，找出它们的等压面及静压力分布规律。

一、匀加速直线运动容器中流体的相对平衡

假设一辆油罐车以匀加速度 a 向前运动（见图 2-36），原来静止时的液面是水平的，现在自由表面变倾斜了。将坐标原点选取在自由表面的中点，作用在液体质点上的质量力除重力 $G=mg$ 之外，根据达朗伯原理，还有直线惯性力 F，其值的大小为 $F=ma$，方向与加速度 a 相反。作用在单位质量液体上的质量力在垂直方向是 g，水平方向为 a，质量力的合力为 f。若令 n 方向代表相对平衡时自由表面的外法线方向，即质量力合力 f 的反方

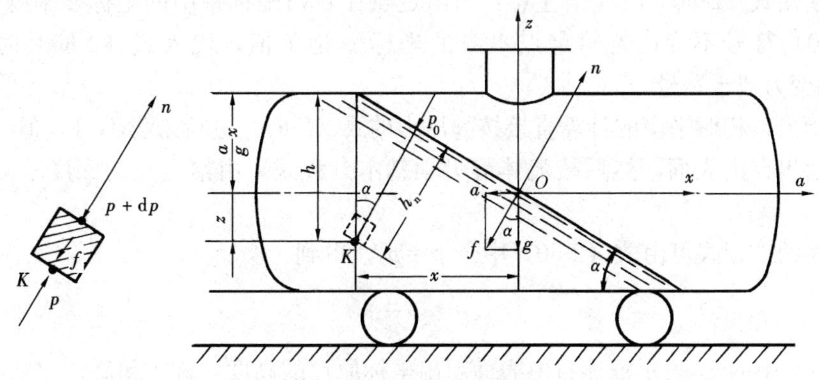

图 2-36　匀加速直线运动的容器

向。等压面（包括自由表面）必然与质量力 f 的方向相垂直，否则液体质点将无法保持相对位置不变。在 K 点以上取一个微元体（见图 2-36），用质量力的合力 f 代替重力与直线惯性力对液体的作用，写出 n 方向上力的平衡方程式，即

$$\frac{\mathrm{d}p}{\mathrm{d}n}=-\rho f \tag{2-52}$$

上式的积分形式与流体静力学基本方程式一样，即

$$p=p_0+\rho f h_{\mathrm{n}} \tag{2-53}$$

不过这里的 h_{n} 表示相对平衡时液体内任意点 K 至自由表面的距离。若用 α 代表等压面与水平面的夹角，其值可由式（2-54）确定，即

$$\tan\alpha=\frac{a}{g} \tag{2-54}$$

于是

$$h_{\mathrm{n}}=h\cos\alpha \tag{2-55}$$

将式（2-55）代入式（2-53）中，则

$$p=p_0+\rho f h\cos\alpha \tag{2-56}$$

而

$$f\cos\alpha=g \tag{2-57}$$

将式（2-57）代入式（2-56）中，可得

$$p=p_0+\rho g h \tag{2-58}$$

方程式（2-58）表明，相对平衡时液体静压力在垂直方向的变化规律，与流体静力学基本方程式完全一样，这是由于在垂直方向上它们都只有重力而没有其他质量力作用的缘故。在水平方向，相对平衡时的静压力分布与完全静止时就大不一样了。静止液体水平方向上静压力不变，而匀加速直线运动在相对平衡时，静压力在水平方向上呈线性变化关系。由图 2-36 可以看出，距原点水平距离为 x 的 K 点至自由表面的深度 h 为

$$h=-x\tan\alpha-z$$

即

$$h=-\frac{a}{g}x-z \tag{2-59}$$

将式（2-59）代入式（2-58），得到匀加速直线运动时液体相对平衡的静压力计算公式为

$$p=p_0+\rho g\left(-\frac{a}{g}x-z\right) \tag{2-60}$$

在实际使用式（2-60）时应当注意：当给定点在直角坐标系中的坐标 z 本身是正值时，代入式（2-60）符号不变；若给定点本身的坐标 z 是负值，代入式（2-60）时，相应的“－”号就要变为“＋”号。

还应该指出，相对平衡的计算直接按静压力的式（2-60）进行未尝不可，但一般较常用的办法是先求出自由表面，然后按流体静力学基本方程式，由给定点的深度求出相应的静压力。

自由表面的方程式可由式（2-60）中令 $p=p_0$，得到

$$z_{\mathrm{S}}=-\frac{a}{g}x \tag{2-61}$$

式（2-61）中的 z_{S} 表示液体自由表面超出坐标原点的高度，称为超高。

根据以上原理，对于运输液体的容器，例如油罐车、油船的储油箱，在车辆或船舶加速

或刹车时液体会挤向一端（加速时挤向后部，刹车时挤向前部），使得车辆或船舶载重不均衡，操纵困难，甚至液体会冲开上盖而溢出。因此，运输用的罐体内部均安有隔板，以消除和减弱这种影响（见图 2-37）。

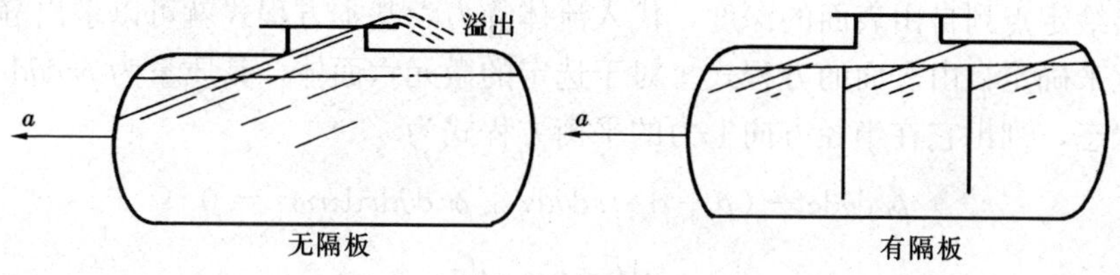

图 2-37 运输液体的容器

二、以等角速度绕垂直轴旋转容器中液体的相对平衡

在一个半径为 R 的上开口圆柱形桶状容器内，盛有均质的液体，此容器绕其圆柱形的中心轴线转动，当旋转角速度 ω 逐渐加大时，原来容器内水平静止液面的中央部分开始向下凹下去，而周围的液体随其半径加大而上升。当此圆桶稳定在某一角速度 ω 时，圆桶容器内液面形成一个稳固不变的旋转抛物面。也就是说，盛在桶内的液体开始先被甩向四周，但很快就会成为一个整体随同容器一起旋转。可以看到，此时液体的自由表面已由平面变为一个旋转抛物面，但因为液体与容器之间没有相对运动，所以这种运动仍可按相对平衡的问题来处理，如图 2-38 所示。

在圆桶容器上选择相对坐标系，为使分析问题简单起见，将圆桶的中心轴（也是旋转轴）作为相对坐标的 oz 轴，中心轴与液面的交点（液面的最低点）作为坐标原点 o。由于旋转抛物面以 oz 轴对称，故 ox 及 oy 轴可选择在任意两个相互垂直的圆桶半径 R 上，xoy 平面垂直于 oz 轴。为清楚起见，从图 2-38(a)的投影图[见图 2-38(b)]来进行受力分析。现在来分析通过原点的水平面上半径为 r 的任意一点 K 的静压力。通过 K 点取一个微元六面体，它的三个棱边为 $r\mathrm{d}\theta$，$\mathrm{d}r$ 及 $\mathrm{d}z$。研究它的受力及平衡情况，如图 2-38（b）所示（图中只表示了一个通过转轴的截面），此时作用在微元六面体上的质量力有垂直向下的重力 $G=mg$，以及水平径向的离心力 $F=mr\omega^2$。对单位质量液体而言，重力及离心惯性力分别为 g 及 $r\omega^2$。由此可见，在垂直方向的质量力仍然只有重力，在

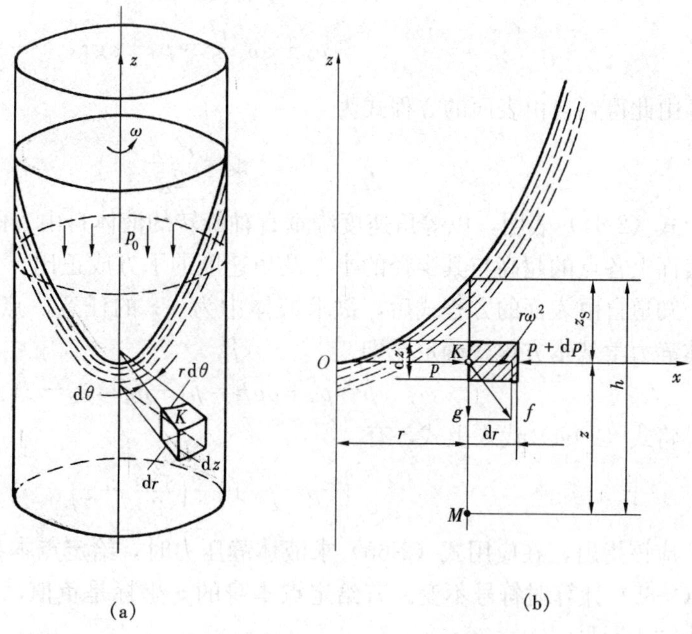

图 2-38 等角速度旋转的容器

这一点上，静止、匀加速水平直线运动以及等角速度绕垂直轴的旋转运动完全是一致的，也就是说，它们的静压力在垂直方向上的分布规律是一样的，都可以按照流体静力学基本方程式确定。现在的问题是要找出等角速度旋转时自由表面的方程式。只要自由表面的形状一经确定，找出给定点到自由表面的深度，代入流体静力学基本方程式就可以求出静压力。

下面就来确定自由表面的方程式。对于选定的微元六面体，其质量为 $\rho r\mathrm{d}\theta\mathrm{d}r\mathrm{d}z$。因为它处于平衡状态，列出它在半径方向上力的平衡方程式为

$$pr\,\mathrm{d}\theta\mathrm{d}z-(p+\mathrm{d}p)r\mathrm{d}\theta\mathrm{d}z+\rho r\,\mathrm{d}\theta\mathrm{d}r\mathrm{d}zr\omega^2=0$$

由此得

$$\mathrm{d}p=\rho\,\omega^2 r\mathrm{d}r$$

积分后，得

$$p=\rho\,\omega^2\int r\mathrm{d}r=\rho\,\omega^2\frac{r^2}{2}+C \tag{2-62}$$

式中的积分常数 C 可由边界条件确定，当 $r=0$ 时，$p=p_0$，代入式（2-62），得 $C=p_0$。这样一来，通过原点的水平面上不同半径处水平方向的液体静压力 p 为

$$p=p_0+\rho\,\omega^2\frac{r^2}{2} \tag{2-63}$$

根据流体静压力的特性，在平衡的流体中，任意一点的静压力在各个方向上都是相等的，所以，平衡流体中任一点（如 K 点）的水平方向的静压力应当与垂直方向上的静压力相等。根据流体静力学基本方程式，通过原点的水平面上不同位置处垂直方向的静压力为

$$p=p_0+\rho g z_{\mathrm{S}}$$

于是

$$p_0+\rho\omega^2\frac{r^2}{2}=p_0+\rho g z_{\mathrm{S}}$$

由此得到自由表面的方程式为

$$z_{\mathrm{S}}=\frac{r^2\omega^2}{2g} \tag{2-64}$$

式（2-64）表明，以等角速度绕垂直轴旋转的液体自由表面是一个二次抛物面，液体自由表面上各点的超高与其半径的平方及角速度的平方成正比。

知道自由表面的方程式后，欲求液体中为 $-z$ 的任意一点（如 M 点）的静压力，可按流体静力学基本方程式确定，即

$$p=p_0+\rho gh=p_0+\rho g\ (z_{\mathrm{S}}-z)$$

将式（2-64）代入上式，有

$$p=p_0+\rho g\left(\frac{r^2\omega^2}{2g}-z\right) \tag{2-65}$$

应该指出，在应用式（2-65）求液体静压力时，给定点本身的 z 坐标若是正值，代入上式（2-65）计算时符号不变。若给定点本身的 z 坐标是负值，代入上式计算时，“－”号应变为“＋”号。

式（2-65）就是容器作等角速度旋转时液体静压力的分布公式。它表明等角速度旋转的液体静压力在同一深度上与半径的平方成正比，而在同一半径上，则与深度成正比。

离心式泵与风机的叶轮中，流体从进口到出口，随着半径的增大，静压力升高，叶轮对流体作功并提高流体的能量，就是应用了等角速度旋转液体的这一压力变化规律。

以上推导是将 K 点选在 xoz 面上得到的结论。但在定轴等角速度旋转的流场中，流体

质点的受力情况是以旋转轴对称的，所以这些结论也适用于整个流场。

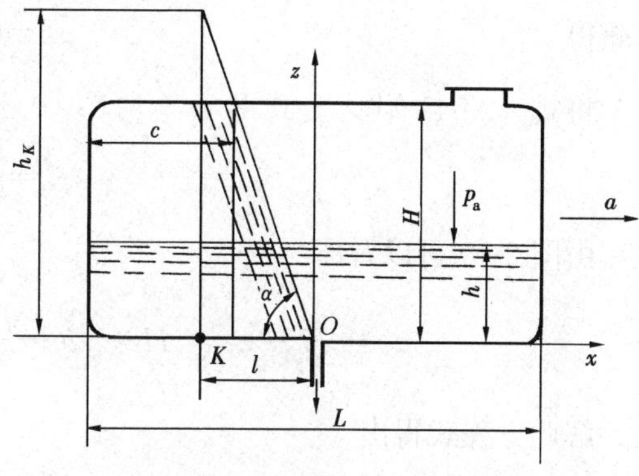

图 2-39 匀加速直线运动的油箱

【例 2-13】 如图 2-39 所示，一个油箱长 $L=1\text{m}$，高 $H=0.5\text{m}$，盛油的深度 $h=0.2\text{m}$，油可经底部中心流出。问油箱作匀加速直线运动的加速度 a 为多大时将中断供油？并求出此时油箱底部距中心 $l=0.25\text{m}$ 处 K 点的静压力。油的密度 $\rho=693\text{kg/m}^3$。

解 假设油箱的宽度为 b。油箱内油的体积 V 为

$$V=hLb$$

以加速度 a 作匀加速直线运动后，油面倾斜，底部油面越过中心后，将中断供油，这时油的体积 V 为

$$V=\frac{1}{2}\left(\frac{L}{2}+c\right)Hb$$

运动前后油箱内油的体积相等，即

$$hLb=\frac{1}{2}\left(\frac{L}{2}+c\right)Hb$$

由此得

$$c=\frac{2L\ (h-0.25H)}{H}=\frac{2\times1\times\ (0.2-0.25\times0.5)}{0.5}=0.3\ (\text{m})$$

油面的倾斜角的正切为

$$\tan\alpha=\frac{H}{0.5L-c}=\frac{0.5}{0.5\times1-0.3}=2.5$$

由式（2-54）可知油箱运动的加速度 a 为

$$a=g\tan\alpha=9.807\times2.5=24.518\ (\text{m/s}^2)$$

K 点距自由表面的深度 h_K 为

$$h_K=l\tan\alpha=0.25\times2.5=0.625\ (\text{m})$$

K 点的静压力（相对压力）可按流体静力学基本方程式求得

$$p_K=\rho g h_K=693\times9.807\times0.625=4.248\ (\text{kPa})$$

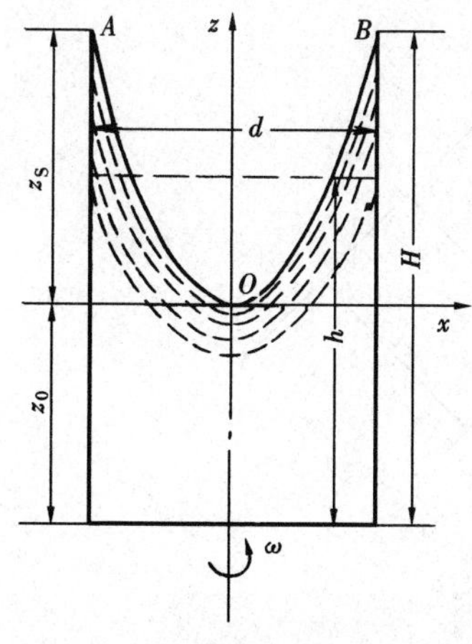

图 2-40 等角速度旋转的圆桶

【例 2-14】 如图 2-40 所示，一个直立的圆桶直径 $d=200\text{cm}$，高 $H=350\text{cm}$，桶内装有深度为 $h=250\text{cm}$ 的水，圆桶绕垂直中心轴等角速度旋转。为了保证水不溢出桶外，圆桶每分钟的转数应限制在多少以下？

解 在所求转数下水不溢出圆桶，水的自由表面为旋转抛物面 AOB。抛物面的顶点距圆桶底部的距离为 z_0，距桶顶部的距离为 z_S。由体积的计算公式可知，二次抛物线的旋转体体积等于同底、同高的圆柱体体积的一半。由于圆桶内水的体积旋转前后相等，故

$$\frac{\pi d^2}{4}h=\frac{\pi d^2}{4}z_0+\frac{1}{2}\frac{\pi d^2}{4}z_S$$

由此得

$$z_0=h-\frac{1}{2}z_S$$

将式（2-64）代入上式得

$$z_0=h-\frac{r^2\omega^2}{4g}$$

由图 2-40 可以看出

$$z_S=H-z_0=H-\left(h-\frac{r^2\omega^2}{4g}\right),\ \frac{r^2\omega^2}{2g}=H-\left(h-\frac{r^2\omega^2}{4g}\right)$$

解此方程式得出

$$\omega=\sqrt{\frac{4g\ (H-h)}{r^2}}=\sqrt{\frac{4\times9.807\times\ (0.35-0.25)}{(0.5\times0.2)^2}}=19.81\ (\mathrm{s}^{-1})$$

为了使水不溢出圆桶应限制的最高转数为

$$n=\frac{30\omega}{\pi}=\frac{30\times19.81}{3.14}=189.26\ (\mathrm{r/min})$$

第七节　静止流体对固体壁面的压力

前面讨论的是流体中任意一点的静压力及其分布规律。但在工程实际中，有时不仅需要知道流体中某点静压力的大小，而且还经常会遇到需要确定流体对某一平面或曲面的总压力的问题。例如，要计算开启冷却水池的平板闸门所需要的力，就必须知道作用在闸门上的总压力。此外，为了保证各类水箱、油箱、锅炉汽包、压力管道及圆柱形轴瓦等具有足够的强度，必须分析它们的受力情况，也需要计算各种作用面上的总压力。本节讨论静止流体对平面和曲面上的总压力计算。

一、静止流体对平面的总压力

如图 2-41（a）所示，如果要想知道容器底部 A 上的总压力，很容易求得，此处点压力 p 是一个不变的值，总压力 $F_t=pA$。但对容器侧壁面 B 求总压力，就没有这么容易了，因

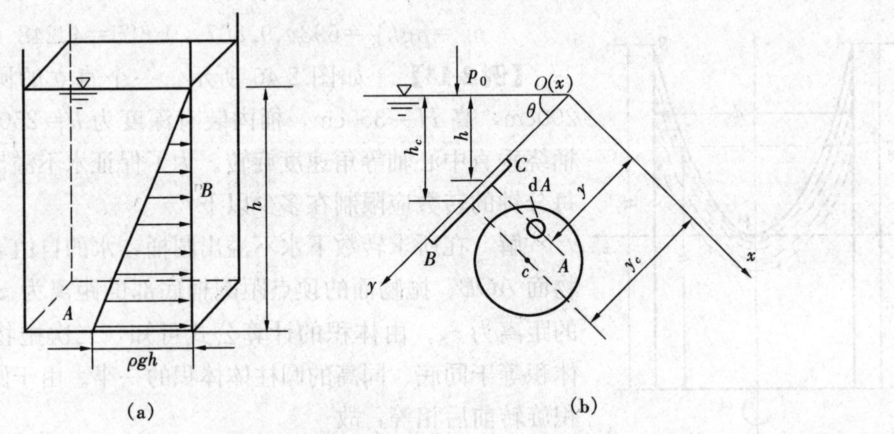

图 2-41　静止液体平面上的总压力

（a）侧壁面上的压力分布；（b）静止流体对平面的作用力

为压力随深度线性增加。

如图 2-41（b）所示，为求得平面总压力的计算公式，BC 为一块面积为 A 的任意形状的平板，倾斜放置在密度为 ρ 的静止液体中，平板与液体自由液面的夹角为 θ，液体自由表面的外压力为 p_0，平板形心位置为 c，c 点的淹没深度为 h_c，取坐标平面 xoy 与该板重合，x 轴在水平面上，将坐标平面绕 y 轴旋转 90°，即将闸门平板旋转在纸面上。

为了求得平面上总压力的大小，先在平板 A 上任取一微元面积 dA，其深度为 h，则作用于微元面积上的总压力为

$$dF_t = p dA = (p_0 + \rho g h) dA$$

又

$$h = y\sin\theta$$

$$dF_t = p dA = (p_0 + \rho g y \sin\theta) dA$$

沿整个面积 A 进行积分，总压力

$$F_t = \int_A dp = p_0 A + \rho g \sin\theta \int_A y dA$$

$$\int_A y dA = A y_c$$

式中　y_c——该平板的形心点 c 到 ox 轴的距离，m；

A——平板面积，m^2。

$$F_t = (p_0 + \rho g y_c \sin\theta) A = (p_0 + \rho g h_c) A = p_c A \qquad (2\text{-}66)$$

这就是求平面总压力值的计算公式。作用于整个平面上的总压力等于形心点处的液体静压力与平板面积之乘积。

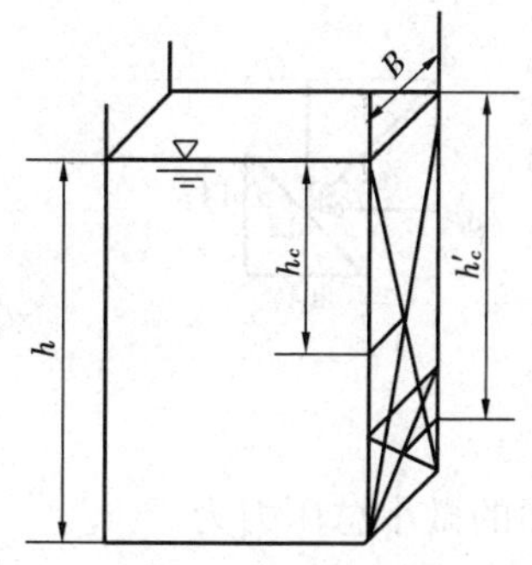

图 2-42　水箱侧壁的静水压力

如果作用在液体自由表面上的压力只是大气压力，仅由液体产生的作用在平面上的总压力为

$$F_t = \rho g h_c A \qquad (2\text{-}67)$$

【例 2-15】　如图 2-42 所示，已知水箱中水位高 $h=10$m，水箱宽 $B=1$m，求水箱侧壁受到的静水总压力。如果在水深 8m 以下设一高 2m、宽 1m 的矩形阀门，求作用在阀门上的总压力。

解　矩形平面的形心位置在对角线交点，即 $h_c = \frac{10}{2} = 5$（m）

面积　　$A = 10 \times 1 = 10$（m^2）

水箱侧壁受到的静水总压力

$$F_t = \rho g h_c A = 1000 \times 9.807 \times 5 \times 10 = 490 \text{（kN）}$$

矩形阀门上的形心位置　　$h'_c = 8 + \frac{2}{2} = 9$（m）

面积　　$A' = 2 \times 1 = 2$（m^2）

阀门上的总压力

$$F'_t = \rho g h'_c A' = 1000 \times 9.807 \times 9 \times 2 = 176.53 \text{（kN）}$$

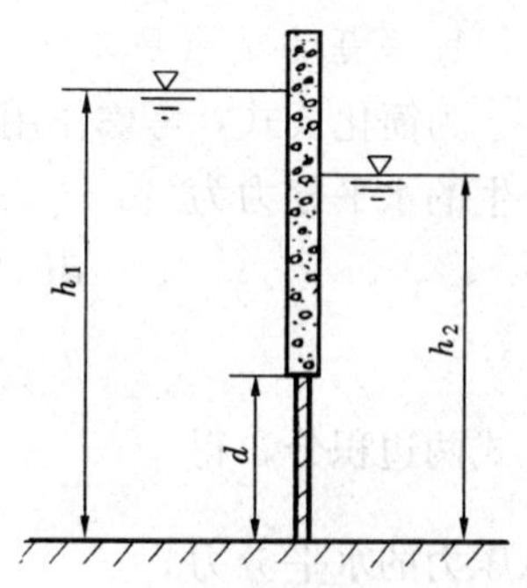

图 2-43　圆形闸门受的静水压力

【例 2-16】　如图 2-43 所示，一直径 $d=3$m 的圆形闸门两面受到水的压力。左侧水深 $h_1=6$m，右侧水深 $h_2=4$m，求作

用于阀门上的总压力的大小。

解 左面总压力 $F_1=\rho g h_{c1}A=1000\times 9.807\times\left(6-\frac{3}{2}\right)\times\frac{\pi}{4}\times 3^2=311.9$ (kN)

右面总压力 $F_2=\rho g h_{c2}A=1000\times 9.807\times\left(4-\frac{3}{2}\right)\times\frac{\pi}{4}\times 3^2=173.2$ (kN)

静水总压力 $F_t=F_1-F_2=311.9-173.2=138.7$ (kN)，方向向右。

二、静止液体对曲面的总压力

工程上会遇到各种受液体压力的曲面，如泵的球形阀门、圆柱形油箱、汽包圆筒壁面等。以图 2-44 所示圆柱曲面为例，取直角坐标 x，y，z 轴。y 轴与纸面垂直，z 轴沿深度方向向下。静止液体下的一曲面 $abcd$，其面积为 A，曲面在 yoz 平面上的投影面积为 A_z，在 xoy 平面上的投影为 A_x，在 xoz 平面上的投影为曲线 ab。

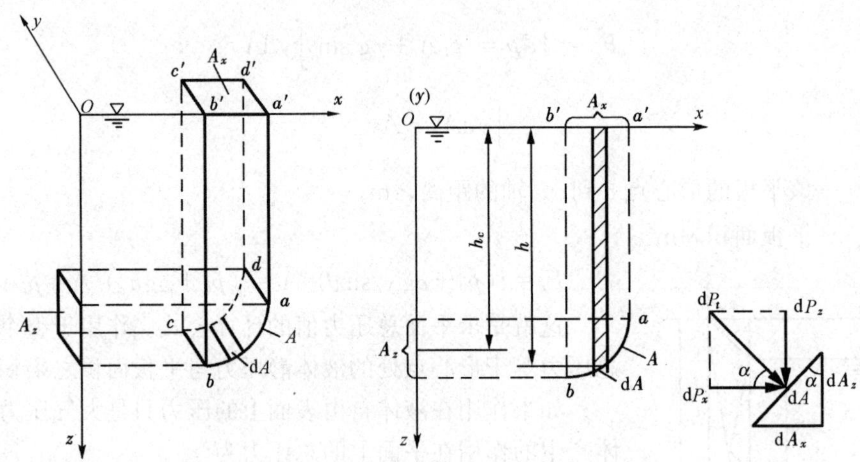

图 2-44 静止液体对曲面的总压力

在曲面 A 上任取一微元面积 dA，其深度为 h，作用在它上面的微小总压力为

$$\mathrm{d}F_t=p\mathrm{d}A$$

水平分力 $$\mathrm{d}F_x=\mathrm{d}F_t\cos\alpha$$

垂直分力 $$\mathrm{d}F_z=\mathrm{d}F_t\sin\alpha$$

1. 总压力的水平分力

为简化公式，考虑作用在液体自由表面上的压力只是大气压力，可忽略不计，仅由液体产生的水平分力为

$$\mathrm{d}F_x=\mathrm{d}F_t\cos\alpha=\rho gh\,\mathrm{d}A\cos\alpha\text{，又 }\mathrm{d}A\cos\alpha=\mathrm{d}A_z$$

$$\mathrm{d}F_x=\rho gh\,\mathrm{d}A_z$$

上式两边积分，得 $$F_z=\rho g\int_A h\,\mathrm{d}A_z=\rho gh_cA_z$$

总压力的水平分力 $$F_x=\rho gh_cA_z=p_xA_z \tag{2-68}$$

曲面上液体总压力的水平分力等于该曲面垂直投影平面上的液体压力。水平分力的求解方法已由平面上总压力的公式解决，即垂直投影面积与此面积形心点上的静压力之积。

2. 总压力的垂直分力

$$dF_z = dF_t \sin\alpha = \rho g h\, dA \sin\alpha,\quad dA\sin\alpha = dA_x$$

$$dF_z = \rho g h\, dA_x$$

上式两边积分，得 $$F_z = \rho g \int_A h\, dA_x$$

从图 2-44 中可看出 $h dA_x$ 为图中阴影部分的体积，$\int_A h\, dA_x$ 为图中曲面 $abcd$ 上的液柱 $aa'b'bcc'd'd$ 的体积 V_p，则总压力的垂直分力

$$F_z = \rho g V_p \tag{2-69}$$

式中 V_p——受压曲面上的压力体体积，m^3。

曲面上液体总压力的垂直分力等于该曲面上压力体的重量。

3. 总压力

总压力的值为

$$F_t = \sqrt{F_x^2 + F_z^2} \tag{2-70}$$

总压力与水平方向的夹角 α

$$\alpha = \arctan \frac{F_z}{F_x} \tag{2-71}$$

4. 压力体

压力体是以曲面为底面，垂直向上与液体的表面（或与液体表面的延长面）所组成的体积，压力体分为实压力体和虚压力体两种。

判断实压力体和虚压力体的方法是：

液体和压力体在曲面的同一侧时是实压力体，这时压力体内盛装有真实液体，液体的垂直分力作用于曲面上，方向垂直向下。体积等于如图 2-45(a)中 $abcd$ 的面积再乘以宽度（垂直于纸面）。

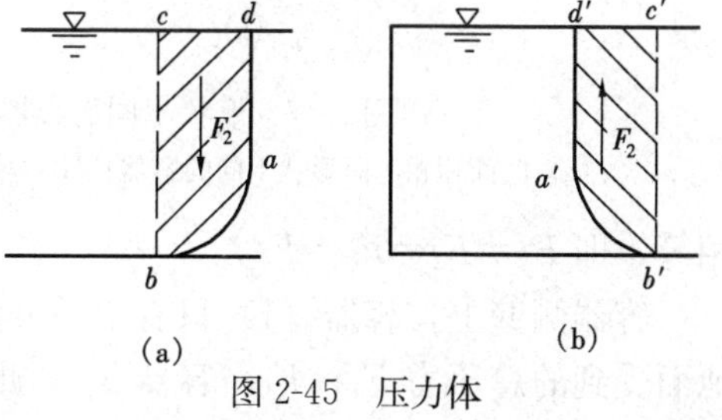

图 2-45 压力体

(a) 实压力体；(b) 虚压力体

液体和压力体分别居于曲面的两侧，此时为虚压力体。所谓虚压力体，是指压力体内没有液体，只是想象中的，以曲面为底面，垂直向上与液体的假想延长表面之间所组成的体积，如图 2-45（b）中 $a'b'c'd'$ 的面积再乘以宽度（垂直于纸面）。液体的垂直分力作用于曲面下方，方向垂直向上。

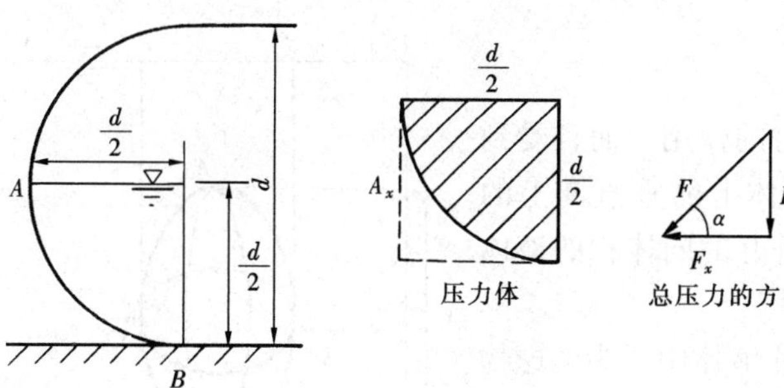

图 2-46 圆筒形盛水容器

【例 2-17】 如图 2-46 所示，一敞口圆筒形盛水容器，水深 $h=\frac{d}{2}$。圆筒直径 $d=3m$，求宽度（垂直于纸面）$b=1m$ 时 AB 曲面上液体的总压力。

解 (1)不计大气压力，求水对壁面的水平作用分力 F_x，方向从右向左。

垂直投影面积为 $$A_z = \frac{d}{2}\times b = \frac{3}{2}\times 1 = 1.5\ (m^2)$$

$$F_x=\rho g h_c A_z=1000\times 9.807\times\frac{1}{2}\times\frac{3}{2}\times 1.5=11\ 033\ (\mathrm{N})$$

(2) 求水对壁面的垂直作用分力 F_z，因是实压力体，方向向下。

压力体体积 $V_\mathrm{p}=\frac{\pi}{4}d^2\times\frac{1}{4}\times 1=\frac{3.14}{4}\times 3^2\times\frac{1}{4}\times 1=1.766\ 25\ (\mathrm{m}^3)$

$$F_z=\rho g V_\mathrm{p}=1000\times 9.807\times 1.766\ 25=17\ 322\ (\mathrm{N})$$

(3) 总压力 $F_t=\sqrt{F_x^2+F_z^2}=\sqrt{11\ 033^2+17\ 322^2}=20\ 537\ (\mathrm{N})$

总压力的方向与水平方向的夹角 $\alpha=\arctan\frac{F_z}{F_x}=\arctan\frac{17\ 322}{11\ 033}=57.5°$

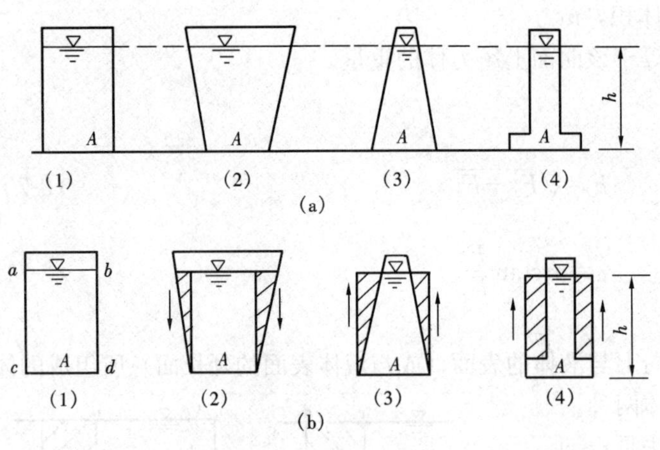

图 2-47 形状不同的容器

(a) 底面积相等而形状不同的容器；(b) 侧壁压力体体积

【例 2-18】 如图 2-47 所示，底面积均为 A 而形状不同的四个容器，若装入同一种液体，且水深 h 和外压力均相同。分析容器底面上的总压力是否相等？对地面上的总压力是否相等？

解 根据静压力基本方程式 $p=p_0+\rho g h$，外压力、液体种类、液位高度均相同，容器底面上受到的点压力应相等 $p_1=p_2=p_3=p_4$。又容器底面积都等于 A，因此，容器底面上的总压力相等，即 $F_1=F_2=F_3=F_4$。

容器侧壁上，容器 (1) 只有水平分力，没有垂直分力，因此，底面受到的总压力即为地面受到的总压力 $F_1'=F_1$。容器 (2) 侧壁受到的压力体如图 2-47 (b) 所示，压力体产生的作用力方向垂直向下，通过容器底的边缘四周传至地面，地面所受总压力大于底面总压力，$F_2'>F_2$。容器 (3) 侧壁受到的压力体为虚压力体，结果与容器 (2) 相反，$F_3'<F_3$。容器 (4) 地面所受总压力也小于底面总压力，$F_4'<F_4$。根据压力体的大小，可以判断容器对地面的总压力 $F_2'>F_1'>F_3'>F_4'$。

三、浮力

浸没在液体中的物体不仅受到重力的作用，而且受到向上的托浮作用。液体作用在沉浮物体上的垂直向上的力，称为浮力。浮力的大小等于物体排开的同体积的液体重量，这就是阿基米德浮力定理。

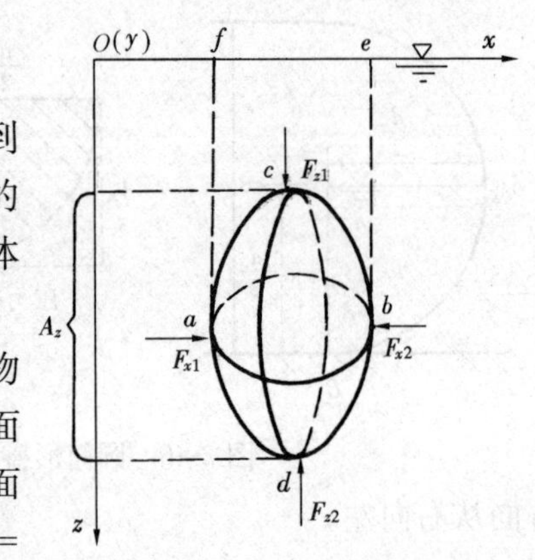

图 2-48 浮力定理

如图 2-48 所示，一物体沉没在静止液体中。为考虑物体受到的水平分力，可将物体的表面分成左右两个曲面（曲面 cad 和 cbd），两曲面在垂直坐标面 xoz 上的投影面积相等，都为 A_z，其形心淹没深度 h_c 也相等。根据 $F_x=\rho g h_c A_z$，液体作用在两曲面的水平分力 F_{x1} 与 F_{x2} 大小相等，方向相反，故作用在物体上的总水平分力等于零。

为考虑物体受到的垂直分力，将物体的表面分成上下两个曲面（曲面 acb 和 adb），液体作用在曲面 acb 上的垂直分力 F_{z1} 等于压力体内的液体重量（体积 $acbef$），为实压力体，方向垂直向下，即

$$F_{z1}=\rho gV_{p1}$$

液体作用在曲面 adb 上的垂直分力 F_{z2} 等于压力体的液体重量（体积 $adbef$），为虚压力体，方向垂直向上，即

$$F_{z2}=\rho gV_{p2}$$

液体作用在物体上的垂直分力为

$$F_z=F_{z1}+F_{z2}=\rho g\ (V_{p2}-V_{p1})\ =\rho gV_p$$

可以看到，两个压力体体积之差，正是物体的体积 V。物体受到的浮力

$$F=\rho gV \tag{2-72}$$

物体在流体中的沉浮有三种情况，以 G 表示物体所受重力，F 表示浮力：

当 $G<F$ 时，物体上升，浮出液面，称为浮体；

当 $G=F$ 时，物体可以潜伏在液体内任何深度的地方，称为潜体；

当 $G>F$ 时，物体下沉，直到底部，称为沉体。

阿基米德定理对完全沉没的潜体和沉体或部分沉没的浮体，都是正确的。

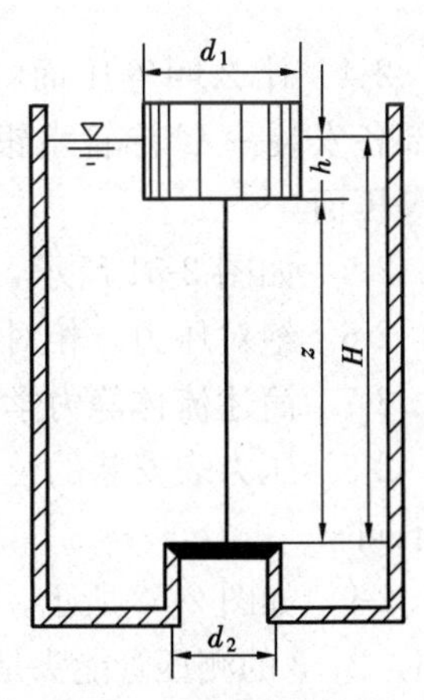

图 2-49 圆阀受到的浮力

【例 2-19】 如图 2-49 所示，在一盛装液体的容器底上有一直径 $d_2=20\text{mm}$ 的圆阀，该阀用细绳系于直径 $d_1=100\text{mm}$ 的圆柱形浮子上。已知浮子及圆阀的重量 $G=0.980\,6\text{N}$，液体密度 $\rho=749.5\text{kg/m}^3$，细绳长度 $z=150\text{mm}$，试求圆阀刚要开启时的液面高度 H。

解 圆阀刚要开启时，圆阀上受到的总压力 F' 和重力 G 应与浮子产生的浮力 F 相等，即

$$F=F'+G$$

圆阀上受到的总压力 $F'=\rho gH\frac{\pi}{4}d_2^2$

浮子上受到的浮力 $F=\rho gh\frac{\pi}{4}d_1^2$

也就是 $\rho g(H-z)\frac{\pi}{4}d_1^2=\rho gH\frac{\pi}{4}d_2^2+G$

$$H=\frac{\left(\rho gz\frac{\pi}{4}d_1^2+G\right)\times 4}{\rho g\pi(d_1^2-d_2^2)}=\frac{d_1^2z}{d_1^2-d_2^2}+\frac{4G}{\rho g\pi(d_1^2-d_2^2)}$$

$$=\frac{0.1^2\times 0.15}{0.1^2-0.02^2}+\frac{4\times 0.980\,6}{749.5\times 9.807\times 3.14\times(0.1^2-0.02^2)}$$

$$=0.174(\text{m})$$

思 考 题

2-1　举例说明作用在流体上的力按作用效果可分为几类?

2-2　流体静压力、平均静压力及总压力有什么区别?

2-3　流体静压力有什么特点?画出图 2-50 所示的容器壁上 A,B,C,D 四点的静压力方向,并说明某一点静压力的方向与作用面的方位有无关系?

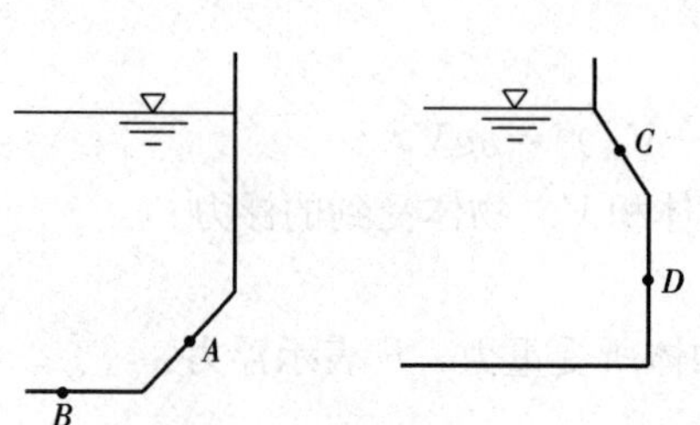

图 2-50　思考题 2-3 图

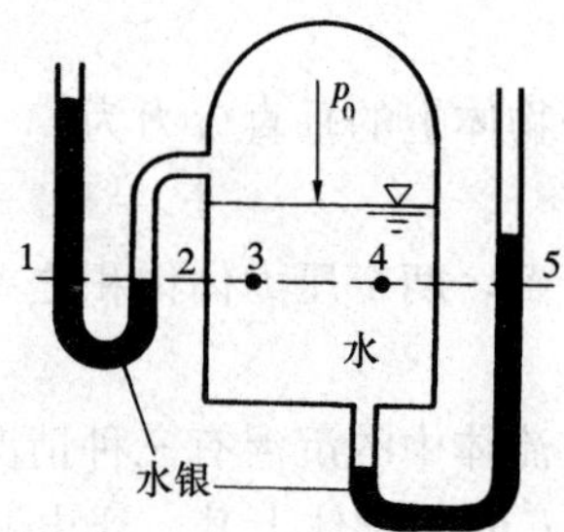

图 2-51　思考题 2-4,2-5 图

2-4　什么叫等压面?选择等压面的条件是什么?一封闭盛水容器在自由液面和容器底部各安装一 U 形管水银测压计,如图 2-51 所示,分析 1—2,2—3,3—4 和 4—5 是否为等压面?

2-5　如图 2-51 所示,试比较同一水平面上的 1,2,3,4,5 各点的压力大小?

2-6　绝对压力、相对压力及真空有何区别?相互间的关系是怎样的?

2-7　简述流体静力学基本方程式的物理意义、几何意义及流体力学意义。

2-8　压力表安装的位置高于或低于管路中心线时,表计指示的压力与管路真实压力有何不同?

2-9　如图 2-52 所示,盛水容器中 1,2,3 点的静压力是否相等?对于同一基准面0—0,点 1,2,3 的测压管能头是否相等?

2-10　试画出图 2-53 中容器侧壁面上的静压力分布图。

2-11　测量的压力在什么范围内时需采用液柱式测压计?

2-12　差压计和测压计有什么不同?

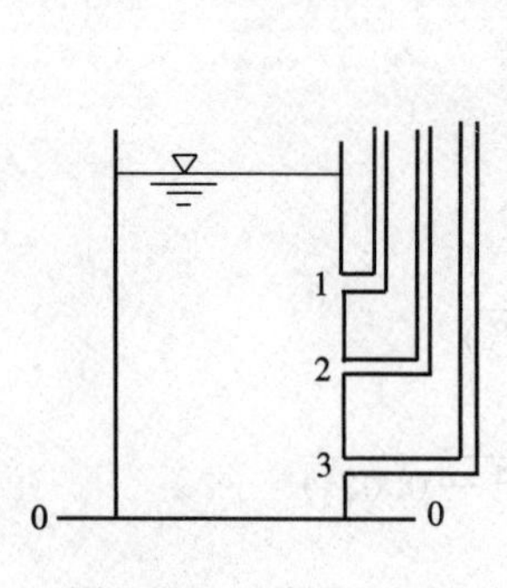

图 2-52　思考题 2-9 图

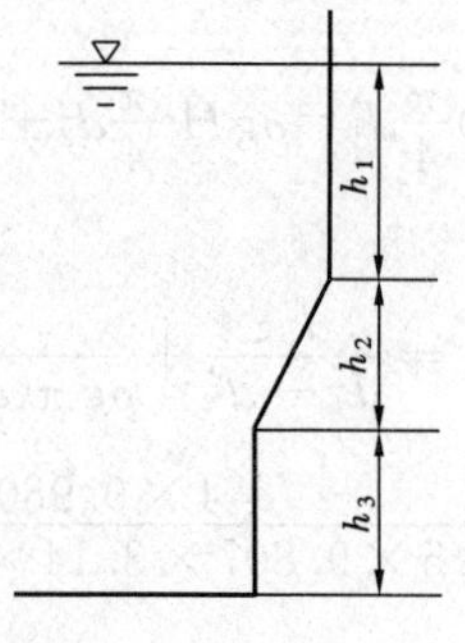

图 2-53　思考题 2-10 图

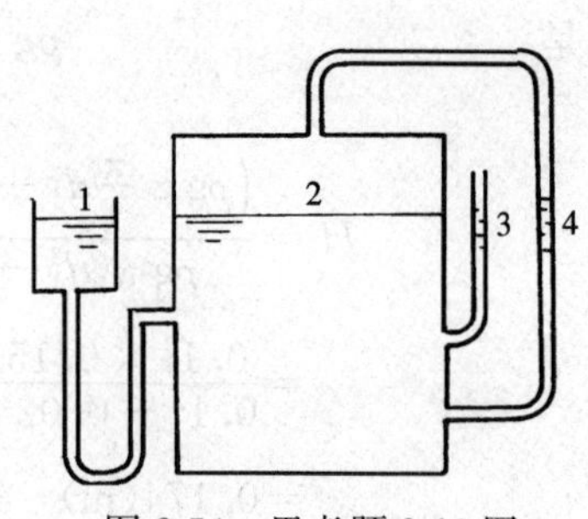

图 2-54　思考题 2-13 图

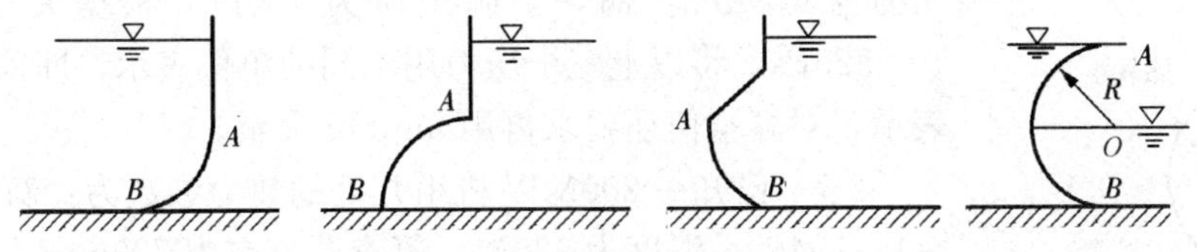

图 2-55　思考题 2-14 图

2-13　如图 2-54 所示，封闭水箱 2 中的水面与筒 1、管 3、4 中的水面同高，筒 1 与水箱 2 用软管连接，可升降，以此调节水箱中水面压力。如果筒 1 下降或上升一定高度，试分析这两种情况下，各液面高度哪些最高？哪些最低？哪些同高？

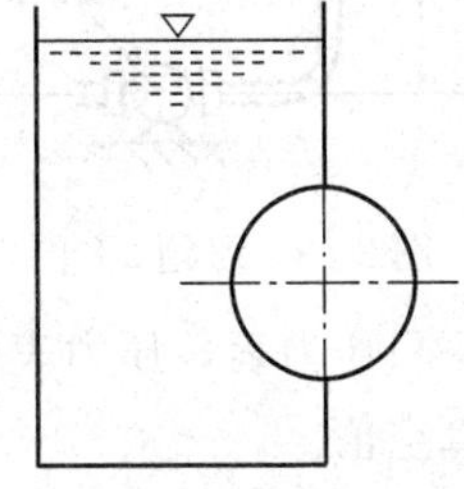

图 2-56　思考题 2-15 图

2-14　画出如图 2-55 所示的四种压力体图形。

2-15　有人曾设想在盛水容器的直立侧壁上安装一个圆球（见图 2-56），由于球的一半受到向上浮力的作用而使圆球永远不停地旋转下去，若不计摩擦力，这种永动机能否实现？为什么？

习　　题

2-1　除氧器水箱自由表面上的压力为 245.18×10^3Pa，试求水面下 1.5m 处的静压力。

2-2　在海平面下 300m 处测得静压力为 3219.64×10^3Pa，大气压力为 101.33×10^3Pa，求海水的密度。

2-3　两只桶放在地面上，桶底直径均为 0.3m，其中一只是圆柱形，另一只是倒立的圆台形，如图 2-57 所示。两桶盛水的深度均为 0.4m，后者水面直径为 0.6m。试问两只桶内底面及地面上的静压力各是多少？桶底面及地面上的总压力又各是多少？

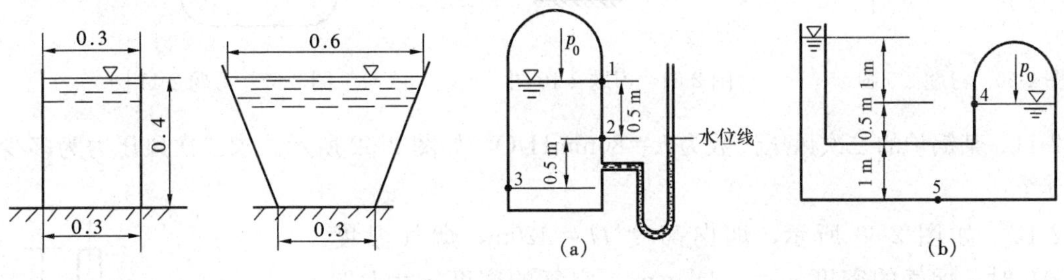

图 2-57　习题 2-3 图　　图 2-58　习题 2-4 图

2-4　如图 2-58 所示，两容器中盛装的均为水，计算 1～5 各点的静压力，并画出静压力的方向。

2-5　锅炉房的供水箱中盛有温度为 100℃（ρ=960kg/m^3）的水，为了避免沸腾，在水箱液面上利用蒸汽维持绝对压力 $p_0=117.68\times10^3$Pa。已知当地大气压力 $p_a=9.807\times10^4$Pa，试求位于液面下深度为 1m 处的绝对压力及相对压力。

2-6　已知某 350MW 电厂锅炉过热器出口的蒸汽压力为 17.26MPa，凝汽器排汽的绝对

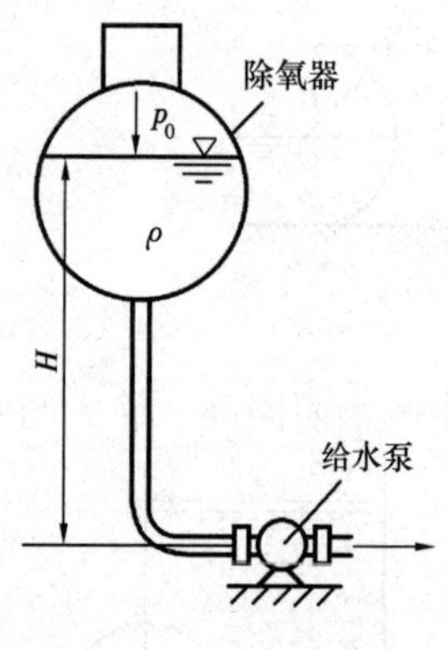

图 2-59 习题 2-8 图

压力为 4.9kPa，锅炉炉膛负压为 100Pa。根据大气压力 p_a = 101 325Pa，将以上三个压力用不同的单位表示，即采用 Pa，atm 表示，对真空值还要求再用 mmHg 表示。

2-7 已知一 200MW 机组几处的热力参数为：新蒸汽压力 p_1 = 13.5MPa，温度为 535℃；凝汽器真空为 720mm 水银柱；除氧器 p_3 = 0.5MPa，温度 t = 158℃。若大气压力 p_a = 101 325Pa，将以上三个压力用不同的单位表示，单位采用 Pa 和 mH_2O。

2-8 卧式除氧器如图 2-59 所示，其工作时液面的表压力 p_0 = 0.739MPa，除氧器液面到备用给水泵中心线的高 H = 24m，求该备用给水泵入口处的工作表压力（提示：采用饱和水密度）。

2-9 如图 2-60 所示的封闭水箱中，水深 h = 1.5m 的 A 点安装一只压力表，压力表中心距 A 点高 Z = 0.5m，压力表读数为 4.9kPa，求水面的相对压力及真空值。

2-10 如图 2-61 所示，发电厂汽轮机排汽到凝汽器中后被循环水冷却为凝结水，再由凝结水泵送往低压加热器，凝汽器热水井水面到凝结水泵入口的高度 H = 1.6m，测得凝汽器的真空值 p_v = 93.9kPa，当地大气压力 p_a = 101.1kPa，已知凝结水密度 ρ = 964kg/m³。求凝结水泵进口处的绝对压力和真空值。

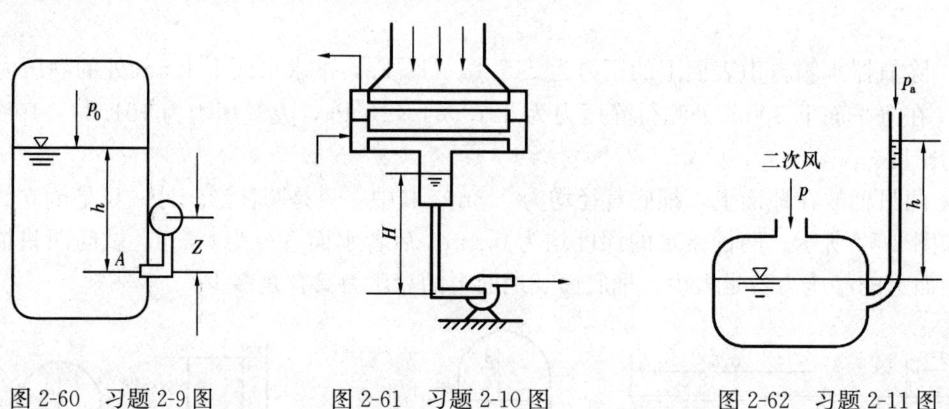

图 2-60 习题 2-9 图　　图 2-61 习题 2-10 图　　图 2-62 习题 2-11 图

2-11 某锅炉的二次风压读数为 h = 80mmH₂O，如图 2-62 所示。求二次风压力为多少帕斯卡？

2-12 如图 2-63 所示，烟囱高度 H = 120m，烟气温度 t = 300℃时，烟气的密度 ρ_s = 0.44kg/m³，空气的密度 ρ_a = 1.29 kg/m³。若烟囱出口处大气压力 p_a = 9.807×10⁴ Pa，求烟囱的抽力为多少？

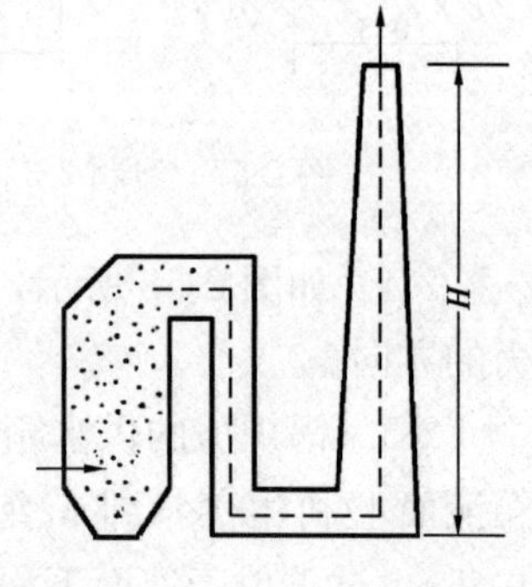

图 2-63 习题 2-12 图

2-13 若真空计上、下水银面高差 h = 0.3m，当地大气压力 p_a = 101.33×10³ Pa，容器 K（图 2-64）内的真空是多少？

2-14 在敞口的连通器内，注有 ρ_1 = 805kg/m³ 和 ρ_2 = 1201kg/m³ 的两种液体，见图 2-65。已知两容器中液面高差 Δh = 0.3m，求高度 h_1 和 h_2。

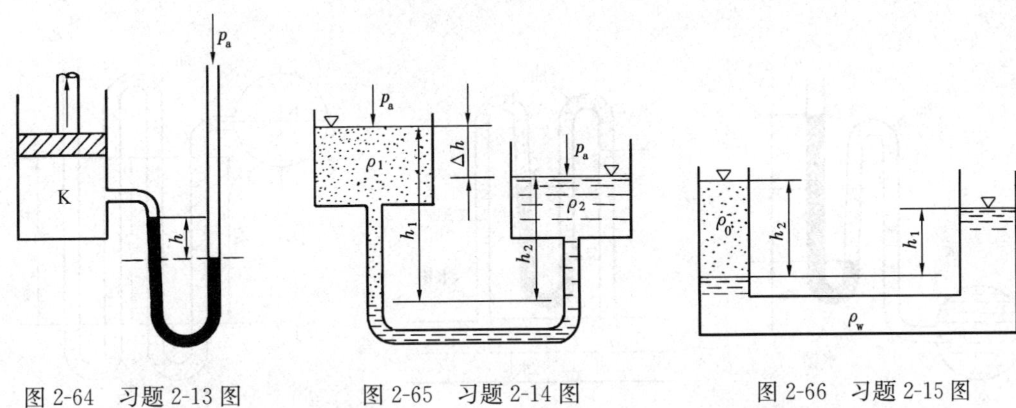

图 2-64　习题 2-13 图　　图 2-65　习题 2-14 图　　图 2-66　习题 2-15 图

2-15　如图 2-66 所示的连通器，两种液体互不混合，一种液体是水，其密度为 ρ_w，另一种液体是未知密度为 ρ_0 的油。已知 $h_1=0.3\text{m}$，$h_2=0.5\text{m}$，求 ρ_0 为多少？

2-16　如图 2-67 所示，为了测量水箱中的水位，将水银差压计的一端与水箱中自由液面以上的空气接通，另一端与输送压缩空气管 MN 接通。MN 管的 N 端浸入液面下的位置距地面 $z=2\text{m}$。若注入的空气恰使 MN 管内水面降至 N 点（此时没有气体从 MN 管逸至自由表面），测得 $\Delta h=20\text{cm}$。问水箱中液面距地面高 z_0 为多少？

2-17　如图 2-68 所示，设水箱中空气的绝对压力 $p_0=14.71\times10^3\text{Pa}$，水面高 $h_0=0.5\text{m}$，当地大气压力为 775mmHg。试确定玻璃管中水银上升的高度 h。

2-18　如图 2-69 所示，U 形差压计与气体容器 K 相连，水银面高差 $h_1=200\text{mm}$，上水银面至差压计中水面高差 $h=500\text{mm}$。试问与容器 K 相连的玻璃管中水面 H 将上升多少？

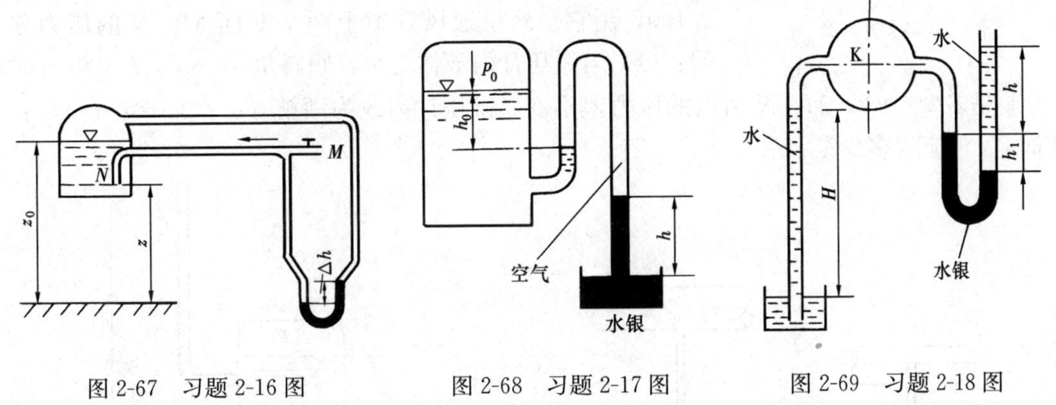

图 2-67　习题 2-16 图　　图 2-68　习题 2-17 图　　图 2-69　习题 2-18 图

2-19　如图 2-70 所示，已知油的密度 $\rho_0=820\text{kg/m}^3$，图中 h 为 200mm，求容器中 K 点的相对压力。

2-20　如图 2-71 所示，管道上 M，N 两点连着两个 U 形差压计，读数 $\triangledown1=1.8\text{m}$，$\triangledown2=1.5\text{m}$，$\triangledown3=1.7\text{m}$，$\triangledown4=1.6\text{m}$。若油的密度 $\rho_0=860\text{kg/m}^3$，试求 M，N 两点的压力差。

2-21　如图 2-72 所示，多管式差压计的一端与容器 K 相连，另一端通大气。设当地大气压力为 750mmHg，且 $h_1=h_2=h_3=500\text{mm}$，油的密度 $\rho_0=910\text{kg/m}^3$。试求气体容器 K 内的绝对压力及相对压力。

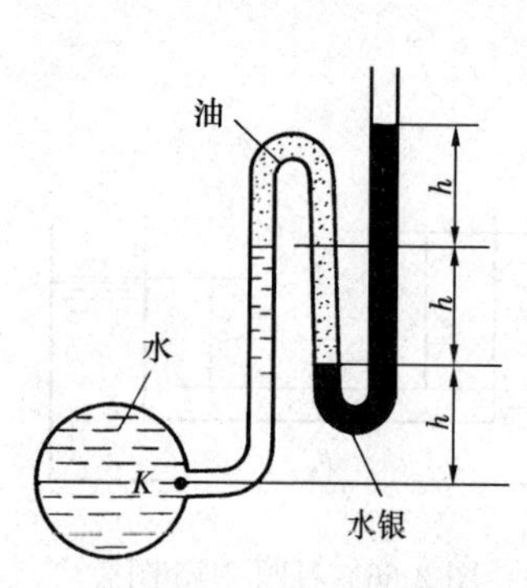

图 2-70 习题 2-19 图

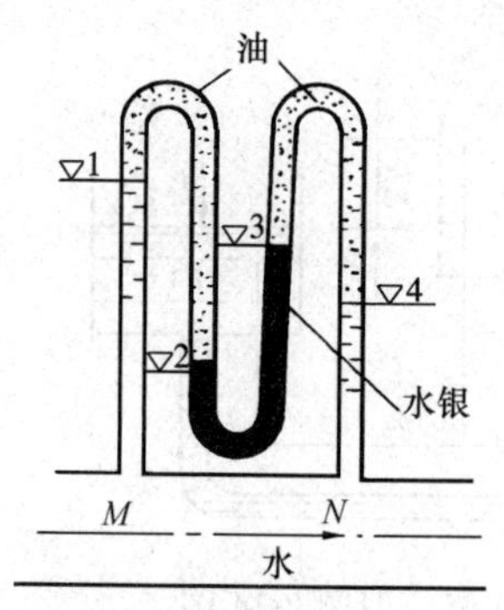

图 2-71 习题 2-20 图

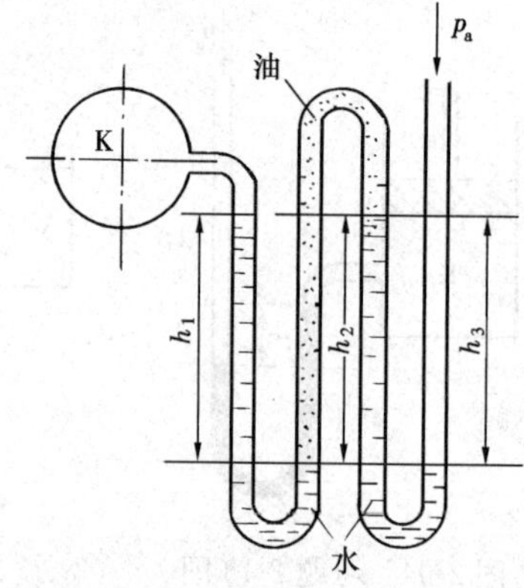

图 2-72 习题 2-21 图

2-22 一个直径为 300mm，高为 500mm 的圆柱形容器中装满了水，当其绕中心轴以 120r/min 旋转时，从容器中溅出的水是多少？容器底部直径为 250m 处的压力是多少？

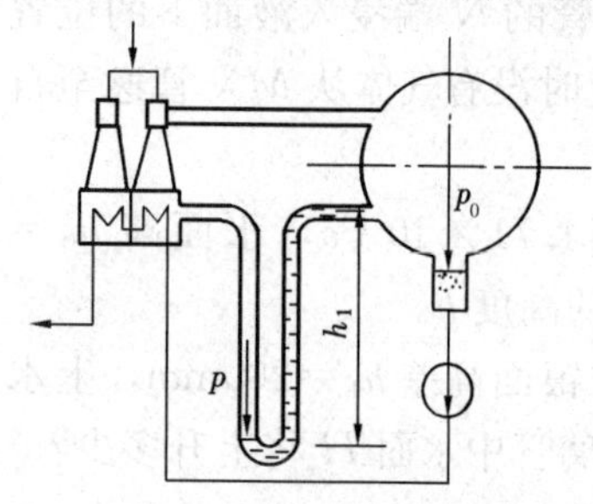

图 2-73 习题 2-23 图

2-23 在图 2-73 中，凝汽器内由射汽式抽汽器维持绝对压力 $p_0=2000\text{Pa}$。抽汽器的疏水靠抽汽器与凝汽器之间的压差输往凝汽器。为了保证绝对压力为 $p=30\times10^3\text{Pa}$ 的蒸汽不至于进入凝汽器，采用 U 形管密封。试问此 U 形管的高度 h_1 应为多少？若采用两只相同的 U 形管串联起来密封，其高度 h_1 又应为多少？

2-24 图 2-74 所示为倾斜微压计，设微压计的 $A_2/A_1=1/100$，用它来测量通风管道上两个断面 M、N 的压力差。问：(1) 若微压计内液体为水，倾斜角 $\alpha=45°$，$l=20\text{cm}$ 时，压力差是多少？(2) M，N 两点的压力差不变，微压计内改为酒精（$\rho_0=800\text{kg/m}^3$），$\alpha=30°$时，l 值应为多少？

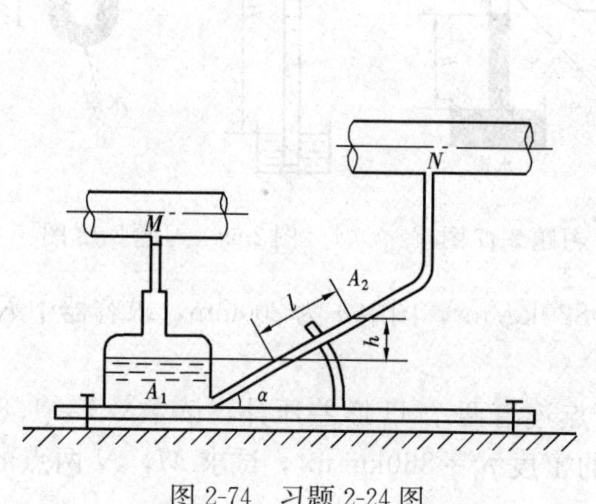

图 2-74 习题 2-24 图

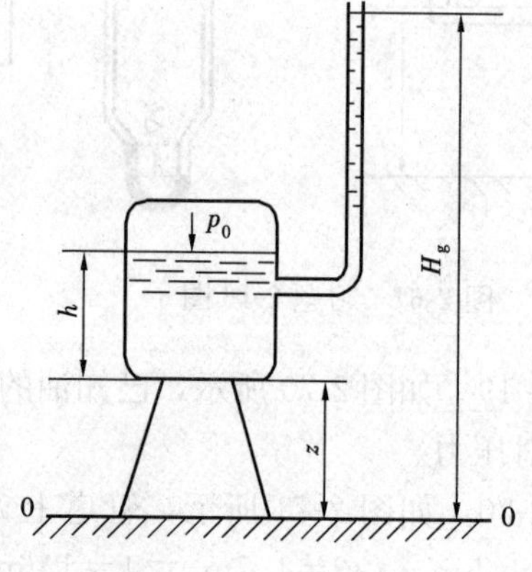

图 2-75 习题 2-25 图

2-25 如图 2-75 所示，有一圆形水箱，充水高度 $h=2\text{m}$，自由表面上的绝对压力 $p_0=196.14\times10^3\text{Pa}$。如果水箱被支架于地面（基准面 0—0）以上的高度 $z=3\text{m}$。已知当地大气压力 $p_a=750\text{mmHg}$，试求水箱内水的静力能头 H 和测压管能头 H_g。

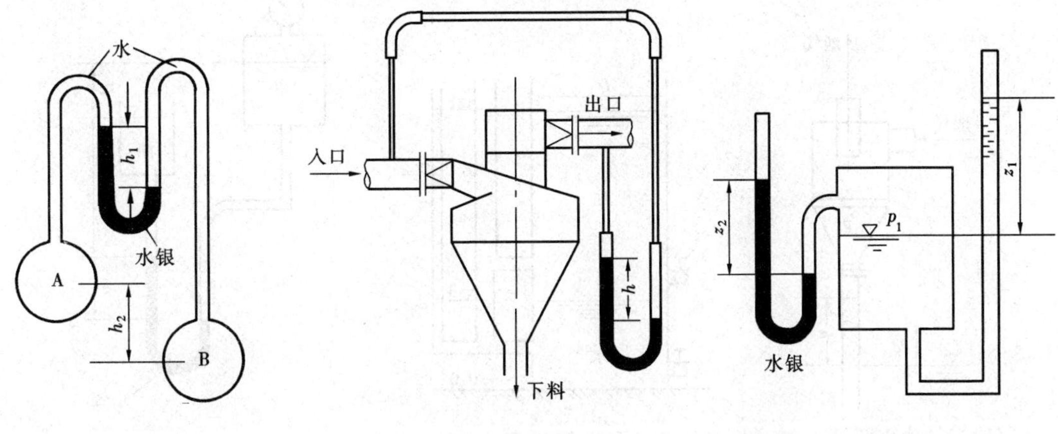

图 2-76 习题 2-26 图 图 2-77 习题 2-27 图 图 2-78 习题 2-28 图

2-26 如图 2-76 所示，已知 $h_1=0.3\text{m}$，$h_2=0.5\text{m}$，试求 A、B 两容器中心的压力差。

2-27 如图 2-77 所示，利用差压计可测定旋风分离器的阻力（即设备入口与出口气流的压力差），实测差压计中液面高度差 $h=51\text{mmH}_2\text{O}$，求压力差 Δp。

2-28 如图 2-78 所示，在封闭管端完全真空的情况下，水银柱差 $z_2=50\text{mm}$。求盛水容器液面的绝对压力 p_1 和水面高度 z_1。

2-29 有一煤粉炉二次风管，用微压计测量气流的全压与静压之差，如图 2-79 所示。未测时，U 形管倾斜微压计中水位在 0—0 水平面，测量时，读得 $L=30\text{mm}$，$\theta=10°$，求压力差。

2-30 在图 2-80 中，采用复式水银测压计测量容器中液面压力，已知▽1＝1.5m，▽2＝0.2m，▽3＝1.2m，▽4＝0.4m，▽5＝2.1m，求容器内自由液面上的内压力 p_0。

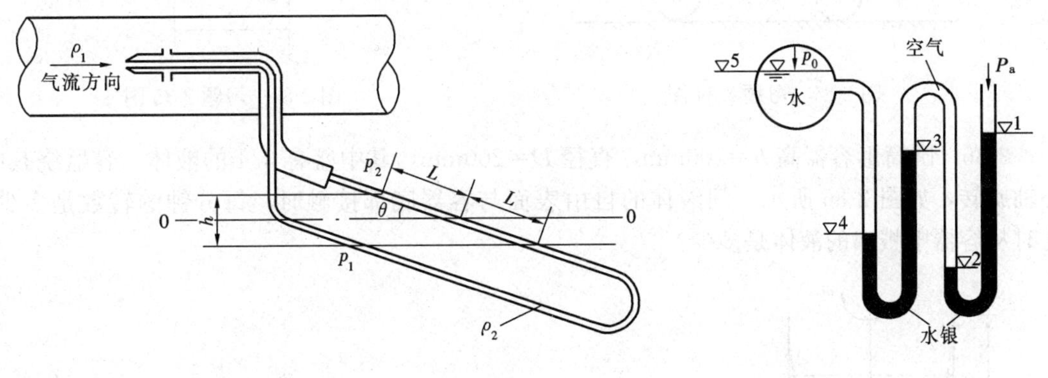

图 2-79 习题 2-29 图 图 2-80 习题 2-30 图

2-31 图 2-81 中，旋风除尘器下端出灰口插入水中密封，使其内部与大气分隔开，同时不妨碍正常出灰。在相对压力 $p=-980.7\text{Pa}$ 时，灰水的密度为 $\rho=1060\text{kg/m}^3$，问旋风除尘器出灰口密封水高度 h 能够升高多少毫米？

2-32 图 2-82 中，圆柱液体澄清池上部为油，下部为水，测得▽1＝1.6m，▽2＝1.4m，▽3＝0.5m，澄清池直径 $D=0.4\text{m}$，求油的密度和质量。

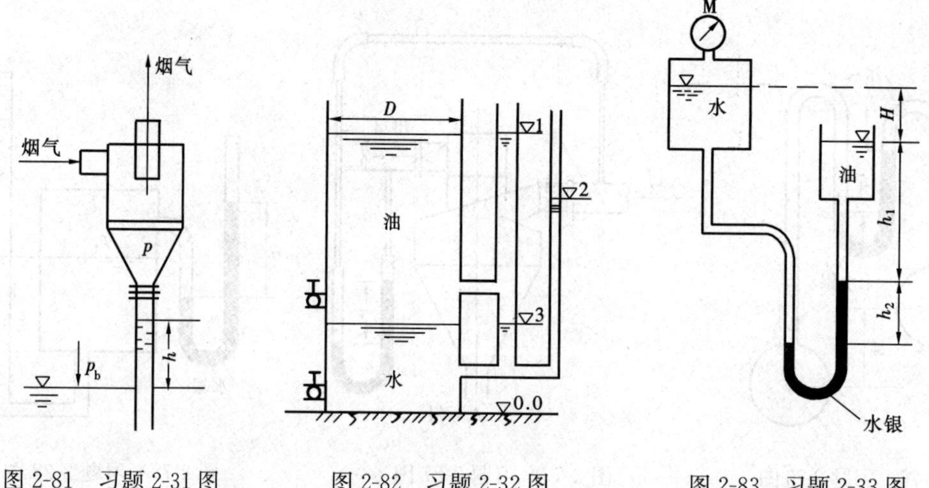

图 2-81 习题 2-31 图　　图 2-82 习题 2-32 图　　图 2-83 习题 2-33 图

2-33 图 2-83 中，已知水箱真空表 M 的读数为 0.98kPa，水箱与油箱的液位高差 $H=1.5\text{m}$，水银柱高差 $h_2=0.2\text{m}$，油的密度 $\rho=800\text{kg/m}^3$，求 h_1 为多少？

2-34 有一个开口的矩形水箱，如图 2-84 所示，长 $l=5\text{m}$，宽 $b=2.4\text{m}$，高 $h=1.5\text{m}$，箱中装满了水。当汽车以 $a=2\text{m/s}^2$ 的加速度行驶时，问将从箱内溅出多少水？

2-35 如图 2-85 所示，为了测量物体运动的加速度，利用装有液体的 U 形管和物体一起运动。已知：$l=30\text{cm}$，$h=5\text{cm}$，试求物体运动的加速度是多少？

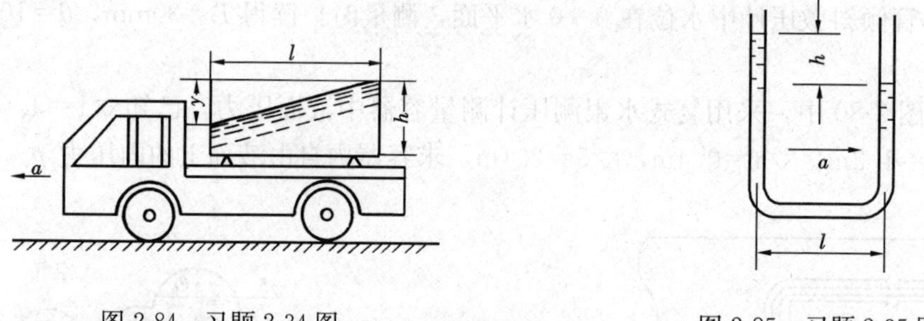

图 2-84 习题 2-34 图　　图 2-85 习题 2-35 图

2-36 圆筒形容器高 $h=300\text{mm}$，直径 $D=200\text{mm}$，其中盛有 3/4 的液体。容器绕其中心轴旋转，如图 2-86 所示。问液体的自由表面与容器底部接触时，每分钟的转数是多少？此时从容器中溅出的液体是多少？

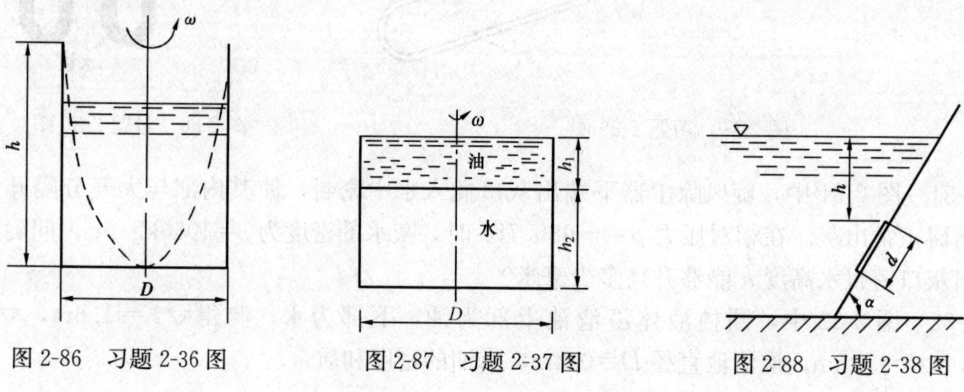

图 2-86 习题 2-36 图　　图 2-87 习题 2-37 图　　图 2-88 习题 2-38 图

2-37 一盛满两种液体的容器绕其中心轴旋转，如图 2-87 所示。容器的尺寸如下：D=200mm，h_1=25mm，h_2=50mm。试确定容器内油全部溢出时，每分钟的最小转数是多少？

2-38 如图 2-88 所示，已知：$h=3$m，$d=2$m，$\alpha=60°$。求圆形平板闸门上水的总压力。

2-39 如图 2-89 所示，有一平板 MN，宽 1m，倾斜角 $\alpha=45°$，左侧水深 h_1=3m，右侧水深 h_2=2m。求此平板上的总压力。

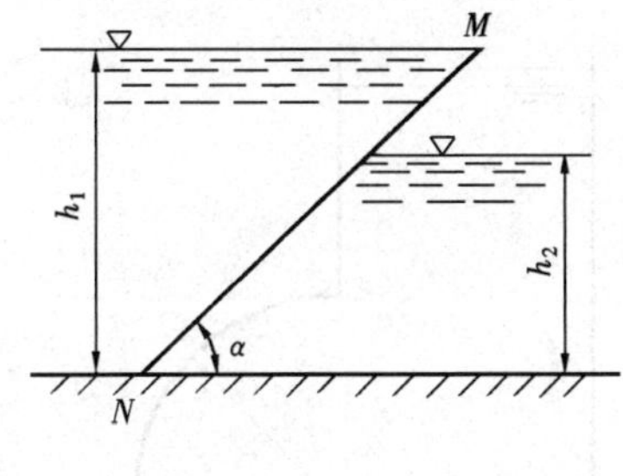

图 2-89 习题 2-39 图

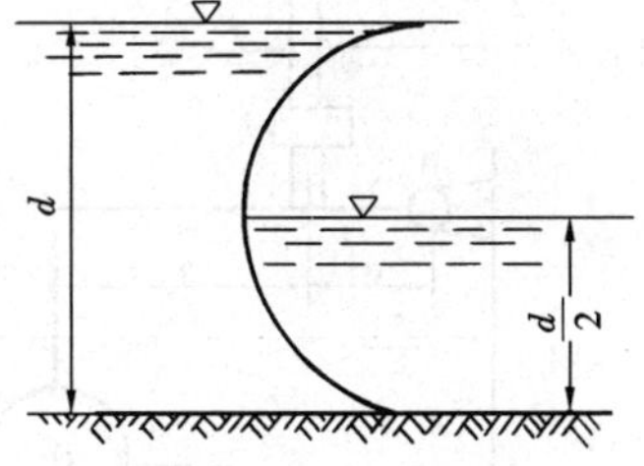

图 2-90 习题 2-40 图

2-40 如图 2-90 所示，已知圆柱体母线长度 b=1m，左侧水深等于 d，右侧水深等于 $\frac{d}{2}$。试求 d=3m 的半圆柱形两侧受压曲面上的合力大小及方向。

2-41 如图 2-91 所示，循环水入口管路上安装一矩形闸门 AB，水深 H=13m，闸门高 h=3m，宽 b=2m（垂直纸面），问：

（1）闸门关闭，右侧无水，作用于闸门上的总压力为多少？

（2）闸门关闭，右侧有水，水深 h=3m，作用于闸门上的总压力为多少？

2-42 如图 2-92 所示，已知水深 h=1.5m，闸门自重 G=2440N，闸门宽 b=3m，闸门与滑道间的摩擦系数 f=0.3。试求升起承受水压的平板闸门所需的力 F。

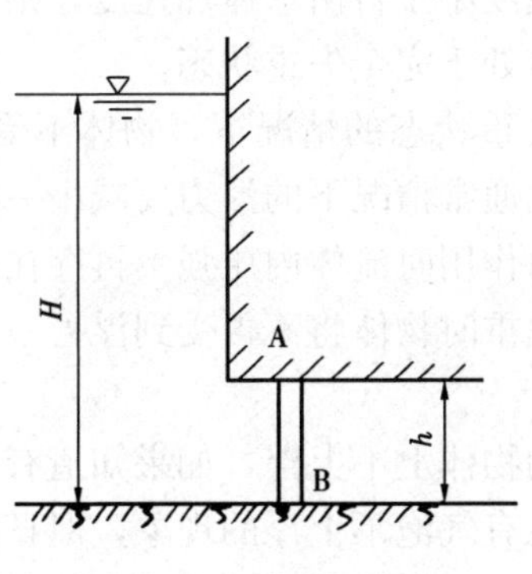

图 2-91 习题 2-41 图

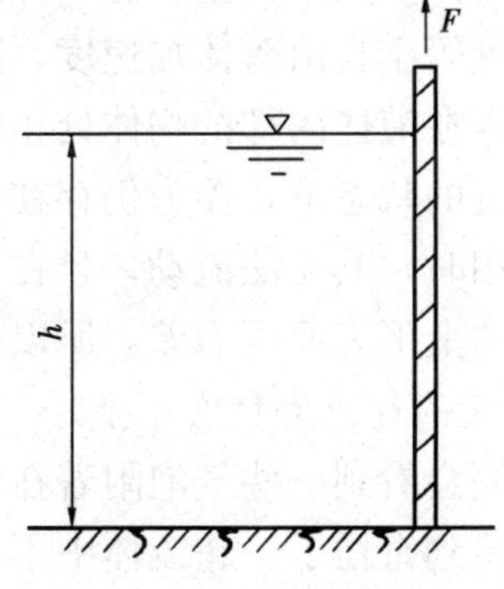

图 2-92 习题 2-42 图

2-43 图 2-93 所示为浮子式自动进水器，水在压力 p_1 的作用下，从直径 d=15mm 的管子中流入水箱，杠杆在 A 端用铰链连接。已知：a=100mm，b=50mm，p_1=24.5kPa。杠杆、闸门及浮子本身的重量不计，球的体积计算公式为 $V=\pi D^3/6=0.523\ 3D^3$，试求在水箱灌满水时，利用浮力能将闸 K 自动关闭的球形浮子的最小直径 D 为多少？

2-44 一石块在空气中重 400N，当它沉在水中时重 222N，试计算该石块的体积和密度。

2-45 一矩形体，长 203.2mm，宽 203.2mm，高 406.4mm，在水下称得重量为 48.93N，问它在空气中的重量是多少?

2-46 储液容器如图 2-94 所示，AB 为 1/4 的圆柱曲面，半径 $R=0.4\text{m}$，宽度 $b=1\text{m}$，内注有密度 $\rho=900\text{kg/m}^3$ 的液体，深度 $h=1.2\text{m}$，求曲面 AB 所受的水平分力和垂直分力。

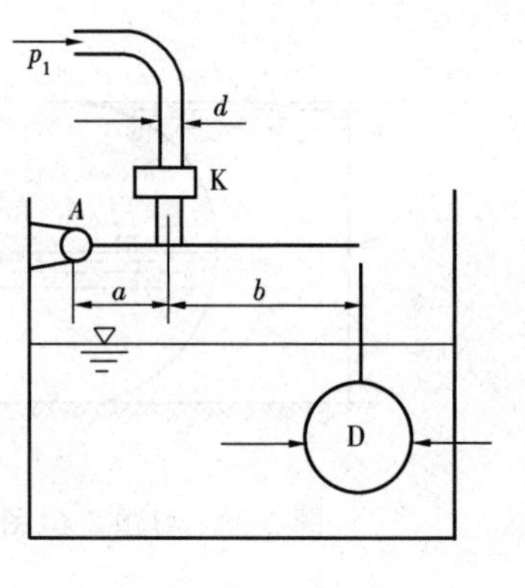

图 2-93 习题 2-43 图

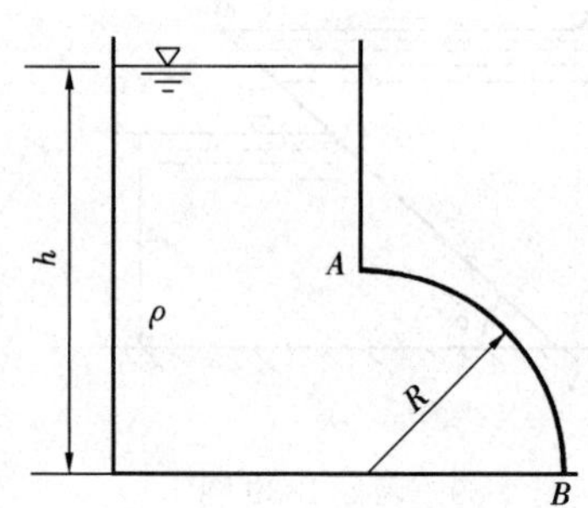

图 2-94 习题 2-46 图

一、浮力的答疑解惑

1. 失重状态下是否还有浮力

失重状态有两种情况：一是完全失重，二是不完全失重。在地球表面附近，当物体有向下的加速度时，物体即处于失重状态，如果加速度小于自由落体加速度，则处于不完全失重状态，如果加速度等于自由落体加速度，则物体处于完全失重状态。

当液体和浸入在液体内部的物体处于完全失重状态的情况下，物体不受到浮力的作用；而处于不完全失重的状态下，浮力仍存在，但比通常情况下的浮力要减小一些。这是由于当液体不受重力作用时，其无法流动，且在无重力作用时流体内压强不再存在，而浮力产生的原因是物体受到的上下表面压力差，所以完全失重时物体将不再受到浮力。

2. 附着在水底的气泡为什么不上浮

很多时候我们会看到一些气泡附着在水下的物体上不上浮，如果知道有关“黏滞性”的知识的话就不会感到奇怪了。超流体中不会出现有气泡不上浮的现象，但日常所见的水不是超流体，水是有黏滞性的，虽然水的黏滞性很小，一般情况下小于浮力。小气泡不会上浮，是由于水分子与容器壁间具有一种相互吸附的力，这个力十分微小，浮力总是比它要大的。

加热的水中会产生气泡，是因为随着水温的升高，水对空气的溶解能力下降，饱和后多余的空气被析解出来并聚集形成气泡。在此过程中，由于容器壁是粗糙的，气泡很容易首先被吸附在容器壁上，如果没有浮力作用，这些气泡将会永远被吸附在同一位置上，直到气泡中的空气被再次溶解。新倒入杯中的可乐，杯壁上会有很多气泡，一段时间后，杯壁上的气泡会消失。因为压力减小，而溢出的二氧化碳在敞口杯中是不可能被二次溶解的，这是因为水的黏滞性和粗糙的容器壁的吸附力能让小气泡暂时升不起来，但这并不证明它们没受浮力作用。只要时间足够长，浮力最终是会战胜其他力的效应，把气泡推上来的。

3. 同一物质间是否存在浮力作用

没有其他物体的时候，只要有密度差，热水和冷水间也是有浮力作用的，否则热循环就是不可能的。热对流的产生就是由于热水密度比冷水小，所以被冷水的浮力推上来了。当然，热量除了对流之外还有扩散、辐射等多种传播方式，所以位于容器上部的“热得快”能加热到底部的水是很正常的，即使流体中没有其他物体，只要有密度差、有引力，就有浮力现象。

4. 位于容器底部的物体是否仍然受浮力作用

一个位于容器底面并和容器底面密切接触的物体，它只能受到作用于物体表面的液体压力，这个物体不受浮力作用。

上面这段话并不是完全正确的，它成立需要两个条件：

（1）物体的侧表面必须是竖直或向内倾斜的，不能向外倾斜；

（2）物体的下表面必须在技术上保证与容器底紧密接触，不能有液体渗入其间。

沉在水底的物体实际上是受到三个力的作用：水的浮力、容器对它的支持力、自身重力，这时受力情况为

$$F_{浮} + F_{支} = G_{物}$$

当然如果物体是在水底与容器接触的地方没有空气时，那么物体就没有受到水的浮力作用。

5. 解释不同液体间的分层现象

不同液体间的分层现象仍是浮力作用的结果，其根本原因是不同液体的密度不同，而不分层的混合液如果没有相互溶解，可能就是它们的密度极其接近，这和水中气泡暂时不上浮的现象是类似的。静置一段时间，或者用离心机加速度强化重力效应，它们是能够被沉淀或分离出层次来的。

二、表面张力的测量方法

作用于液体表面使液体表面积缩小的力，称为液体表面张力。它产生的原因是液体跟气体接触的表面存在一个薄层，称为表面层。表面层里的分子比液体内部稀疏，分子间的距离比液体内部大一些，分子间的相互作用表现为引力，就像要把弹簧拉开些，弹簧反而表现出具有收缩的趋势。

测量表面张力的仪器称为表面张力仪。根据测试原理的不同表面张力仪可分为铂金环法和铂金板法两种。

铂金环法是一种传统的测试方法，从发明到现在有约 70 年的时间。它是用直径 0.37mm 的铂金丝做成周长为 60mm 的环。测试时先将铂金环浸入液面下 2～3mm，然后再慢慢将铂金环向上提，环与液面会形成一个膜。膜对铂金环会有一个向下拉的力，测量整个铂金环上提过程中膜对环的所作用的最大力值，再换算成真正的表面张力值。由于这种方法测试起来比较麻烦，测试误差也比较大，已迅速被铂金板法所取代。

铂金板法应用的历史在国外也不到 20 年，进入国内就更晚了。基于铂金板法的表面技术要求高、制造难度大，近几年才真正被国内用户广泛使用。铂金板法是用 24mm×10mm×0.1mm 的铂金板，表面进行喷砂粗化处理，为的是更好地与被测液体润湿。测试时

将铂金板轻轻地接触到液面（或界面），由于液体表面张力的作用会将铂金板往下拉，当液体的表面张力及其他相关的力与仪器测试的反向的力达到平衡时，测试值就稳定不变，如果是蒸馏水、乙醇等纯物质，整个测试过程最快只有几秒钟。

铂金板法测量的是液体的表面张力的平衡值，铂金环法测试的是液体的表面的最大力值。

第三章　理想流体流动的基本规律

第一节　描述流体流动的方法

一、流体流动的特点

在理论力学中，已经研究过质点和刚体的运动。在那里，刚体是被看成由大量质点组成的物体，或者称为质点系。对刚体来说，质点与质点之间的相对位置，被认为不会改变，因此，在运动时刚体形状也是不会改变的。流体与刚体不同，虽然流体也由质点组成，但是质点与质点之间的相对位置是可以改变的，所以，在运动过程中流体的形状也是可以改变的，这种特性就是所谓的流动性。因此，刚体运动规律不完全适用于流体。但是，既然将流体视为大量质点的集合体，力学中关于质点系运动的普遍规律也同样适用于流体，只不过力学定律在液体中的表现形式与它在刚体中的表现形式不同而已。

在理论力学中，刚体的机械运动由平动和旋转运动两部分组成。对流体而言，它的机械运动不仅包括刚体的这两种运动，而且还有变形运动。这种情况是很容易理解的，如水在图 3-1 中的管道内流动时，由于管道断面形状的变化，水在不同位置（1、2、3、4）处，质点的运动轨迹就发生了改变。和刚体比较起来，寻求流体运动学的一般规律自然就更困难了。

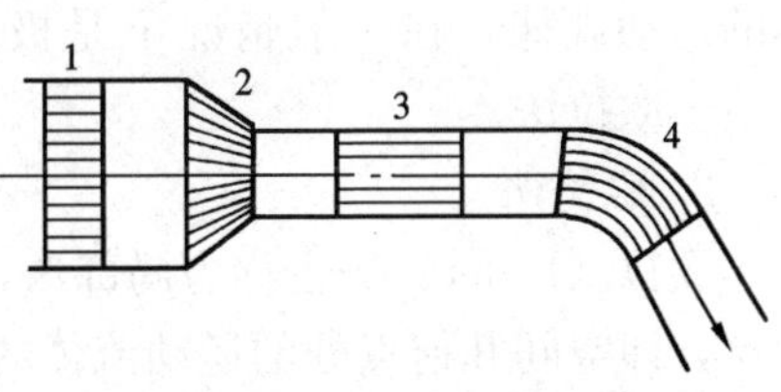

图 3-1　变形运动

二、流体流动的研究方法

研究流体流动的方法有两种，即拉格朗日法和欧拉法。

1. 拉格朗日法

拉格朗日（Lagrange）法也称为随体法，它承袭了理论力学中研究质点运动的方法——跟踪法，将它引进到流体力学中来研究流体质点的运动。这种方法是跟踪每一个流体质点来寻求流体运动规律的。

按照拉格朗日法，运动的任意流体质点在空间的位置（x，y，z）是该点的起始坐标（a，b，c）与时间 t 的函数，即

$$\left.\begin{aligned} x&=x(a,b,c,t)\\ y&=y(a,b,c,t)\\ z&=z(a,b,c,t)\end{aligned}\right\}\tag{3-1}$$

如图 3-2 所示，对于某一确定的流体质点 M，起始坐标 a，b，c 分别为常数，任意时刻该点在空间的位置 M' 将仅仅是时间 t 的函数，式（3-1）就是该点的运动轨迹方程式。对于不同的质点来说，起始坐标（a，b，c）是不相同的，其运动轨迹方程式也是不一样的。根据这种方法，建立轨迹方程式后，将其对时间求一阶导数就能够得到速度，对时间求二阶导数就可以确定加速度，从而掌握整个流体的运动规律。

由于流场中质点众多，各自有不同的运动规律，因此对拉格朗日法作如下处理：

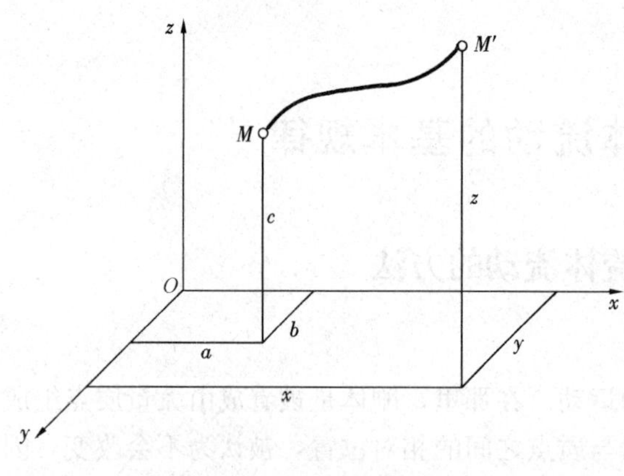

图 3-2 拉格朗日法

(1) 用每个流体质点在观察开始时刻($t=0$)的坐标值对流体质点进行编号。

(2) 找出每一个流体质点的位移随时间变化的规律——流体质点的轨迹。

(3) 将轨迹方程对时间求导数，以求流点的速度和加速度。

其他的力学参数(如压力 p、密度 ρ 等)也可用同样的方式处理。这种方法用在刚体运动中，只需确定很少的几个点就能求解。例如：夜间行驶的一辆汽车，我们用摄像机拍下它前灯、尾灯的光点(4点)运动情况，则此车的加减速、转弯、上下坡，以及侧滑、翻转等均可准确描述，而且车上的任一定点(例如驾驶盘的中心)的轨迹、速度、加速度均可求出，这是因为刚体内各点的相对位置是不变的。而流体问题则复杂得多，只有在很少的一些课题上，如波浪运动，潜艇在水下发射导弹，气象探空气球等，才用此种方法。由此可见，采用拉格朗日法来研究流体的运动规律，在一般情况下是极其困难的，因而很少采用。通常，我们采用另一个方法——欧拉法。

2. 欧拉法

欧拉(Euler)法也称为局部法，它不是追踪每个流体质点，而是研究流场中的每个坐标点，即空间几何点处的运动流体的物理参数随时间的变化规律。也就是说，欧拉方法是将整个流场用三维的网格分成无数的小区域(空间点)，在每个点上测试记录一个流体质点通过每一个空间点时的速度、加速度以及压力、密度等。汇集同一时刻所有空间点的记录值，即可描绘出这一时刻流场的动态，再把各时刻的动态连续地综合起来，就可描绘出整个流场的全部运动状态。

在欧拉法中，流体质点从什么地方开始运动，又会经过哪里，到达什么位置，都没有给予直接的解答，它只确定流体质点的运动参数随时间及空间位置的变化关系。因此，流场中流体质点的速度 U 及其在直角坐标系中的分量 u，v，w 均可以表示为空间坐标(x，y，z)和时间 t 的函数，即

$$U=U(x, y, z, t) \tag{3-2}$$

写成投影式为

$$\begin{aligned} u&=u(x, y, z, t) \\ v&=v(x, y, z, t) \\ w&=w(x, y, z, t) \end{aligned} \tag{3-3}$$

同理，其他物理参数也可表示为

$$\begin{aligned} p&=p(x, y, z, t) \\ \rho&=\rho(x, y, z, t) \end{aligned} \tag{3-4}$$

在以上各式中，我们将 x，y，z 视为自变量(通常称为欧拉变数)，t 作为参变量。对某一时刻而言，这些函数表示速度、压力、密度在流场空间的分布规律。若对于某一特定点(该点坐标 x，y，z 是某定值)，这些函数又反映出在该点处速度、压力、密度随时间变化的规律。

根据流体连续介质假说，可知这些函数都是空间坐标(x，y，z)和时间 t 的连续可微

函数。

如图 3-3 所示，设有一个流体质点 N 在流场中的速度 $U=U(x,\ y,\ z)$ 轨迹运动，它的参数方程是 $x=x(t)$，$y=y(t)$，$z=z(t)$，则

$$\begin{aligned} u&=u(x,\ y,\ z,\ t)=\mathrm{d}x/\mathrm{d}t \\ v&=v(x,\ y,\ z,\ t)=\mathrm{d}y/\mathrm{d}t \\ w&=w(x,\ y,\ z,\ t)=\mathrm{d}z/\mathrm{d}t \end{aligned} \tag{3-5}$$

若对这组微分方程积分求解，即可得到质点的运动轨迹。

将速度函数对时间求全导数，即得加速度

$$a_x=\frac{\mathrm{d}U}{\mathrm{d}t}=\frac{\partial u}{\partial t}\cdot\frac{\mathrm{d}t}{\mathrm{d}t}+\frac{\partial u}{\partial x}\cdot\frac{\mathrm{d}x}{\mathrm{d}t}+\frac{\partial u}{\partial y}\cdot\frac{\mathrm{d}y}{\mathrm{d}t}+\frac{\partial u}{\partial z}\cdot\frac{\mathrm{d}z}{\mathrm{d}t}$$

将式（3-5）代入上式，则

$$a_x=\frac{\partial u}{\partial t}+u\frac{\partial u}{\partial x}+v\frac{\partial u}{\partial y}+w\frac{\partial u}{\partial z}$$

同理 $$a_y=\frac{\partial v}{\partial t}+u\frac{\partial v}{\partial x}+v\frac{\partial v}{\partial y}+w\frac{\partial v}{\partial z} \tag{3-6}$$

$$a_z=\frac{\partial w}{\partial t}+u\frac{\partial w}{\partial x}+v\frac{\partial w}{\partial y}+w\frac{\partial w}{\partial z}$$

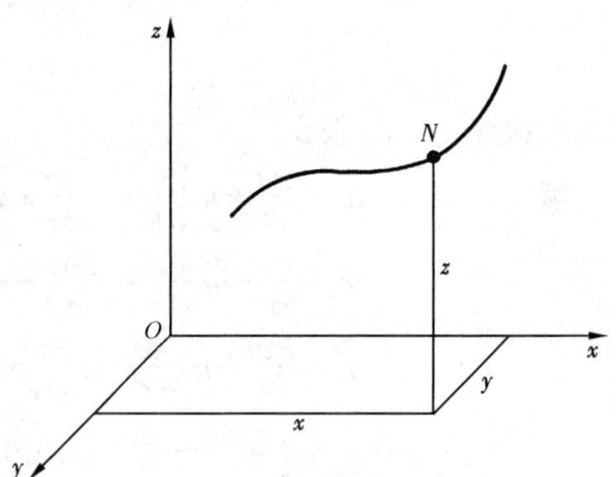

图 3-3　欧拉法

由此可见，在整个流动的空间，只要掌握了许多不同位置处流体质点的运动要素随时间变化的规律（N 点的速度变化规律），整个流体的流动情况也就一目了然了，与运动有关的各种问题都可以得到圆满的解决，如上述分析可得到同一时刻在不同空间点处的速度分布规律，对时间取一阶导数，便可得到充满流体的整个空间内加速度的分布规律。

现在进一步考察加速度方程的物理意义。对 x 方向的加速度 a_x，$\partial u/\partial t$ 是流点在（x，y，z）位置上，由于时间 t 的延续，引起的速度 u 的变化率，此项称为当地加速度（或时变加速度）。

$u\dfrac{\partial u}{\partial x}+v\dfrac{\partial u}{\partial y}+w\dfrac{\partial u}{\partial z}$恢复其原来的表达形式，即

$$\frac{\partial u}{\partial x}\cdot\frac{\mathrm{d}x}{\mathrm{d}t}+\frac{\partial u}{\partial y}\cdot\frac{\mathrm{d}y}{\mathrm{d}t}+\frac{\partial u}{\partial z}\cdot\frac{\mathrm{d}z}{\mathrm{d}t}$$

左边的第一项$\dfrac{\mathrm{d}x}{\mathrm{d}t}\cdot\dfrac{\partial u}{\partial x}$可理解为：由于时间变化 $\mathrm{d}t$，流体质点在 x 方向位移 $\mathrm{d}x$，其变化率为 $\mathrm{d}x/\mathrm{d}t$（即 x 方向的速度 u_x）；由于产生方向位移 $\mathrm{d}x$，因此流体质点在 x 方向的速度 u 也产生了变化，其变化率为 $\partial u/\partial x$。故此项是流体质点在 x 方向产生微元位移，而引起的速度 u 的变化率——加速度。

同理，第二项$\dfrac{\mathrm{d}y}{\mathrm{d}t}\cdot\dfrac{\partial u}{\partial y}$及第三项$\dfrac{\mathrm{d}z}{\mathrm{d}t}\cdot\dfrac{\partial u}{\partial z}$可理解为流体质点在 y 方向和 z 方向产生微元位移而引起的速度 u 的变化率。

综上所述，由于时间的变化，流体质点的位置产生迁移，这个位移导致 x 方向速度 u 发生变化。三项之和表示由于流体质点的迁移，在 x 方向产生的速度变化率，称为迁移加速度，或称为位变加速度。

同理，流场的其他物理参数如 p，ρ 的变化率为

$$\frac{\mathrm{d}p}{\mathrm{d}t}=\frac{\partial p}{\partial t}+u\frac{\partial p}{\partial x}+v\frac{\partial p}{\partial y}+w\frac{\partial p}{\partial z}$$

$$\frac{\mathrm{d}\rho}{\mathrm{d}t}=\frac{\partial \rho}{\partial t}+u\frac{\partial \rho}{\partial x}+v\frac{\partial \rho}{\partial y}+w\frac{\partial \rho}{\partial z} \tag{3-7}$$

【例 3-1】 设一流场中的速度方程为

$$u=\frac{x-a}{t}$$

$$v=0$$

$$w=\frac{z-b}{t}-\frac{gt}{2}$$

求其加速度 a_x，a_y 及 a_z。

解

$$a_x=\frac{\partial u}{\partial t}+u\frac{\partial u}{\partial x}+v\frac{\partial u}{\partial y}+w\frac{\partial u}{\partial z}=-\frac{x-a}{t^2}+\frac{x-a}{t}\frac{1}{t}+0+w\times 0=0$$

$$a_y=\frac{\partial v}{\partial t}+u\frac{\partial v}{\partial x}+v\frac{\partial v}{\partial y}+w\frac{\partial v}{\partial z}=0+u\times 0+0\times 0+w\times 0=0$$

$$a_z=\frac{\partial w}{\partial t}+u\frac{\partial w}{\partial x}+v\frac{\partial w}{\partial y}+w\frac{\partial w}{\partial z}$$

$$=\left(\frac{z-b}{t^2}-\frac{g}{2}\right)+u\times 0+0\times 0+\left(\frac{z-b}{t}-\frac{gt}{2}\right)\frac{1}{t}=-g$$

建议将此题与理论力学中的斜抛落体方程进行比较，可以更深刻地理解其物理意义。

【例 3-2】 在一个截面逐渐扩大的管道中（见图 3-4），在截面 1 处的速度 $u_1=3\mathrm{m/s}$，在截面 3 处的速度 $u_3=1.5\mathrm{m/s}$，在这段管段中，流体速度沿程是均匀增加的，扩散段长 $L=0.08\mathrm{m}$，求扩散管中点 2 处的迁移加速度。

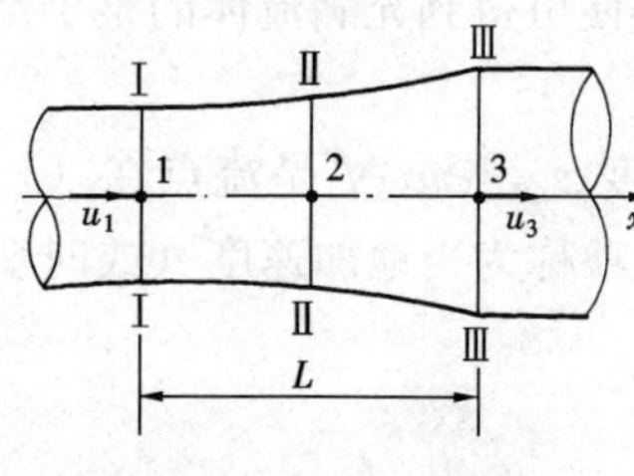

图 3-4 ［例 3-2］图

解 分析轴线上流点的运动，u_1 与 u_3 都是常量，不随时间变化，故 $\partial u/\partial t=0$。轴线上的流点只有 x 方向的运动，故 $v=0$，$w=0$。总加速度为 a_x，则

$$a_x=u\frac{\partial u}{\partial x}=u\frac{\mathrm{d}u}{\mathrm{d}x}$$

由于渐扩段中流体是均匀加速的，故

$$\frac{\mathrm{d}u}{\mathrm{d}x}=\frac{\Delta u}{L}=\frac{u_3-u_1}{L}=\frac{1.5-3.0}{0.08}=-18.75\ (\mathrm{s}^{-1})$$

则 2 点处的迁移加速度（也是总加速度）

$$a_x=u\frac{\mathrm{d}u}{\mathrm{d}x}=\frac{u_1+u_3}{2}\cdot\frac{\mathrm{d}u}{\mathrm{d}x}=\frac{1.5+3.0}{2}\times(-18.75)=-42.2(\mathrm{m/s^2})$$

a_x 的方向与 x 轴方向相反，即 a_x 是制动（使流体减速）加速度。而此迁移加速度约为重力加速度（$g=9.8\mathrm{m/s^2}$）的 4.3 倍。

第二节 迹线与流线

一、迹线

流体质点在一段时间内的运动轨迹，称为**迹线**。

流场中每个质点均有各自的迹线，众多的迹线形成曲线簇，这组曲线簇可将流场流动规律显示出来，这就是拉格朗日法的研究依据。

如图 3-5 所示，在流动的流体中任意取一个流体质点 M_0，经过时间 t_1 后，该质点运动到 M_1，经过时间 t_2 后，该质点运动到 M_2，以此类推。把质点 M 在不同时刻所在的位置用一条光滑的曲线连接起来，这条曲线就是迹线。流体流动过程中，一条迹线对应流体一个质点的运动轨迹。拉格朗日法就是通过对迹线的研究，从而得出流体的运动要素。

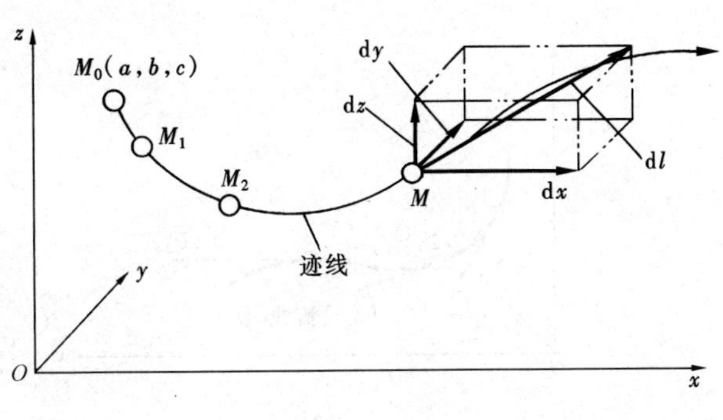

图 3-5　迹线

迹线方程是以时间为自变量，以初始时刻 $t=0$ 时流场中位于（a，b，c）（参变量）处的某流体质点作为研究对象，描述该质点在不同时刻所处的空间位置（x，y，z）的运动规律。

设流体质点 M_0（a，b，c）在 t 时间的空间位置是 M（x，y，z），如图 3-5 所示，此时流体质点的速度为

$$u=u(x,y,z,t)$$
$$v=v(x,y,z,t)$$
$$w=w(x,y,z,t)$$

经过时间 $\mathrm{d}t$，该质点从 M 点出发产生 $\mathrm{d}l$ 的位移，$\mathrm{d}l$ 在轴向上的分量分别为 $\mathrm{d}x$，$\mathrm{d}y$，$\mathrm{d}z$，则

$$\mathrm{d}x=u\mathrm{d}t,\ \mathrm{d}y=v\mathrm{d}t,\ \mathrm{d}z=w\mathrm{d}t$$

所以

$$\mathrm{d}x/\mathrm{d}t=u(x,y,z,t)$$
$$\mathrm{d}y/\mathrm{d}t=v(x,y,z,t)$$
$$\mathrm{d}z/\mathrm{d}t=w(x,y,z,t)$$

或

$$\mathrm{d}x/u=\mathrm{d}y/v=\mathrm{d}z/w=\mathrm{d}t$$

上式为迹线方程的微分形式。

二、流线

1. 流线的定义

流线是表示流场中同一时刻一系列连续质点流动方向的空间曲线。因此，流线是连续质点的瞬时流动方向线。流线上所有质点在某一时刻的流速方向都与该曲线相切，即流线各点的切线方向就是各点上流体质点的流速方向。

流场中同样存在着无数的流线，称为流线簇。流线簇组成的图形称为该时刻的流谱。流谱图使某时刻流场的流动情况一目了然，能清楚地看出流动趋势和速度方向。

如图 3-6（a）所示，在流体流动的空间里，某一时刻 t，任意一点 1 处流体质点的流速为 $\vec{U}_1$ 在向量 $\vec{U}_1$ 上离 1 点 Δl_1 处取点 2，该点处流体质点在同一时刻的流速为 $\vec{U}_2$；再在向量 $\vec{U}_2$ 上距 2 点为 Δl_2 处取点 3，3 点处流体质点在同一时刻的速度为 $\vec{U}_3$；如此类推，可得到折线 1—2—3…当距离 Δl 趋近于零时，折线变为一条光滑的曲线，这条曲线就是流线。

流线方程中，流体质点的坐标（x，y，z）是自变量，时间是参变量（在确定的时刻，它是常数，在另外的确定时刻，它是另一个常数），即速度 U 及其空间三维分量 u，v，w，

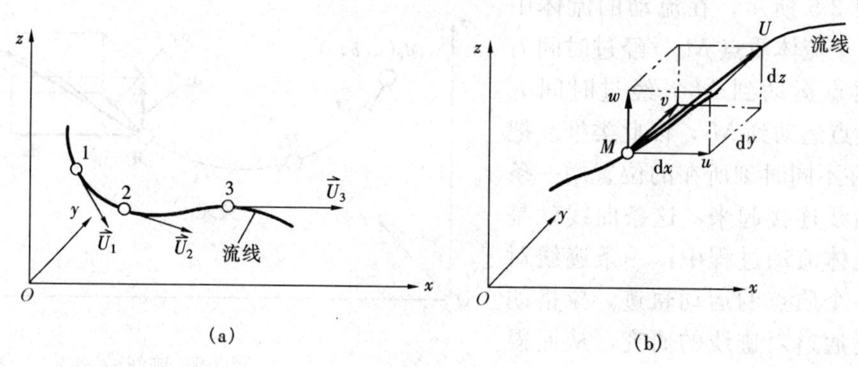

图 3-6　流线

是坐标（x，y，z）的函数。

图 3-6（b）中，在点 M（x，y，z）处取一微元流线段 $\mathrm{d}L$，它在三个轴向的投影分别为 $\mathrm{d}x$，$\mathrm{d}y$ 和 $\mathrm{d}z$，故

$$\mathrm{d}x=\mathrm{d}L\cos\alpha,\ \mathrm{d}y=\mathrm{d}L\cos\beta,\ \mathrm{d}z=\mathrm{d}L\cos\gamma$$

或

$$\mathrm{d}x/\mathrm{d}L=\cos\alpha,\ \mathrm{d}y/\mathrm{d}L=\cos\beta,\ \mathrm{d}z/\mathrm{d}L=\cos\gamma$$

在 M 点处，速度 U 与流线 L 相切，故 U 与 $\mathrm{d}L$ 方向相同，即

$$u=U\cos\alpha,\ v=U\cos\beta,\ w=U\cos\gamma$$

或

$$u/U=\cos\alpha,\ v/U=\cos\beta,\ w/U=\cos\gamma$$

综合上式，得

$$u/U=\mathrm{d}x/\mathrm{d}L,\ v/U=\mathrm{d}y/\mathrm{d}L,\ w/U=\mathrm{d}z/\mathrm{d}L$$

所以

$$\mathrm{d}x/u=\mathrm{d}y/v=\mathrm{d}z/w=\mathrm{d}L/U=\text{常数} \tag{3-8}$$

或

$$\begin{aligned} u\mathrm{d}y-v\mathrm{d}x&=0\\ v\mathrm{d}z-w\mathrm{d}y&=0\\ w\mathrm{d}x-u\mathrm{d}z&=0 \end{aligned} \tag{3-9}$$

这是流线方程的微分形式。

需要注意以下两点：

(1) 在 u（x，y，z，t），v（x，y，z，t）及 w（x，y，z，t）函数式中的 t 是参变量，即在微分和积分运算中是常数，在运算之后作为常数代入方程求值。

(2) 式（3-9）中有三个方程联立，但其中只有两个（任意两个）是独立的。

2. 流线的性质

(1) 流线不能相交（奇点除外）或突然转折（除流线上存在速度为零的点，并再获得新的流速）。因为流场中任一流体质点只有一个速度方向（质点所在曲线的切线方向），流线不论是相交或转折，在交点或转折点处流体质点势必同时具有两个流速方向，即该点的流速必须同时和两条流线相切，这是不可能的。

(2) 流线只能是光滑曲线。因为流体是连续介质，各运动要素在空间是连续的，流体质点有速度就有沿速度方向运动的惯性存在，故流线只能是连续的光滑曲线。

(3) 靠近固体壁面的流线通常与壁面平行。若流线不平行而脱离壁面时，两者间会出现混乱的旋涡。

(4) 定常流场中流线的形状不随时间而变化。因为在定常流场中各流体质点的流速大小和方向均不随时间改变，流线和迹线完全重合。

(5) 非定常流场中，同一点在不同时刻的流线是不同的空间曲线。流线和迹线并不重合，因为流场中各点的流速随时间而变化。

例如，我们可以在图 3-7 (a) 中画出某一质点的迹线。其做法是：找出 t_1 时刻某质点在流线上的位置 1，t_2 时刻它在流线上的位置 2（注意此时 t_1 时刻的流线已不复存在）及 t_3 时刻它在流线上的位置 3（注意此时 t_1，t_2 时刻的流线已不复存在），连接 1，2，3 点，即可得到质点的运动轨迹线。明显看出，非定常流场中，流线和迹线是不同的。

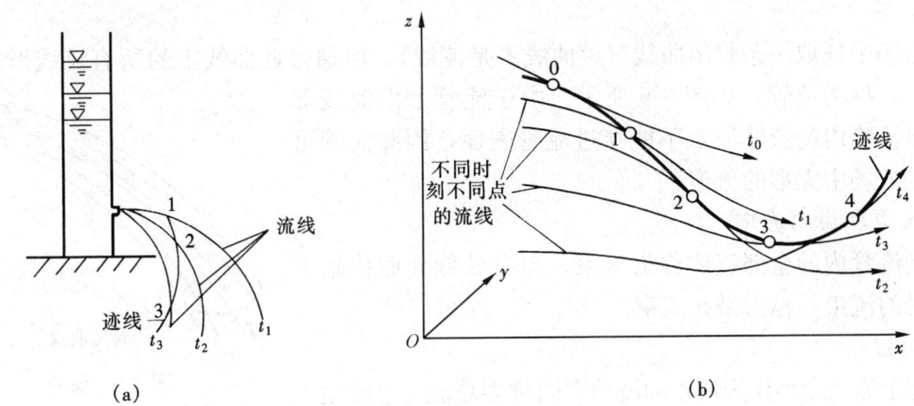

图 3-7　流线与迹线的关系

(a) 非定常流动的流线与迹线；(b) 不同时刻不同点的流线

3. 流线与迹线的比较

(1) 迹线表示一段时间内同一个流体质点的运动轨迹，而流线则表示了某一时刻多个流体质点的运动趋势。在流线上任意一点的切线方向代表了该处流体质点的速度方向。

(2) 在定常流场中，不同时刻的流线（或流谱）是重合的，流体质点微元位移与流线重合，质点沿着流线运动，流线和迹线完全重合。实验室中常常利用这种办法来获得流线。

(3) 在非定常流场中的流线是变化的，流线和迹线不重合。迹线是某一时刻 t_0，t_1，t_2…，流体质点正通过 0，1，2…，它只是与那个时刻过该点的流线的微元段重合而已，如图 3-7 (b) 所示。

(4) 流线是由欧拉法引出来的，为了知道同一时刻整个流体流动的形状，通常是用流线来表示。迹线是用拉格朗日法来研究流体某一个质点在不同时刻的运动轨迹，从而得出流体的运动要素。

流线和迹线是两个不同的概念，应该把它们区别开来。

4. 流线图

一条条流线组成流线图，它可以形象地表示整个流体的运动情况。图 3-8 中所示为水槽中纸屑的流动情况，可以形象地观察流线图的特征。

从图中看出，流线分布的疏密度与流体横断面积的大小有关。横断面积小的地方流线密，流速大；横断面积大的地方流线疏，流速小。因此，流线的疏密度也反映了流速的大小：流线密，则流速大；流线疏，则流速小。

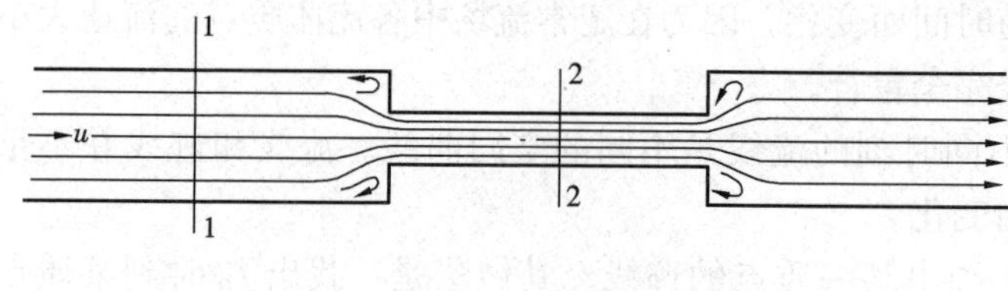

图 3-8 流线图

流线的形状和固体边界的形状有关。离边界越近，边界对流体质点的影响越大，流线形状就越接近于边界的形状。在边界形状急剧变化的地方，由于惯性的作用，边界附近的流体质点不可能沿着边界流动，流线将与边界脱离，并在主流和边界之间形成旋涡区。

三、流管、流束和总流

1. 流管

在流场中任取一条封闭曲线（该曲线不是流线），由通过此曲线上的所有流线形成的几何空间管，称为流管，如图 3-9 所示。由于流管壁由流线形成，所以流管内的流体质点不能穿过流管表面，因此流管可以看成是流场中无形的流道。

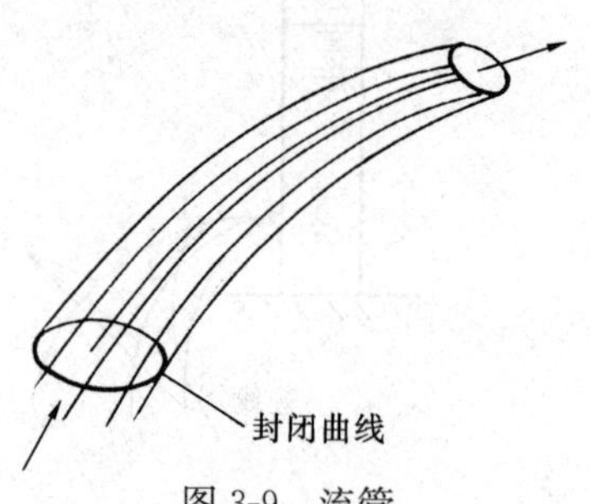

图 3-9 流管

2. 流束和微元流束

充满流管内的全部流体称为流束。当有效截面面积趋于无限小时的流束，称为微元流束。

3. 总流

以整个流动边界作为流管的流动空间称为总流。总流是无数微元流束的总和，总流的边界一般为固体边界或自由表面。

第三节 系统与控制体

用欧拉法分析流体运动时，给我们带来了一个新问题。因为它不是跟踪每个或一群流体质点去观察和描述运动，而是守在一定的流场空间点（三维网格的节点上）去观察流体质点通过此空间点位置时的运动参数。也就是说，空间网格是不变的（不随时间而变化），而流体质点不断地流过这些节点，并流到新的节点位置上去。即在某个时刻 t，流体质点与某些空间节点框定的空间是重合的，而在下一个时刻（$t+\mathrm{d}t$），这群流体质点就不再占据原来的空间了，如图 3-10 所示。

一、系统

许多流体质点的集合称为**系统**（或体系）。在运动过程中，系统始终包含着确定的流体质点，它具有确定的质量，但它的表面（界面）可以不断地变形，体积可以膨胀或压缩，系统在运动过程中的位置、体积以及其他运动参数都可以改变。系统以外的物质叫环境。系统与环境之间有力的相互作用和能量的交换，但没有流体质量通过。跟踪系统来研究流

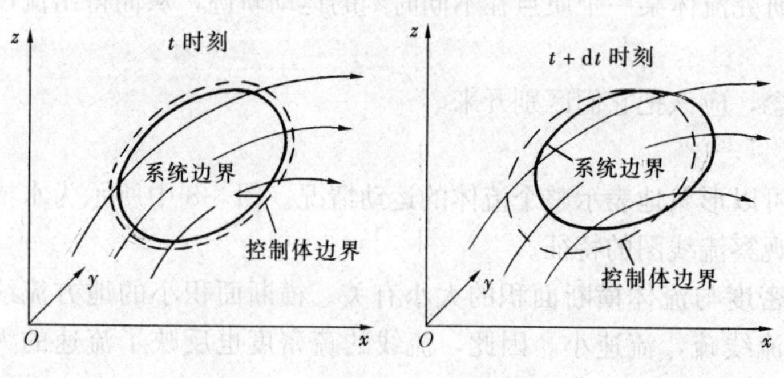

图 3-10 流场中的系统与控制体

体的运动规律，这是拉格朗日法所采取的途径。可以想象，有一个假想的且任意变形的“袋”，它包着一些水，再抛入水渠中随波漂流及任意变形。它与渠中的水流运动规律别无二样，但其包含的那些水的质量并不减少或增加，这“袋”内的水就称为一个**系统**。但要注意，这个“袋”是虚无的，也就是说，是一个可无限变形的几何封闭面组成的界面。通过这个界面可以传递力和进行能量交换。

二、控制体

欧拉法在分析流体运动规律时是采用控制体的方法。所谓**控制体**就是在流场内由封闭的几何面所确定的一个空间区域，这个几何界面称为**控制面**。在每一时刻，有流体流入和流出控制体，同时控制体内流体的质量等参数随时间变化，但控制体的形状在整个研究过程中始终不变。也就是说，控制体的形状可根据流动情况和壁面边界位置任意选定，但一旦选定之后，它的形状和位置相对于坐标系（绝对坐标系或相对坐标系）是固定不变的，它不像系统的边界那样随着流体的流动而运动和变形。当流体穿过控制体的表面（进入或移出控制体）时，势必有质量和能量（如机械能、热能等）的交换，因此，这时控制体内的质量和能量也将会发生变化，即在控制面上与周围物体既有力的相互作用和能量的交换，也有质量的交换，即流体的流进、流出等。

图 3-10 表示一系统与控制体之间的位置关系。在 t 时刻，两者是重合的，而在 $t+\mathrm{d}t$ 时刻时，控制体仍处于原来的位置，而系统已部分移出了控制体所确定的空间。

综上所述，系统是指流场中的那团流体物质，它有固定的质量，随着时间的变化其形状和体积都可能变化；控制体是指流场中的一个特定的空间区域，它本身并没有质量，一经确定之后，它的形状就不再随时间的推移而变化了。

三、系统流过控制体时各物理量的关系

在流体静力学中，流场中的流体不流动，在流场中划出的任一控制体内就包含着一个稳定不变的流体系统，这个系统的边界就是控制体的边界面，随着时间的推移稳定不变，故划定控制体也就划定了系统，两个研究对象是统一的。

若流场中的流体是流动的，则在 t 时刻占据控制体的系统流体，在 $t+\mathrm{d}t$ 时刻就有一部分流出了控制体的界面，同时也有另一部分外部流体进入控制体。系统位置随时间的变化，必然引起系统所具有的物理量（如能量、动量、动量矩等）的变化。

以图 3-11 所示的管内流动为例来进行分析，图中是一弯管段，流体在管内流动。我们选择弯管段内壁、进口截面Ⅰ及出口截面Ⅱ所围成的封闭曲面作为控制体，其体积为 V_t。在时刻 t，控制体内的流体作为系统，它占有 V_t 的体积，具有 m_t 的质量。

经过时间 $\mathrm{d}t$ 后，系统已部分移出控制体。在 $t+\mathrm{d}t$ 时刻，系统占据截面Ⅰ′和Ⅱ′之间的体积 $V_{(t+\mathrm{d}t)}$，其质量为 $m_{(t+\mathrm{d}t)}$。在 $\mathrm{d}t$ 时间内，从进口截面流入控制体的是截面Ⅰ与Ⅰ′之间的质量为 $\mathrm{d}m_1$、体积为 $\mathrm{d}V_1$ 的一段流体，而从出口截面流出控制体的是截面Ⅱ与Ⅱ′之间的质量为 $\mathrm{d}m_2$、体积为 $\mathrm{d}V_2$ 的一段流体。系统存留在控制体内的从Ⅰ′到Ⅱ截面的流体，质量为 Δm，体积为 ΔV。

1. 流体作定常流动时的物理量

定常流动流场中的所有空间位置点上（包括控制体内外）的物理参数均不随时间而变化。

由于控制体内所有空间点上的密度 ρ 不随时间变化，所以控制体内的流体质量 m 也是

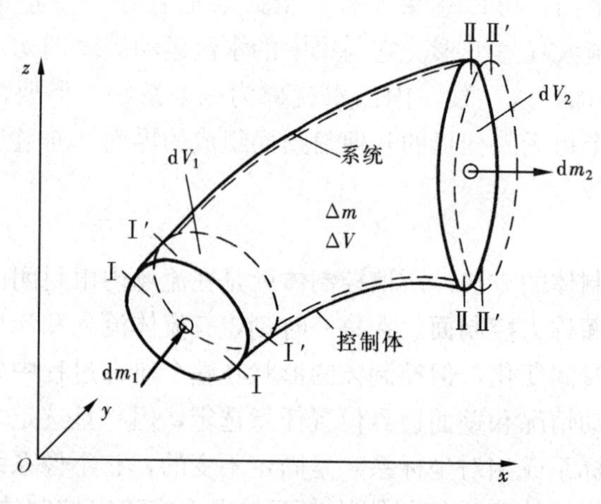

图 3-11 控制体的物理量

常数，体积 ΔV 内的流体质量 Δm 也是常数。从图 3-11 可以看出

$$m_t=\Delta m+\mathrm{d}m_1$$

$$m_{(t+\mathrm{d}t)}=\Delta m+\mathrm{d}m_2$$

因为 m_t 与 $m_{(t+\mathrm{d}t)}$ 是同一流体系统在两个时刻的质量，根据系统的定义及物质质量守恒定律，有

$$m_t=m_{(t+\mathrm{d}t)}$$

则

$$\mathrm{d}m_1=\mathrm{d}m_2 \tag{3-10}$$

结论一：定常流场内的控制体在微元时间内流入和流出的流体质量相等。

由于定常流场内所有空间点上的速度 u 不随时间而改变，则所有空间点上的动量（$K=\rho u$）和动能（$E_\mathrm{k}=\rho u^2/2$）也不随时间而改变，故控制体内存留的那部分（ΔV，Δm）流体的动量（ΔK）和动能（ΔE_k）及位置也都不随时间而改变。而对系统来说，由于在 $\mathrm{d}t$ 时间内，它的几何位置发生了迁移，因此处于 $V_{(t+\mathrm{d}t)}$ 位置与 V_t 位置时系统的动量（K）、动能（E_k）和位置等均发生了变化，但变化集中在 $\mathrm{d}V_1$ 和 $\mathrm{d}V_2$ 两个微元体积之内。

从 t 到 $t+\mathrm{d}t$ 时刻，定常流场中系统的动量、动能、重力势能的增量分别为

动量增量 $$\mathrm{d}K=\mathrm{d}K_2-\mathrm{d}K_1 \tag{3-11}$$

动能增量 $$\mathrm{d}E_\mathrm{k}=\mathrm{d}E_\mathrm{k2}-\mathrm{d}E_\mathrm{k1} \tag{3-12}$$

重力势能增量 $$\mathrm{d}E_\mathrm{p}=z_2g\mathrm{d}m_2-z_1g\mathrm{d}m_1 \tag{3-13}$$

式中 z_2、z_1——$\mathrm{d}m_2$ 和 $\mathrm{d}m_1$ 的质心高度坐标。

结论二：定常流场中，在时间 $\mathrm{d}t$ 内系统中与质量相关的各物理量（动量、动能、重力势能）的增量，等于控制体在同一时间内出口截面与进口截面上对应的物理量的迁移量之差。根据这个结论，在计算系统的物理量变化值时，只需计算通过控制体出、进截面的该物理量的差值即可，而不必去考虑控制体内部的那部分物理量，这使得计算大为简化。

2. 流体作非定常流动时的物理量

非定常流场中各空间点上的物理量随时间而变化，此时 $\mathrm{d}m_2$ 不等于 $\mathrm{d}m_1$，控制体内将产生质量的积累或耗散（质量增量 Δm）。根据质量守恒定理，系统内的物质质量为常数，故质量的总变化量恒为 0，即

$$(\mathrm{d}m_2-\mathrm{d}m_1)+\Delta m=0 \tag{3-14}$$

对于不可压缩流体，密度为常数，故 $\Delta m=0$，式（3-10）仍然成立。

对于非定常流动，从 t 到 $t+\mathrm{d}t$ 时刻，系统的动量、动能及重力势能的增量为

动量增量 $$\mathrm{d}K=(\mathrm{d}K_2-\mathrm{d}K_1)+\mathrm{d}K_{\mathrm{d}t}$$

动能增量 $$\mathrm{d}E_\mathrm{k}=(\mathrm{d}E_\mathrm{k2}-\mathrm{d}E_\mathrm{k1})+\mathrm{d}E_{\mathrm{kd}t} \tag{3-15}$$

式中 $\mathrm{d}K_{\mathrm{d}t}$、$\mathrm{d}E_{\mathrm{kd}t}$——控制体内动量、动能的时变增量。

结论三：在非定常流场中，系统内部的物理量在时间 $\mathrm{d}t$ 内的增量，等于控制体的出、进口截面上对应的物理量的迁移量之差，与控制体内时变增量之和。

第四节　流 场 的 分 类

流体力学是随着生产力的不断发展而向前发展的。从公元前 200 多年为解决浮体问题而建立阿基米德原理，逐渐发展到当代为发展宇宙航行而解决了一系列高超音速空气动力学问题，人们对流体力学问题的研究同人类对客观世界的认识规律一样，从简到繁，从易到难。这就需要对影响实际流动的许多复杂因素加以分析，并根据不同的实际问题抓住起本质作用的主要因素，在允许的精确度范围内忽略次要因素，尽量把问题简化。为便于研究流动，对流场进行分类，对不同的类型的流场采用不同的研究方法。

一、流动的分类

1. 按照流体性质分类

理想流体的流动：切应力 $\tau=0$ 或流动损失 $h_w=0$。

实际流体（黏性流体）的流动：$\tau\neq0$，$h_w\neq0$。

不可压缩流体的流动：密度 ρ=常数，$d\rho=0$。

可压缩流体的流动：密度 $\rho=(x, y, z, t)$，$d\rho\neq0$。

2. 按照运动状态分类

分为定常流动和非定常流动，有旋流动和无旋流动，层流流动和紊流流动，亚音速流动和超音速流动等。

3. 按照流动空间的坐标变量数分类

分为一元流动、二元流动和三元流动。

二、流场的分类

以上我们根据不同的方式对流体的流动进行了分类，一般来说，对应一种流体的流动，就存在一种流场，下面就介绍几种典型的流场。

（一）定常流场与非定常流场

1. 定常流场

图 3-12 所示为一储液容器，在其侧壁开一小孔，流体从小孔向外泄出。如果设法使容器内的液面高度保持不变（如连续往容器内注入一定量的流体），那么所观察到的从孔口泄出的泄流轨迹也是不变的。这说明孔口处的流速以及泄流内部各空间点的流速不随时间变化。但是，在泄流内部不同位置的流体质点的流速则是不同的，这就是说，流场内各点的流速仍是空间坐标的函数。这种物理量不随时间变化，仅是空间坐标的函数的流场称为**定常流场**，即

$$
\begin{aligned}
u&=u(x, y, z)\\
p&=p(x, y, z)\\
\rho&=\rho(x, y, z)
\end{aligned}
\tag{3-16}
$$

及

$$\partial u/\partial t=0,\ \partial p/\partial t=0,\ \partial\rho/\partial t=0$$

注意：在定常流场中，运动参数的全微分并不一定等于零，因有迁移变化率存在。

2. 非定常流场

如果不往容器里添加流体，显然，随着流体从小孔向外泄流，容器内液面不断下降。这时可观察到，从小孔流出来的泄流轨迹从初始状态逐渐向内弯曲。图 3-12 中所表示的是 t_1，

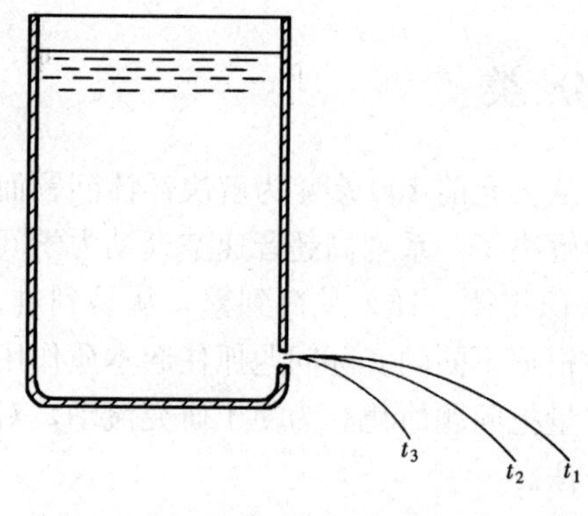

图 3-12 储液容器内液面下降时不同时刻的流线

t_2，t_3 时刻的流线。这说明，泄流内部流速的大小和方向随时间而变化。这种物理量随时间变化的流场称为非定常流场，即

$$\begin{aligned} u&=u(x, y, z, t)\\ p&=p(x, y, z, t)\\ \rho&=\rho(x, y, z, t) \end{aligned} \tag{3-17}$$

分析某种流动时，如果这种流动的参数非常缓慢地随时间变化，那么在较短的时间间隔内，可以近似地把这种流场作为定常流场来处理。仍以孔口泄流为例，设容器的直径很大，出流小孔很小，则液面下降十分缓慢，流线变化也很慢，在较短时间间隔内研究这种流场时，可近似地认为它是定常流场，称准定常流场。

在工程实际中，绝大多数流体运动近似于定常流场，只在短时间内（如设备启、停或负荷变化时）才是显著变化的非定常流场。由于非定常流场的复杂性，比定常流场分析困难得多，因此，常将非定常流场参数用时间平均方法（在计算精度许可范围内）或选用相对坐标系方法，将它作为定常流场来处理。

定常流场或非定常流场的确定与坐标系的选择有关。例如，船在静止的水中等速直线行驶，船两侧的水流流动对于岸上的人来看（即对于固定在岸上的坐标系来讲），是非定常流场，对于站在船上的人来看（即对于固连在船上的坐标系来讲），是定常流场。

（二）一元流场、二元流场与三元流场

流体在空间的流场可以说都是**三元流场**，运动参数是空间三个坐标的函数。例如，在直角坐标系中，如果速度、压力等参数是 x，y，z 三个坐标的函数，在流体力学中便称这种流场为三元流场。三个坐标的函数，对其求解比较复杂。如果能选择合适的坐标系，或者忽略次要的流动，将其在某一个或两个主要方向上的流动参数作为研究对象，这就将一个空间的三元流场简化为二元流场或一元流场，使得数学解析大为简化。显然，坐标变量数目越少，问题越简单。因此，对于工程技术中的问题，在保证一定精确度的条件下，尽可能将三元流场简化为二元流场，甚至一元流场来求近似解。

流场的运动参数只是两个坐标的函数时称为**二元流场**。平面流动的流场是二元流场。实际流体由于具有黏性，故其流场至少是二元的，例如，图 3-13（a）所示圆管内的水流，由于水的黏性的影响，靠近管壁的流速低于中部的流速，即管道中的流速随管道的半径和流动方向的位移而变化，所以是二元流场。

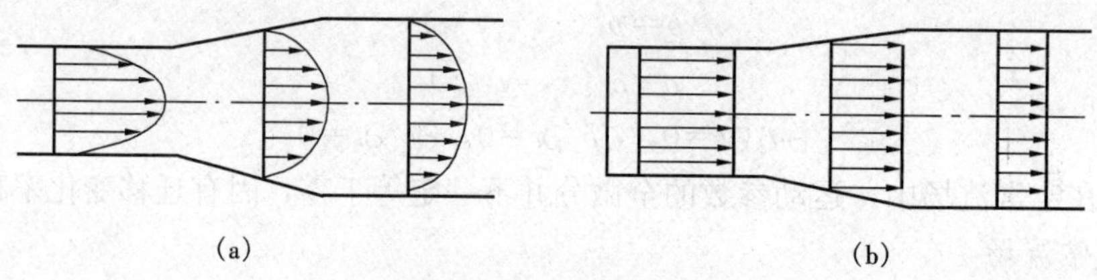

图 3-13 圆管内流动

（a）二元流动；（b）一元流动

流体的运动参数只是一个坐标的函数，称为**一元流场**。如图 3-13（b）所示，理想流体在圆管内流动，因它不具有黏性，沿管半径方向流速没有变化，故是一元流场。若实际流体的黏性很小可以忽略，以管横截面上的平均流速来描写管内流动，即将二元流场化为一元流场求解。

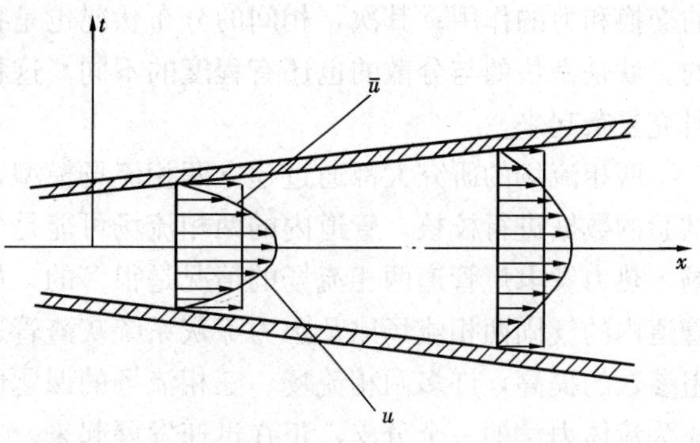

图 3-14　管内流动速度分布

设计汽轮机叶片时，对于短叶片我们作为二元流场设计，对长叶片我们可将它分成若干段来做二元流场设计。为进一步提高汽轮机效率，现代汽轮机长叶片都采用三元流场设计。

图 3-14 表示一带锥度的圆管内的黏性流体的流动，流体质点的速度既是半径 r 的函数，又是沿轴线距离 x 的函数，即

$$u=f(r, x)$$

显然这是二元流场问题，在工程上常常将其简化为一元流场问题来解。具体方法就是在截面上取速度的平均值，图 3-14 中的 $\bar{u}$ 便是 u 平均值，于是有

$$\bar{u}=f(x)$$

再看机翼绕流的问题。如果机翼的长度（翼展）比宽度（翼弦）大得多（即展弦比大），机翼两端的影响可以忽略不计，即可将机翼看作是无限长的。这样，机翼周围的流动便只与翼型所在平面上的坐标 x、y 有关，其流速可表示为

$$\vec{u}=f(x, y)\vec{i}+g(x, y)\vec{j}$$

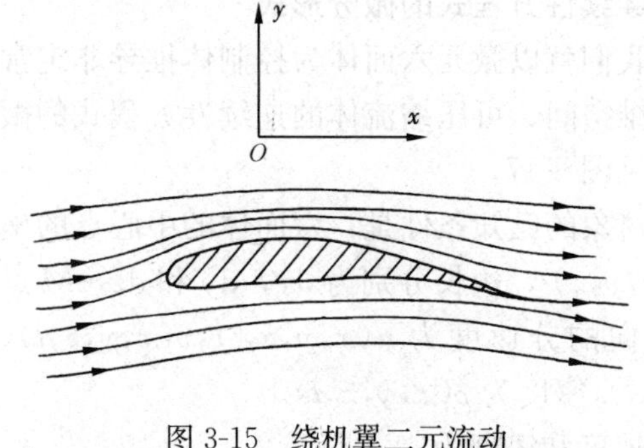

图 3-15　绕机翼二元流动

这属于二元流场，如图 3-15 所示。如果机翼的展弦比小，必须考虑翼端影响，则流动参数应由（x，y，z）三个坐标来决定，即

$$\vec{u}=f(x, y, z)\vec{i}+g(x, y, z)\vec{j}+h(x, y, z)\vec{k} \tag{3-18}$$

这属于三元流场，如图 3-16 所示。

（三）单相流场、两相流场和三相流场

所谓“相”就是通常所说的物质的态。若同一流场中的物质是单相的，则这种流场就称为单相流场。若同一流场中的物质不是单相，而是两种不同相的物质，则这种流场就称为两相流场。若同一流场中的物质是三种不同相的物质，则这种流场就称为三相流场。

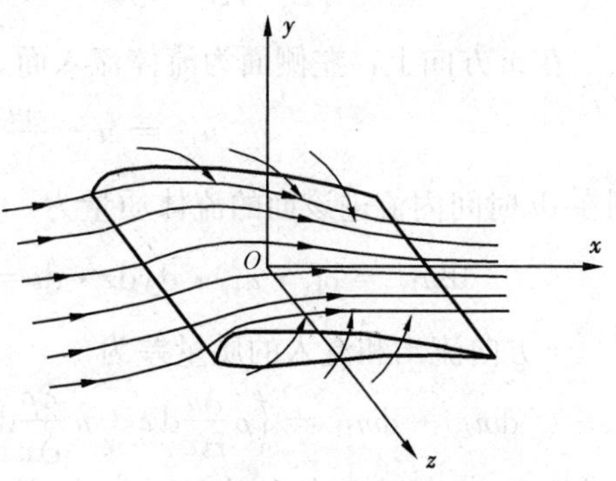

图 3-16　有限翼展的机翼绕流

两相流场、三相流场与单相流场不同，它们的特点首先表现为除了每相物质与管壁之间的相互作用外，还有不同相间的相互作用，包括能量

的交换和力的作用；其次，相间的分布状况也是各式各样的，可能是密集的，也可能是分散的。就是密集的与分散的也还有程度的不同。这种运动结构的差异更加使两相、三相流场的研究复杂起来。

两相流场的研究大都通过建立两相流场模型，取得各个流动参数的关系式，然后由模型试验的数据进行校核。管道内的两相流场可能是气相与液相、气相与固相或液相与固相的流场。热力发电厂管道两相流场的情况是很多的，如锅炉受热面内的汽液两相流场、输送煤粉管道内的气固两相流场以及水力除灰系统灰渣管道内的液固两相流场等。随着热力发电厂机组参数的提高，许多两相流场、三相流场的课题已引起各国的重视，两相、三相流体力学已成为流体力学的一个分支，正在迅速发展起来。

第五节　流体流动的连续性方程式——质量守恒定律

质量守恒是自然界万物运动所遵循的普遍规律，流体的运动也不例外。它的含义是流体系统中流体质量在运动过程中保持不变，即该系统流体质量守恒。从另一个角度来说，在某一确定的空间中，流体质量的增量等于该段时间流进和流出这一空间的所有控制面的流体质量差值。

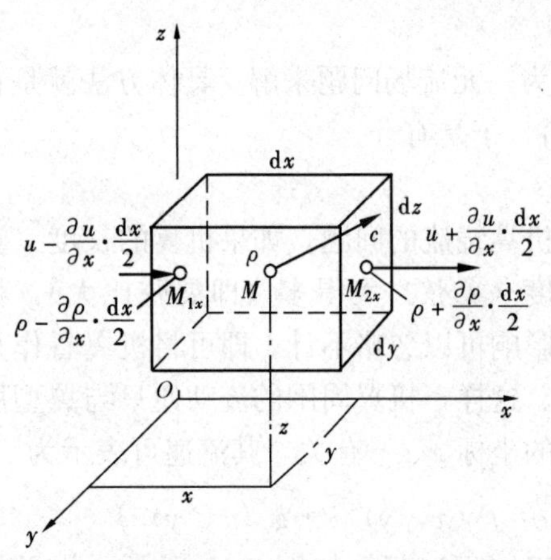

图 3-17　微元六面体微分方程式推导用图

一、连续性方程式的微分形式

下面我们就以微元六面体为控制体推导非定常流场、三维空间、可压缩流体的连续性方程式的微分形式，见图 3-17。

研究对象的已知条件是：六面体的中心点的坐标为 $M(x,y,z)$，边长分别为 $\mathrm{d}x$，$\mathrm{d}y$ 和 $\mathrm{d}z$，M 点的三个方向的分速度为 $u(x,y,z,t)$,$v(x,y,z,t)$,$w(x,y,z,t)$,密度为 $\rho(x,y,z,t)$。

在 x 方向上，右侧面为流体流出面。点 M_{2x} 的速度和密度为

$$u_{2x}=u+\frac{\partial u}{\partial x}\cdot\frac{\mathrm{d}x}{2},\quad \rho_{2x}=\rho+\frac{\partial\rho}{\partial x}\cdot\frac{\mathrm{d}x}{2}$$

则在 $\mathrm{d}t$ 时间内流出该面的流体质量为

$$\mathrm{d}m_{2x}=\rho_{2x}\cdot u_{2x}\cdot\mathrm{d}y\mathrm{d}z\cdot\mathrm{d}t=\left(\rho+\frac{\partial\rho}{\partial x}\cdot\frac{\mathrm{d}x}{2}\right)\cdot\left(u+\frac{\partial u}{\partial x}\cdot\frac{\mathrm{d}x}{2}\right)\mathrm{d}y\mathrm{d}z\mathrm{d}t$$

在 x 方向上，左侧面为流体流入面。点 M_{1x} 的速度和密度为

$$u_{1x}=u-\frac{\partial u}{\partial x}\cdot\frac{\mathrm{d}x}{2},\ \rho_{1x}=\rho-\frac{\partial\rho}{\partial x}\cdot\frac{\mathrm{d}x}{2}$$

则在 $\mathrm{d}t$ 时间内流进该面的流体质量为

$$\mathrm{d}m_{1x}=\rho_{1x}\cdot u_{1x}\cdot\mathrm{d}y\mathrm{d}z\cdot\mathrm{d}t=\left(\rho-\frac{\partial\rho}{\partial x}\cdot\frac{\mathrm{d}x}{2}\right)\cdot\left(u-\frac{\partial u}{\partial x}\cdot\frac{\mathrm{d}x}{2}\right)\cdot\mathrm{d}y\mathrm{d}z\mathrm{d}t$$

x 方向流出和流入的质量差为

$$\mathrm{d}m_{2x}-\mathrm{d}m_{1x}=\left(\rho\frac{\partial u}{\partial x}\mathrm{d}x+u\frac{\partial\rho}{\partial x}\mathrm{d}x\right)\mathrm{d}y\mathrm{d}z\mathrm{d}t=\frac{\partial(\rho u)}{\partial x}\mathrm{d}x\mathrm{d}y\mathrm{d}z\mathrm{d}t=\frac{\partial(\rho u)}{\partial x}\mathrm{d}V\mathrm{d}t$$

式中　V——正六面体的体积。

同理：y 方向流出和流入的质量差为

$$dm_{2y}-dm_{1y}=\frac{\partial(\rho v)}{\partial y}dVdt$$

z 方向流出和流入的质量差为

$$dm_{2z}-dm_{1z}=\frac{\partial(\rho w)}{\partial z}dVdt$$

则在 dt 时间内通过控制体的流出和流进的总质量差为

$$\begin{aligned}dm_2-dm_1&=(dm_{2x}-dm_{1x})+(dm_{2y}-dm_{1y})+(dm_{2z}-dm_{1z})\\&=\left[\frac{\partial(\rho u)}{\partial x}+\frac{\partial(\rho v)}{\partial y}+\frac{\partial(\rho w)}{\partial z}\right]dVdt\end{aligned}$$

那么，我们再分析因密度随时间变化而使控制体内的质量产生的增量 Δm。密度 ρ 在经过 dt 时间后的变化量为$\frac{\partial\rho}{\partial t}dt$，故质量的增量为 $\Delta m=\frac{\partial\rho}{\partial t}dVdt$。

根据式（3-14）得

$$dm_2-dm_1+\Delta m=\left[\frac{\partial(\rho u)}{\partial x}+\frac{\partial(\rho v)}{\partial y}+\frac{\partial(\rho w)}{\partial z}\right]dVdt+\frac{\partial\rho}{\partial t}dVdt=0$$

得可压缩流体非定常流的连续方程为

$$\frac{\partial(\rho u)}{\partial x}+\frac{\partial(\rho v)}{\partial y}+\frac{\partial(\rho w)}{\partial z}+\frac{\partial\rho}{\partial t}=0 \tag{3-19}$$

定常流动时，密度 ρ 不随时间 t 变化，则$\frac{\partial\rho}{\partial t}=0$，连续方程为

$$\frac{\partial(\rho u)}{\partial x}+\frac{\partial(\rho v)}{\partial y}+\frac{\partial(\rho w)}{\partial z}=0$$

对于不可压缩流体，流体的密度 ρ 在运动过程中保持不变，连续方程为

$$\frac{\partial u}{\partial x}+\frac{\partial v}{\partial y}+\frac{\partial w}{\partial z}=0 \tag{3-20}$$

二元不可压缩流体的定常流动的连续方程为

$$\frac{\partial u}{\partial x}+\frac{\partial v}{\partial y}=0 \tag{3-21}$$

【例 3-3】 设有一平面流场，其流动规律为

$$u=x^2+y^2,\quad v=-2xy$$

分析该流场是否存在？(满足连续方程的流场才存在，否则不存在)。

解　因为$\frac{\partial u}{\partial x}=2x$，$\frac{\partial v}{\partial y}=-2x$ 则

$$\frac{\partial u}{\partial x}+\frac{\partial v}{\partial y}=0$$

此流场满足连续方程式（3-21），所以该流场存在。

二、一元管流的连续方程式

对于一元管内定常流动的问题，我们利用平均流速的概念，直接给出连续方程式的积分形式。这一方程式在后面的管道计算中要经常用到。

取图 3-18 所示的变截面圆管的一段为控制体，其

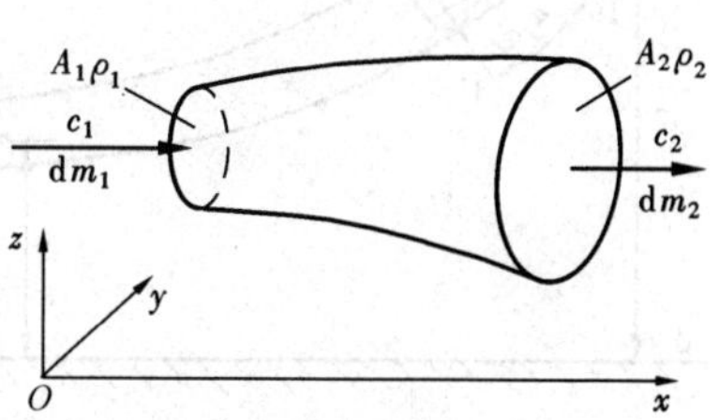

图 3-18　一元管流推导连续方程式用图

中进口截面 A_1 和出口截面 A_2 为其控制面，设圆管表面没有流体的流进和流出，经过 dt 时间流进控制体的质量是 $dm_1=\rho_1 c_1 A_1 dt$，流出控制体的质量是 $dm_2=\rho_2 c_2 A_2 dt$，对定常流动，有

$$dm_1 = dm_2$$

即

$$\rho_1 c_1 A_1 = \rho_2 c_2 A_2 \tag{3-22}$$

对于不可压缩流体，$\rho_1=\rho_2$，则

$$c_1 A_1 = c_2 A_2 \quad 或 \quad \frac{c_1}{c_2} = \frac{A_2}{A_1} \tag{3-23}$$

不难看出，对于不可压缩流体的管内流动来说，在同一时间内，不同截面处的流体的体积流量是相等的。截面面积大的地方，流速较低，截面面积小的地方，流速较高。比如河流河道开阔的地方流速较慢，峡谷地带流速较快，我们通常捏扁软管引出的管道出口，使水流加速射出也是这个道理。

此外，在推导式（3-22）时，在整个圆管流动过程中没有流体的泄漏与渗出。因连续方程不涉及作用力及流动摩擦损失问题，所以连续方程不仅适用于理想流体，也适用于实际流体（黏性流体）。

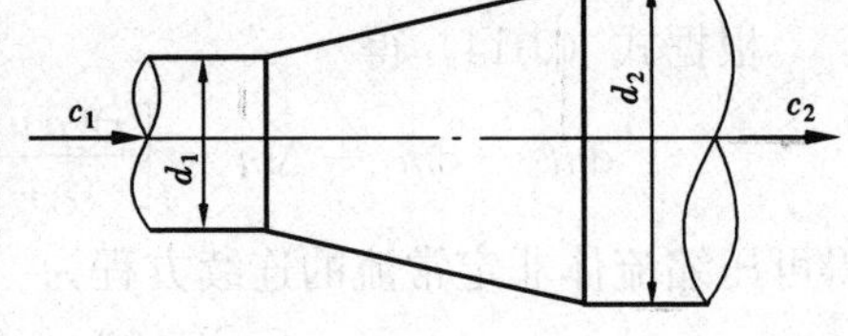

图 3-19 ［例 3-4］图

【例 3-4】 一输水圆管段的变截面如图 3-19 所示，水流从左向右流动，已知 $d_1=400\text{mm}$，$d_2=800\text{mm}$，进口截面的平均速度为 $c_1=2\text{m/s}$，求出口截面的平均速度 c_2 为多少？

解 两截面的面积分别为

$$A_1 = \frac{\pi d_1^2}{4}, \quad A_2 = \frac{\pi d_2^2}{4}$$

根据连续方程式

$$\frac{c_1}{c_2} = \frac{A_2}{A_1} = \left(\frac{d_2}{d_1}\right)^2$$

则

$$c_2 = c_1\left(\frac{d_1}{d_2}\right)^2 = 2\times\left(\frac{400}{800}\right)^2 = 0.5\text{m/s}$$

第六节 流体流动的伯努利方程式——能量守恒定律

同质量守恒一样，能量守恒是流体流动必须遵循的又一普遍规律。伯努利方程式反映了流体流动的能量守恒规律。该方程式是管道水力计算的核心方程式，也是流体动力学中最重要的方程式，常应用于许多工程实际问题。

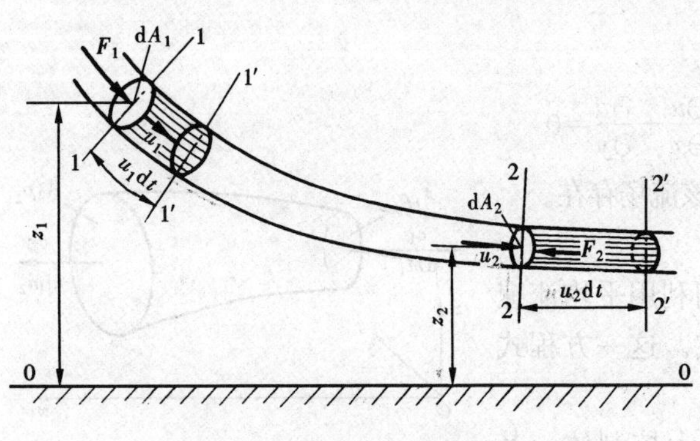

图 3-20 伯努利方程式的推导用图

一、伯努利方程式的推导

我们以物理学中力学的动能定理为理论基础推导出伯努利方程式。推导的条件是：定常流动、不可压缩流体、理想流体、质量力只有重力作用的一元流动。

取如图 3-20 所示的微元管 1—1 到 2—2 为所要研究的控制体，经过 dt 时间，有流体从截面 dA_1 流进控制体，从截面 dA_2 流出控制体。整个控制体内流体动能的变化量等于 dt 时间内作用在流体上的所有外力作功的总和。控制体内的动能变化量为流出控制体的流体的动能减去流进控制体的流体的动能，即

$$dE = \frac{1}{2}\cdot dm_2 \cdot u_2^2 - \frac{1}{2}\cdot dm_1 \cdot u_1^2$$

其中，$dm_1 = \rho u_1 dA_1 \cdot dt, dm_2 = \rho u_2 dA_2 \cdot dt$。由不可压缩流体有

$$dq_V = u_1 dA_1 = u_2 dA_2$$

则

$$dE = \rho \cdot dq_V \cdot dt\left(\frac{u_2^2}{2} - \frac{u_1^2}{2}\right)$$

式中　dq_V——流过截面 dA 的体积流量，m^3/s。

引入重力加速度 g 的概念，可得

$$dE = \frac{\rho g}{g}\cdot dq_V \cdot dt\left(\frac{u_2^2}{2} - \frac{u_1^2}{2}\right) = \rho g \cdot dq_V \cdot dt\left(\frac{u_2^2}{2g} - \frac{u_1^2}{2g}\right) \tag{3-24}$$

现在我们来讨论控制体上外力的作功问题。作用在控制体上的外力有两大类：质量力和表面力。首先分析控制体上各控制面的表面压力，流体流进控制面上的压力 $F_1 = p_1 dA_1$，方向垂直指向作用面 dA_1（如图 3-20 所示），和该面流速 u_1 运动方向一致，其作功为正。流体流出控制面上的压力 $F_2 = p_2 dA_2$，方向垂直指向作用面 dA_2，和该面流速 u_2 的运动方向相反，其作功为负。微元管道的管状表面的压力垂直指向管状表面，与流体的流动速度相垂直，其作功为零。那么表面力所做的功为

$$W_1 = F_1 \cdot u_1 dt = p_1 dA_1 \cdot u_1 dt = p_1 dq_V dt \tag{3-25}$$

$$W_2 = -F_2 \cdot u_2 dt = -p_2 dA_2 \cdot u_2 dt = -p_2 dq_V dt \tag{3-26}$$

我们再来考虑质量力的作功问题。因我们只考虑重力这一个质量力，由于截面 1′—1′和 2—2 之间的流体位置高度始终未变，因此，重力作功可视为截面 1—1 和 1′—1′之间的流体下落至截面 2—2 和 2′—2′处时重力势能的变化量，即

$$W_z = \rho g u_1 dt \cdot dA_1 z_1 - \rho g u_2 dt \cdot dA_2 z_2 = \rho g dq_V dt(z_1 - z_2) \tag{3-27}$$

由动能定理可得

$$dE = W_1 + W_2 + W_z \tag{3-28}$$

将式（3-24）～式（3-27）代入式（3-28），得

$$\rho g \cdot dq_V \cdot dt\left(\frac{u_2^2}{2g} - \frac{u_1^2}{2g}\right) = p_1 dq_V dt - p_2 dq_V dt + \rho g dq_V dt(z_1 - z_2)$$

化简整理后得

$$\frac{u_1^2}{2g} + \frac{p_1}{\rho g} + z_1 = \frac{u_2^2}{2g} + \frac{p_2}{\rho g} + z_2 \tag{3-29}$$

式（3-29）即为微元管一元流动的伯努利方程。

二、伯努利方程式的意义

（一）物理意义

式（3-29）中含有三种形式的能量。

（1）$u^2/2g$——单位重力作用下流体所具有的动能。质量为 m 的流体具有的动能为 $1/2mu^2$，单位重力作用下流体具有的动能 $\left(\frac{1}{2}mu^2\right)\Big/mg = \frac{u^2}{2g}$。

(2) z——单位重量流体所具有的位置势能即重力势能。质量为 m 的流体所具有的重力势能为 mgz，单位重量的流体具有的重力势能为 z。

(3) $p/\rho g$——单位重量流体具有的压力势能。压力势能的数学表达应为 pAL，pA 为过流断面为 A 的流体所受的总压力，L 为在总压力作用下流体前进的路程长，那么单位重量流体压力作功所具有的势能为

$$\frac{pAL}{mg}=\frac{pAL}{\rho Vg}=\frac{pAL}{\rho ALg}=\frac{p}{\rho g}$$

伯努利方程式表明：理想流体在流动过程中的总能量是守恒的，流过不同断面，三种能量各自所占的份额不同，可以相互转化，但总和是相等的。

三种能量形式 $\frac{u^2}{2g}$，$\frac{p}{\rho g}$，z 都表示的是单位重量流体所具有的能量，所以它们的单位都是长度或高度单位，国际单位通常用米（m）来表示，但其意义并不代表长度的大小、高度的高低，而是代表能量的多少，所以在流体力学里我们通常把上述三个表达式分别叫作速度能头、压力能头和位置能头，三者之和为总能头（或总水头）。我们日常生活中常说的水头高度、压头大小、动能头等概念都是由此而来的。总能头守恒是我们经常用来表示伯努利方程的物理意义的一句结论。

(二) 几何意义

从上面的分析我们知道，在各个断面上能量的大小可以用能头高度来衡量，所以在工程实际中，为清晰地表现出整个流场的能量分布情况，我们可以用图形来描绘出来，如图 3-21 所示。

首先我们要确定一个基准面 0—0，流场过流断面的几何中心高度的连线称为位置能头线 E—E，它的高低表示该过流断面的位置势能的大小。各断面以位置能头线为起点，向上垂直引出一测压管，测压管的液面高度的连线为测压管能头线 $P-P$，它距基准面的高度表示了 $z+p/\rho g$ 之和，这里要注意一点的是，一般认为测压管开口于大气，式中的压力是相对压力，所以 $z+p/\rho g$ 常称为测压管能头高度。测压管能头线在我们工程实际和实验室里经常提到和用到，我们通过测量高度直接获取点或面的相对压力值，这是一个简单有效的方法，所以一定要理解掌握测压管能头线的概念。若测压管为闭口，则 $z+p/\rho g$ 式中的压力为绝对压力，$z+p/\rho g$ 常称为静能头高度，它与测压管能头高度相差一个大气压强能头高。各断面继续以测压管能头线为起点，向上垂直画出 $u^2/2g$ 的速度能头高度，那么这些高

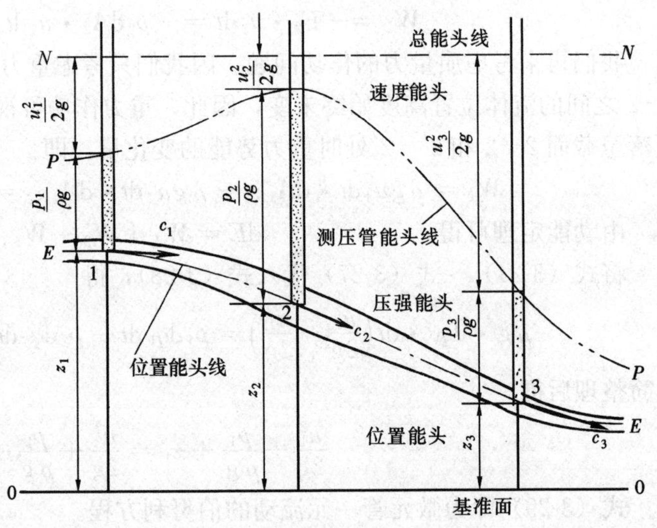

图 3-21 伯努利方程的几何意义

度的顶点的连线即为总能头线 $N-N$，总能头线的高度为 $u^2/2g+\dfrac{p}{\rho g}+z$ 之和，由此可以看出，理想流体的总能头线与基准面平行，这就是伯努利方程的几何意义。

三、伯努利方程的应用

（一）伯努利方程式的修正

1. 当伯努利方程式应用于总流时，对伯努利方程的修正

我们前面简单介绍了流场分类，流体按流动状态的不同分为层流和紊流，层流和紊流的流动规律我们将在下一章详细向大家介绍。流体流动的紊乱程度越大，用断面的平均速度来计算动能的误差越小，否则相反。我们举一个圆管内流体流动的例子来说明这一问题。

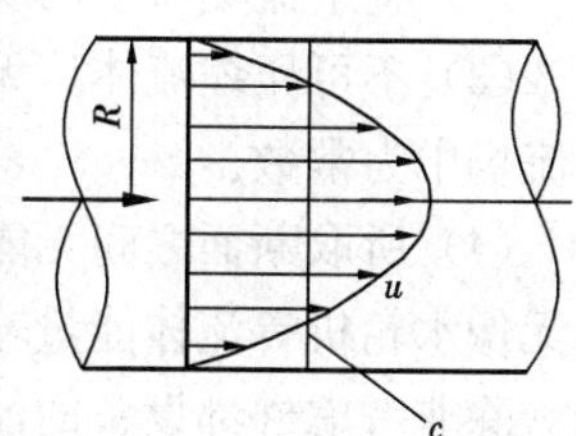

图 3-22　速度分布规律

假设一面积 A 上的各流体质点的运动速度 u 有较大差异，如图 3-22 所示，则该面的流体动能的积分表达式为

$$E=\int_A \frac{1}{2}u^2\cdot \mathrm{d}m=\int_A \frac{1}{2}u^2\cdot \rho\,\mathrm{d}V=\int_A \frac{1}{2}u^2\cdot \rho\cdot u\mathrm{d}A=\frac{\rho}{2}\int_A u^3\mathrm{d}A\neq \frac{\rho}{2}\cdot c^3A$$

式中　c——面积 A 上流体的平均速度。

我们引入一修正系数 α 表示 $\int_A u^3\mathrm{d}A$ 与 c^3A 的比值，即

$$\alpha=\frac{\int_A u^3\mathrm{d}A}{c^3A}$$

那么截面 A 具有的动能的表达式为

$$E=\frac{\rho}{2}\cdot\alpha\cdot c^3A=\frac{\rho g q_V}{2g}\cdot\alpha\cdot c^2$$

单位重量流体具有的动能表达式为 $\alpha c^2/2g$。从动能修正系数 α 的定义可以看出，系数的大小取决于过流断面上流速的分布规律。断面上流速分布越不均匀，α 值越大；当速度分布越均匀，α 越接近 1。层流流动时，$\alpha=2.0$，紊流流动时，α 为 1.05～1.10。日常生活当中和工程实际中流体的流动绝大多数是紊流，为计算方便，我们通常近似地认为 $\alpha\approx 1.0$。

2. 当考虑流动有损失的实际流体的流动时，对伯努利方程的修正

实际流体不同于理想流体，实际流体在流动过程中有机械能的损失，总能头不再守恒，而是沿运动的方向逐渐减少。因为流体流动过程中存在内摩擦力，流体与管壁之间也有摩擦力存在，这些摩擦力与流动方向是相反的，它们作负功，摩擦产生的热量通过管壁散热到外界，损失掉了。除此之外，引起能量损失的原因还有很多，我们将在下一章专门介绍。那么实际流体的伯努利方程就多了一项，即两断面之间单位重量流体的能量损失 h_w。若流体从 1 断面流向 2 断面，伯努利方程式（3-29）变为

$$\frac{\alpha c_1^2}{2g}+\frac{p_1}{\rho g}+z_1=\frac{\alpha c_2^2}{2g}+\frac{p_2}{\rho g}+z_2+h_w \tag{3-30}$$

这就是实际流体总流的伯努利方程式。我们今后经常应用该方程式解决工程实际问题。

（二）伯努利方程式的限制条件

在推导伯努利方程式时，我们就限定了几个条件，应用这个方程时，一定要注意它的适用条件。

（1）定常流动。几何参数、运动参数和各处的受力情况不随时间而变化，流场中各参数只随位置的不同而不同。

（2）整个流场所受的质量力只有重力。

（3）不可压缩流体。无论是气态还是液态，或是两相流、三相流，认为流体的密度在整个流场中为常数。

（4）所取断面之间无能量的输入和输出。即沿程无水泵、风机等外部设备的能量输入，又无像水轮机等流体能量输出设备。如图 3-23 中，1—1 和 2—2 断面之间不能列伯努利方程式（除非考虑外部设备的能量输入）。

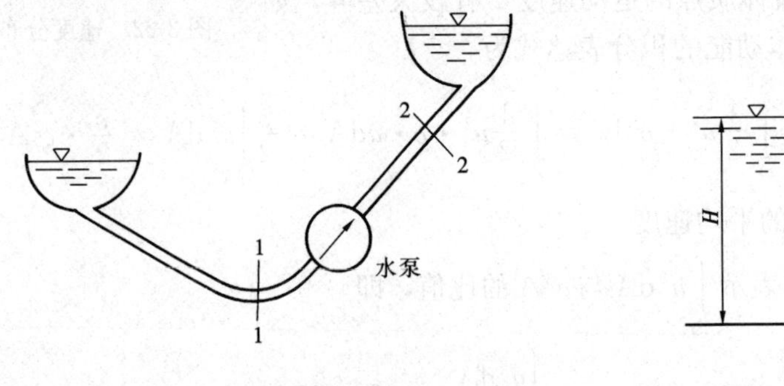

图 3-23　能量输入设备

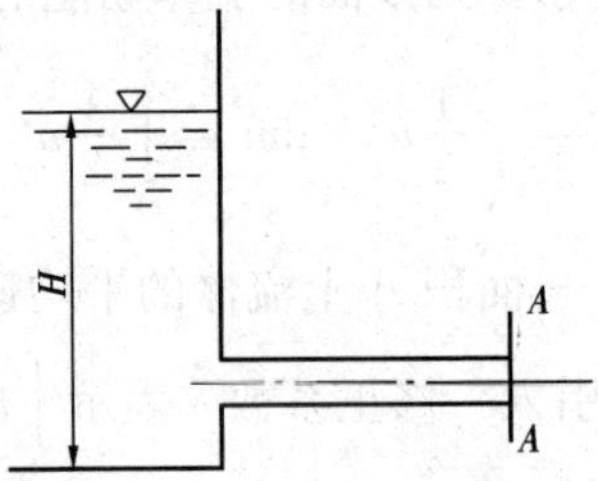

图 3-24　管道出口示意

（三）伯努利方程的解题步骤及注意事项

刚开始应用伯努利方程解决实际问题时，我们应按照如下的步骤进行：

（1）确定列方程式的对象，即控制面的确定。控制面的选定除了上面提到的注意流量和能量的连续问题外，还要考虑题目的具体条件，尽量将控制面选取在已知条件较多的面上，如取在有压力测点的面上和已知位置高度的面上。另外，所求未知数所在的控制面是必选的。有一些特殊的控制面是我们经常关注的，一些经常暗含某些已知条件的面，如自由表面，因为在自由表面上通常被认为流体的流动速度近似为零，压力为零（相对压力值）。管道出口断面有时也是我们要考虑的断面，值得注意的是，管道出口断面（如图 3-24 中的 A—A 断面）的能量形式我们有两种考虑方法：一是出口断面的压力能头为零（相对压力值），只有动能头 $c^2/2g$ 和位置能头 z；二是断面的压力能头为零（相对压力值），动能头也为零，只有位置能头，动能头 $c^2/2g$ 被看成一种损失的能量，融到外界环境里了，但在考虑流动损失时，一定要加上管道出口流向无限大空间时的突然扩大的局部损失，即 $h_j=\zeta c^2/2g$，其中 $\zeta=1.0$（参照本书第四章第五节）。解题时一定要注意：在列方程式时如果考虑了动能头，就不要再考虑出口的局部损失；反之，如果考虑了出口的局部损失，那么就要认为出口的动能为零。总之，$c^2/2g$ 或 $\zeta c^2/2g$ 只能出现一次，不可重复。控制面的选取还要考虑尽量避开管道转弯和结构尺寸发生变化的地方，如图 3-25 所示的断面 1—1～8—8，各断面基本上处于局部管件截面变化处，因为该处流体的运动参数会有其特殊性，不具备普遍性，该处引出的压力测定值也不具备稳定性，所以一般不作为选定断面（特殊情况除外）。有时仅仅两个

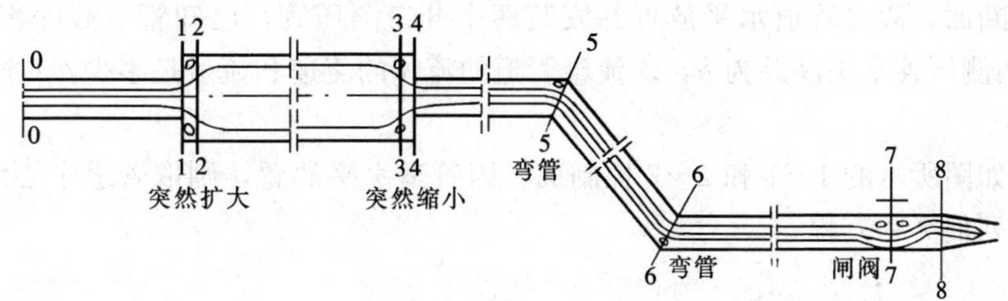

图 3-25　控制面的选取

断面的能量方程式不足以解决问题，我们还需要考虑三个甚至更多断面，不过任何断面的选取都要满足上述的原则。

(2) 确定整个管道系统的基准面。基准面要注意它的唯一性，不能一题多变，它的确定是我们确定断面位置高度的前提。任何断面的几何中心到基准面的垂直距离就是该断面的位置能头 z。确定基准面一般遵循的原则：取最低处的控制面所在位置为基准面，那么该控制面的位置能头为零。若管道流动的是气体，通常忽略位置能头，因为气体的密度很小，在位置高度相差不太大时，重力作功可以不计（除了题目有特殊要求以外）。基准面取的位置不同不会影响计算结果，若基准面取的位置比控制面高，则控制面的位能 z 为负值。注意题目当中对管道放置的描述，是卧式（水平）还是立式，这一点对断面的位置高度有很大的影响。还要注意位置能头 z 的单位，它虽然是高度单位，但不同流体柱具有的位置能头是不一样的，它代表的流体柱的高度，要和压力能头、速度能头计算出的流体柱一致。

(3) 列伯努利方程。注意各参数选取：c 为断面上的平均速度；压力 p 必须同时为绝对压力、相对压力或真空值，不能一个取绝对压力，另一个取相对压力。解题时，关键要正确判断压力值是相对值还是绝对值。如果没有特殊说明，压力表的读数值为相对压力值，真空表的读数为真空值，开口测压管测量的压力值为相对值，闭口测压管的压力值为绝对值。能量损失 h_w 的计算在下一章介绍，当两个断面相距较近时，可以近似地认为 $h_w=0$。

(4) 分析简化方程式各参数。简化方程式各项参数必须了解题意，例如断面面积为较大的液面（面积题目没有给出），我们一般认为该断面上速度为零。

(5) 联立连续性方程式或其他方程式求解。当未知数较多时，有时我们必须联立连续性方程式、动量方程式、动量矩方程式解题。

四、典型应用题举例

1. 求管道流量和流速问题

管道在输送流体时，一个最重要的指标之一就是流体流量，实时监测流体流量在工农业生产和生活中是我们经常要解决的问题，如在火力发电厂中，各种汽水和油等流体的流动必须实时监控流量。下面我们从最简单的例子入手，介绍一下流量测量的原理和方法。

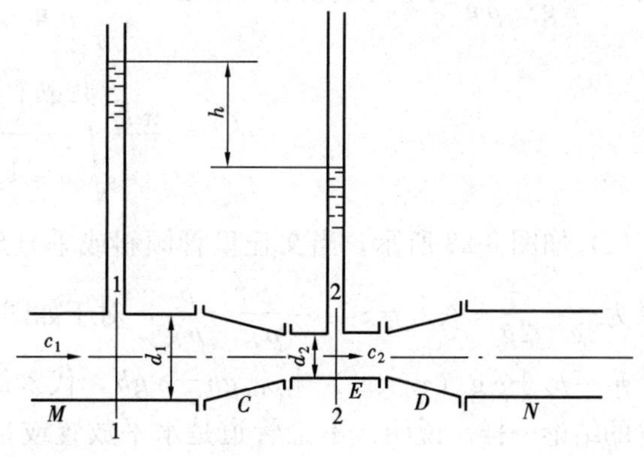

图 3-26 ［例 3-5］图

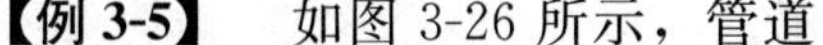

【例 3-5】　如图 3-26 所示，管道

经过一收缩断面，假设管道水平放置并安装两个开口测压管，已知管道截面积直径分别为 d_1 和 d_2，两测压管水头高差为 h，求流经管道的流体的流速和流量是多少？（不计管道流动损失）

解 取如图所示的1—1和2—2控制面。因管道水平放置，则取管道中心线为基准面。对两控制面列伯努利方程

$$\frac{\alpha c_1^2}{2g}+\frac{p_1}{\rho g}+z_1=\frac{\alpha c_2^2}{2g}+\frac{p_2}{\rho g}+z_2+h_{\mathrm{w}}$$

取 $\alpha=1.0$。因为取的基准面为这两断面的几何中心，所以

$$z_1=z_2=0$$

因为两断面的距离较近，流动损失不计，即

$$h_{\mathrm{w}}=0$$

方程式简化后得 $\frac{c_1^2}{2g}+\frac{p_1}{\rho g}=\frac{c_2^2}{2g}+\frac{p_2}{\rho g}$，变形为 $\frac{c_2^2}{2g}-\frac{c_1^2}{2g}=\frac{p_1}{\rho g}-\frac{p_2}{\rho g}$。

由连续性方程式 $c_1A_1=c_2A_2$，得 $c_1d_1^2=c_2d_2^2$，即 $c_1=c_2\frac{d_2^2}{d_1^2}$。

根据图示测压管的测量值可得 $h=\frac{p_1}{\rho g}-\frac{p_2}{\rho g}$，与上式一并代入变形后的方程，得

$$h=\frac{p_1}{\rho g}-\frac{p_2}{\rho g}=\frac{c_2^2}{2g}\left(1-\frac{d_2^4}{d_1^4}\right)$$

解方程得

$$c_2=\sqrt{\frac{2gh}{1-\frac{d_2^4}{d_1^4}}}$$

那么

$$q_V'=c_2A_2=\frac{\pi d_2^2}{4}\sqrt{\frac{2gh}{1-\frac{d_2^4}{d_1^4}}} \tag{3-31}$$

［例3-5］反映了文丘里流量计的工作原理。为与实际情况相符，我们必须对测压管测量形式进行变化：

(1) 当测压管变换为U形水银压差计时，测量流体和被测流体不同，如图3-27所示，那么 $h=\frac{p_1}{\rho g}-\frac{p_2}{\rho g}$ 就不再成立了，而是 $h\cdot\frac{\rho_{\mathrm{Hg}}g-\rho g}{\rho g}=\frac{p_1}{\rho g}-\frac{p_2}{\rho g}$，修正的结果为

$$q_V'=\frac{\pi d_2^2}{4}\sqrt{\frac{2gh\left(\frac{\rho_{\mathrm{Hg}}g}{\rho g}-1\right)}{1-\frac{d_2^4}{d_1^4}}} \tag{3-32}$$

(2) 如图3-28所示，当文丘里管倾斜或垂直放置时，$z_1\neq z_2$，伯努利方程式化简后的结果为 $\frac{c_2^2}{2g}-\frac{c_1^2}{2g}+(z_2-z_1)=\frac{p_1}{\rho g}-\frac{p_2}{\rho g}$，对于如图所示的测压管，根据静力学基本方程式可得：$p_1=p_2+\rho g(z_2-z_1)+\rho_{\mathrm{Hg}}gh-\rho gh$，代入简化后方程，得出的结论与文丘里管水平放置的结论一样。说明：不论管道是水平放置或是垂直放置，两截面的位置高差不影响结果，因为它们的位置高差通过测压管的高差变化补偿了。

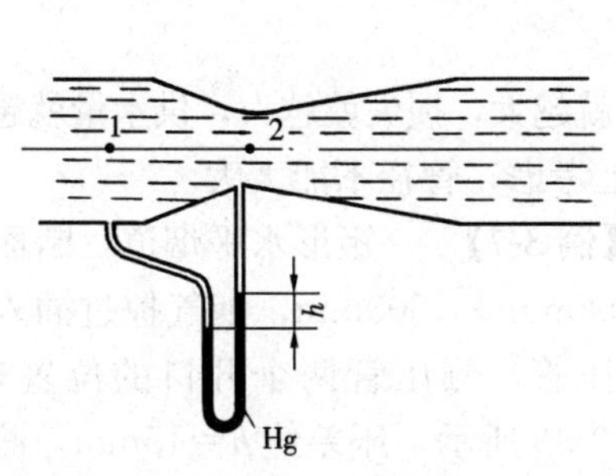

图 3-27　文丘里流量计

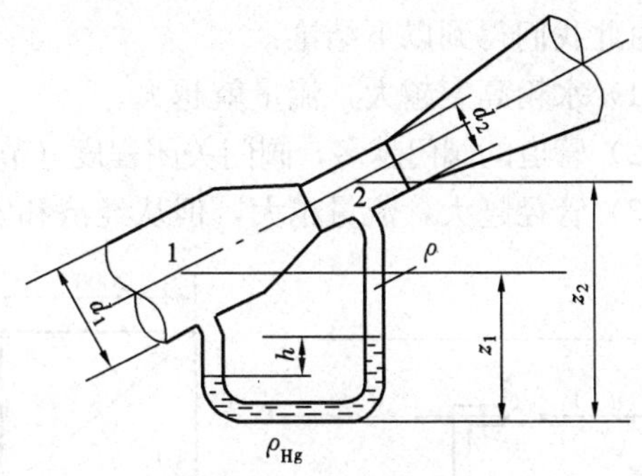

图 3-28　文丘里管倾斜布置

（3）选取的两截面距离管道截面变化处较近，截面不是缓变流动，压力的测量值有一定的误差。再有，流体流动的流动损失虽然不大，但在实际情况下，应当考虑流动损失，对于这些影响因素，目前是通过实验来确定修正系数的，即

$$q_V = \mu q'_V$$

式中　μ——流量系数，为 0.96～0.99。

为了应用方便，文丘里管流量计测量值最终的表达式简化为

$$q_V = K\sqrt{h} \tag{3-33}$$

式中　K——流量计常数。

可以看出，K 值与流动损失、管道的几何尺寸、测压管型式和测压管流体的种类有关。工程实际当中求流量的问题应用较多，除了上述文丘里流量计之外，我们继续向大家介绍最常见管道系统的流量求解例子。

【例 3-6】　如图 3-29 所示，水从一很大的水箱下部经管径为 d=10cm 的水平圆管排出，水箱自由表面至管道出口中心 H=5m，整个管道的流动损失 h_w=1.5mH_2O，求管道出口流速和每小时出水量。

解　分析题目内容，取水箱的自由液面为控制面 1－1；因为题目给定的是整个管道的损失，所以另一控制面定在管道的出口 2－2。确定管道轴线为基准面，如图 3-29所示。

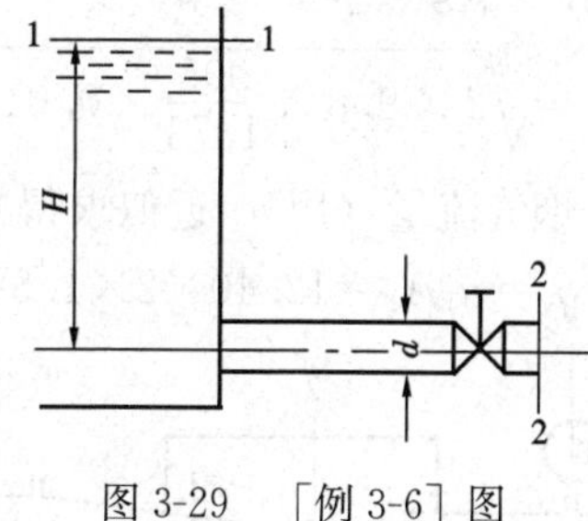

图 3-29　［例 3-6］图

列 1－1 和 2－2 断面的能量守恒方程式

$$\frac{c_1^2}{2g} + \frac{p_1}{\rho g} + z_1 = \frac{c_2^2}{2g} + \frac{p_2}{\rho g} + z_2 + h_w$$

其中：$c_1=0$，$p_1=p_2=0$（相对压力），$z_1=H=5$m，$z_2=0$，代入方程式，简化后得

$$H = \frac{c_2^2}{2g} + h_w$$

代入已知条件得

$$c_2 = \sqrt{2g \times 3.5} = 8.28(\text{m/s})$$

则

$$q_V = c_2 A_2 = c_2 \frac{3600\pi d_2^2}{4} = 8.28 \times \frac{3600 \times 3.14 \times (0.1)^2}{4} = 234(\text{m}^3/\text{h})$$

由此我们得到以下结论：

(1) 水箱高度越大，流量就越大。

(2) 管道的阀门越多，阀门关闭程度（节流程度）就越大，损失就越大，供水量就越小。

(3) 管径越大，流量越大，但从经济和安装角度上考虑，管径不能太大。

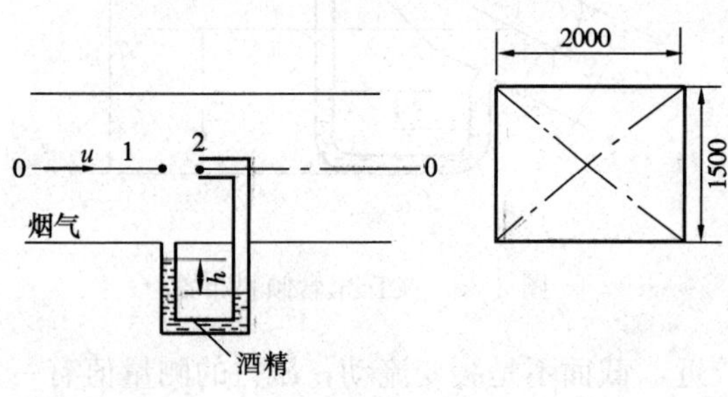

图 3-30　[例 3-7] 图

【例 3-7】 一矩形水平烟道，断面尺寸为 2000mm×1500mm，烟气掠过插入烟道的测压管，测压管两个开口的位置较近，如图 3-30 所示，压差值 $h=15\text{mm}$，测压管内流体为红色酒精，密度 $\rho_1=905\text{kg/m}^3$，烟气的密度 $\rho=1.73\text{kg/m}^3$。求烟气的流速和流量。

解 如图所示，取基准面 0—0，列 1 点和 2 点的伯努利方程

$$\frac{u_1^2}{2g}+\frac{p_1}{\rho g}+z_1=\frac{u_2^2}{2g}+\frac{p_2}{\rho g}+z_2+h_w$$

因两点距离较近，则：$z_1=z_2=0$，$h_w=0$。

因 2 点的测压管开口迎着来流方向，气流静止，故气体的动能转化为压力势能，即

$$\frac{u_2^2}{2g}+\frac{p_2}{\rho g}=\frac{p_{20}}{\rho g}$$

忽略烟气的密度，可得

$$\frac{p_{20}}{\rho g}-\frac{p_1}{\rho g}=\frac{\rho_1}{\rho}h$$

则 $\dfrac{u_1^2}{2g}=\dfrac{p_2}{\rho g}-\dfrac{p_1}{\rho g}=\dfrac{\rho_1}{\rho}h$，即

$$u_1=\sqrt{2\times9.8\times\frac{905}{1.73}\times0.015}=12.40(\text{m/s})$$

烟气流量（用 u_1 近似求得）

$q_V=u_1A_1=12.40\times2\times1.5=37.2\ (\text{m}^3/\text{s})$

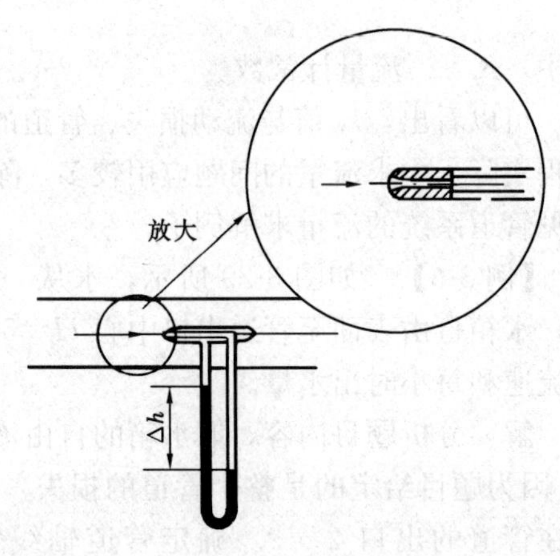

图 3-31　皮托管

将上述的测压管合二为一，组成如图 3-31 所示的结构，外层环型腔室壁上有均匀分布的若干个小孔，它的测量值相当于点 1 的压强，中间空心的腔室开口迎着来流方向，它的测量值相当于点 2 的压强，两个腔室分别将压强信号引到 U 形管压差计，直接读取压差值来计算出点 2 处流体的流速。这种结构紧凑，操作方便的管子被称为皮托管。皮托管通常用来测量某点的流速。

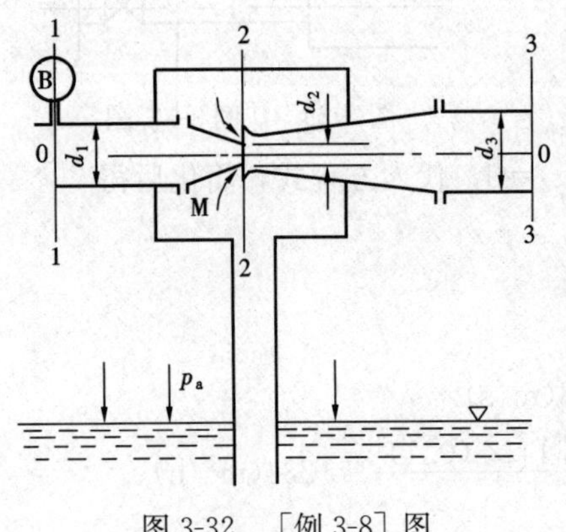

图 3-32　[例 3-8] 图

2. 求管道压力或真空值

【例 3-8】 如图 3-32 所示，水经渐缩管道高速射

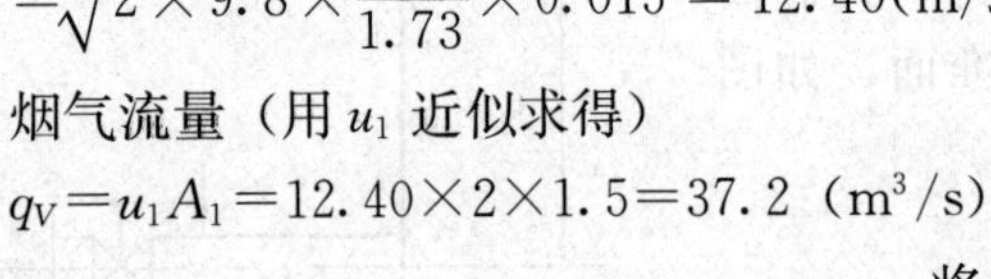

出，高速射流席卷腔室 M 的水经渐扩管排出。已知 $d_1=200\text{mm}$，$d_2=75\text{mm}$，管道压力表 B 的读数是 0.1MPa，体积流量 $q_V=0.08\text{m}^3/\text{s}$，不计流动损失。求：

（1）腔室 M 的绝对压力值和真空值。

（2）若使渐扩管道出口压力提升到一个标准大气压，出口管径至少是多少？

解　（1）$c_1=\dfrac{4q_V}{\pi d_1^2}=\dfrac{4\times 0.08}{3.14\times(0.2)^2}=2.54(\text{m/s})$

$$c_2=\frac{4q_V}{\pi d_2^2}=\frac{4\times 0.08}{3.14\times(0.075)^2}=18.1(\text{m/s})$$

取 0—0 为基准面，列 1—1，2—2 和 3—3 断面的伯努利方程式。因 $z_1=z_2=z_3$，且 $h_w=0$，故

$$\frac{c_1^2}{2g}+\frac{p_1}{\rho g}=\frac{c_2^2}{2g}+\frac{p_2}{\rho g}=\frac{c_3^2}{2g}+\frac{p_3}{\rho g}$$

取方程式两端的压力为绝对压力时，有

$$p_1=p_a+0.1\times 10^6=0.201\ 3(\text{MPa})$$

代入方程式，解得 p_2 的绝对压力值如下

$$p_2=\rho g\left(\frac{c_1^2}{2g}-\frac{c_2^2}{2g}+\frac{p_1}{\rho g}\right)=9807(0.33-16.7+20.52)=40\ 699(\text{Pa})$$

真空值 $H_v=\dfrac{p_a-p_2}{\rho g}=\dfrac{1.013\ 25\times 10^5-40\ 699}{9807}=6.18\ (\text{mH}_2\text{O})$

（2）若出口断面的压力 $p_3=p_a$，列 1—1，3—3 断面的伯努利方程，得

$$c_3=\sqrt{2g\left(\frac{c_1^2}{2g}+\frac{p_1}{\rho g}-\frac{p_a}{\rho g}\right)}=\sqrt{2\times 9.8\times\left(\frac{2.54^2}{2\times 9.8}+\frac{0.201\ 3\times 10^6}{9807}-\frac{1.013\ 25\times 10^5}{9807}\right)}$$
$$=14.35(\text{m/s})$$

由 $c_3A_3=q_V$，得

$$d_3=\sqrt{\frac{4q_V}{\pi c_3}}=\sqrt{\frac{4\times 0.08}{3.14\times 14.35}}=0.084(\text{m})$$

通常，工程上抽取管道或空间空气时，利用上述原理，将腔室 M 与管道连接，这样，水或空气就被高速射流带走。发电厂机组启动时，要对凝汽器抽真空，就是要启动射水抽气器（或射汽抽气器），它们的工作原理就是通过渐缩管对工作介质水或汽进行加速，随着速度能头的提高，压强能头就降低，当达到一定的真空，就会抽吸周围凝汽器里的空气，靠高速射流的惯性流向渐扩管，经渐扩管道逐渐扩压降速，使工作介质和卷吸的空气排到外界。

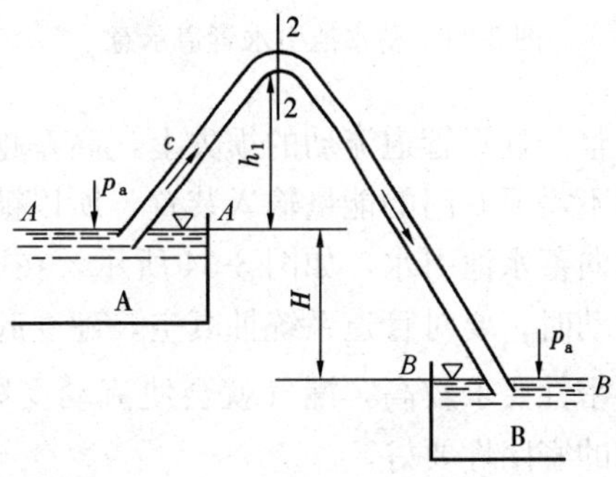

图 3-33　［例 3-9］图

【例 3-9】　如图 3-33 所示，有 A、B 两个高差为 H 的大水箱，经过一个图示的弯管连接，弯管的最高点距水箱 A 的液面 $h_1=2\text{m}$，弯管里水的流速为 1.0m/s，弯管管道的总阻力损失为 $3\text{mH}_2\text{O}$（其中弯管顶点以前管段的阻力损失为 $1.2\text{mH}_2\text{O}$）。求弯管最高点的绝对压力值和高差 H 是多少？

解　我们取水箱 A 的液面 A—A 和弯管顶点断面 2—2 为控制面，列伯努利方程

$$\frac{c_A^2}{2g}+\frac{p_A}{\rho g}+z_A=\frac{c_2^2}{2g}+\frac{p_2}{\rho g}+z_2+h_w{}'$$

根据题意可知：$c_A=0$，$c_2=1.0\text{m/s}$，$p_A=p_a$，$z_2-z_A=h_1=2\text{m}$，$h_w{}'=1.2\text{m}$，代入方程得

$$\frac{p_2}{\rho g}=\frac{p_a}{\rho g}-(z_2-z_A)-h_w{}'-\frac{c_2^2}{2g}=\frac{1.013\ 25\times10^5}{9807}-2-1.2-0.05=7.08(\text{mH}_2\text{O})$$

再对 $A-A$ 断面和 $B-B$ 断面列伯努利方程

$$\frac{c_A^2}{2g}+\frac{p_A}{\rho g}+z_A=\frac{c_B^2}{2g}+\frac{p_B}{\rho g}+z_B+h_w$$

因为A和B是两个大水箱的自由表面，可认为：$c_A=c_B=0$，$p_A=p_B=p_a$，则 $z_A-z_B=h_w=H=3\text{m}$

[例3-9] 向我们解释了虹吸管道的工作原理。我们把在大气压力的作用下，液体通过高于进口液面的管道而流向低处的这种现象称为**虹吸现象**。完成流体输送任务的最终动力来源是两个水箱的液面高差，高差不存在或高差值小于管道阻力损失，该流动就不能实现。水从液面 $A-A$ 到断面 2－2 的流动是由低向高流动的，其流动的动力是外界的大气压力，0.101 3MPa（10.33mH$_2$O）的大气压能消耗在以下几个方面：提升水的位能消耗 19.6kPa（2mH$_2$O），转化成水的动能消耗 0.49kPa（0.05mH$_2$O），克服流动阻力损失 11.76kPa（1.2mH$_2$O），剩下的能量就是水具有的压能，很明显，断面 2－2 的压力一定小于大气压力。我们又知道常温下水的汽化压力是 0.022 5MPa（0.23mH$_2$O），当该点的压力值小于该温度下水的饱和压力时，水就要汽化，汽化后该点的真空被破坏，流动不能建立，所以提升高度 h_1 是有限的，它的最大值通常定义为"允许最大安装高度"。极限情况下，流体提升的最大高度是一个大气压液柱高度，考虑留有一定压强值使液体不能汽化外，还要考虑流动损失和动能的消耗。虹吸管道建立起流动的条件之一，就是液体的提升高度小于该管道系统允许的最大安装高度；条件之二就是虹吸管道输送的流体起点和终点要有一定的高差，高差所具有的能量消耗在整个虹吸管道流动的损失上，高差越大，流速越快，流动损失越大。虹吸管道在输送流体时不需要专门的能量输入装置，所以被广泛应用在工农业的生产和生活当中，如电厂从河流里向蓄水池引水，如图 3-34 所示，在引水过程中不需要水泵，节约了电能。但是虹吸管道启动时，要对管道系统抽真空，建立起流动之后，就可以撤掉真空泵。另外虹吸管道系统的严密性要求较高，漏气就会使流动受影响，尤其是液体在上升管段流动的密闭性要好。

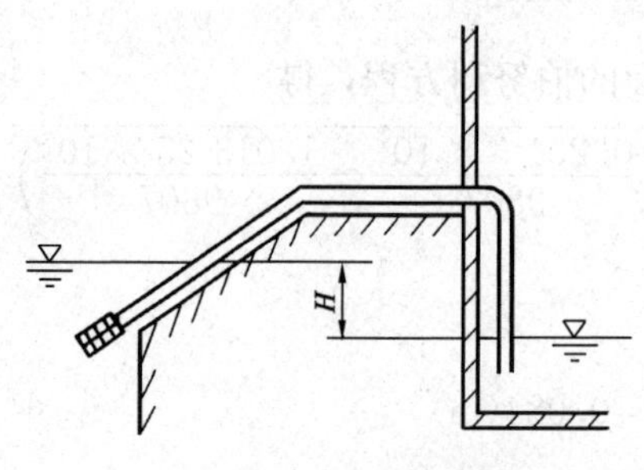

图 3-34　蓄水池引水管道示意

3. 综合举例

下面我们列举生活中常见的一些管道系统流动的例子，从中更清楚地认识伯努利方程的应用。

【例 3-10】 灭火的水龙带终端有一收缩喷嘴，如图 3-35 所示，已知喷嘴进口处的直径 $d_1=75\text{mm}$，喷嘴长度 $l=600\text{mm}$，喷水量为10L/s，喷射高度为 15m。若喷嘴的阻力损失 4.9kPa（$h_w=0.5\text{mH}_2\text{O}$），不计空气阻力，求喷嘴进口的相对压力和出口处的直径 d_2。

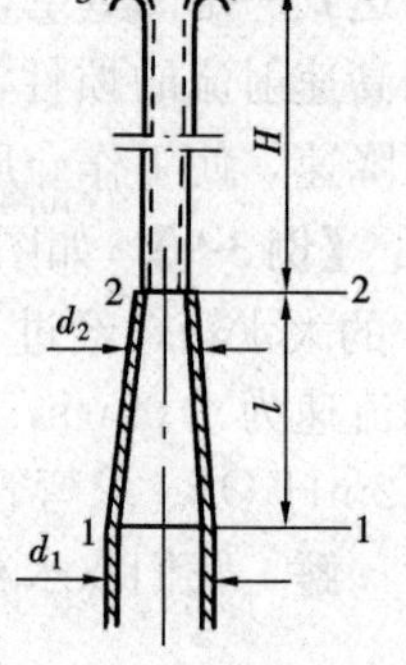

图 3-35　[例 3-10]图

解　取控制面 1－1，2－2，3－3。

分析该题时注意以下几点：

(1) 2－2 和 3－3 控制面之间是无管道界面的射流，我们将它看成是一种特殊的管道形式，其流动规律在不考虑空气的阻力时，基本符合质量和能量守恒定理。

(2) 题目当中暗含了几个重要已知条件，如与外界空气相接触的射流的各个断面的压力一般认为是 101.3kPa（1atm），水流喷射到 15m 高度时（即到达 3－3 控制面时），速度为零。

(3) 该题目中涉及的单位要注意换算。喷水量 10L/s 的单位是指每秒 10L，必须换算成国际单位制。

列 2－2，3－3 断面的能量守恒方程式得

$$H = \frac{c_2^2}{2g},\quad c_2 = \sqrt{2gH} = \sqrt{2 \times 9.8 \times 15} = 17.15(\mathrm{m/s})$$

由连续方程式得

$$q_V = c_1 A_1 = c_2 A_2 = 10 \times 10^{-3}\ (\mathrm{m^3/s})$$

即 $c_1 \dfrac{\pi d_1^2}{4} = 10 \times 10^{-3}$，则

$$c_1 = \frac{10 \times 10^{-3} \times 4}{3.14 \times 75^2 \times 10^{-6}} = 2.26(\mathrm{m/s})$$

因为

$$c_2 A_2 = c_2 \frac{\pi d_2^2}{4} = 10 \times 10^{-3}$$

所以

$$d_2 = \sqrt{(10 \times 10^{-3} \times 4)/(3.14 \times 17.15)} = 0.027(\mathrm{m})$$

再列 1－1、2－2 断面的伯努利方程式

$$\frac{p_1}{\rho g} + \frac{c_1^2}{2g} = \frac{c_2^2}{2g} + h_w + l$$

进口的相对压力 p_1 为

$$p_1 = \rho g\left(\frac{c_2^2}{2g} - \frac{c_1^2}{2g} + h_w + l\right) = 1000 \times 9.8 \times (15 - 0.26 + 0.5 + 0.6) = 0.1552(\mathrm{MPa})$$

【例 3-11】　有一储水装置如图 3-36 所示，储水池足够大。当阀门关闭时，压强计读数为0.283 7MPa（2.8atm），而当阀门全开，水从管中流出时，压力计读数是0.060 8MPa（0.6atm）。试求当水管直径为 12cm 时，通过出口的体积流量 q_V（不计流动损失）。

解　取控制面 1－1，2－2，如图 3-36 所示。

这是利用静力学和动力学知识联合解题的例子，阀门关闭时是静力学问题，阀门开启时是动力学问题。

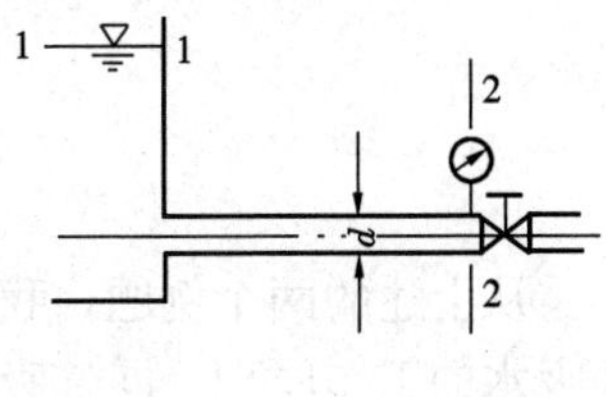

当阀门全开时，列 1－1，2－2 断面的伯努利方程

$$H + \frac{p_a}{\rho g} + 0 = 0 + \frac{p_a + 0.6 p_a}{\rho g} + \frac{c_2^2}{2g}$$

图 3-36　［例 3-11］图

当阀门全闭时，应用流体静力学基本方程式，求出 H 值

$$p_a + \rho g H = p_a + 2.8 p_a$$

$$H = \frac{2.8 p_a}{\rho g} = \frac{2.8 \times 1.01325 \times 10^5}{1000 \times 9.8} = 28.95(\mathrm{mH_2O})$$

代入上式得

$$c_2=\sqrt{2g\left(H-\frac{0.6p_a}{\rho g}\right)}=\sqrt{2\times9.8\times\left(28.95-\frac{0.6\times1.01325\times10^5}{1000\times9.8}\right)}=21.1(\text{m/s})$$

所以管中流量 $q_V=\frac{\pi}{4}d^2c_2=0.785\times0.12^2\times21.1=0.2385$ (m^3/s)

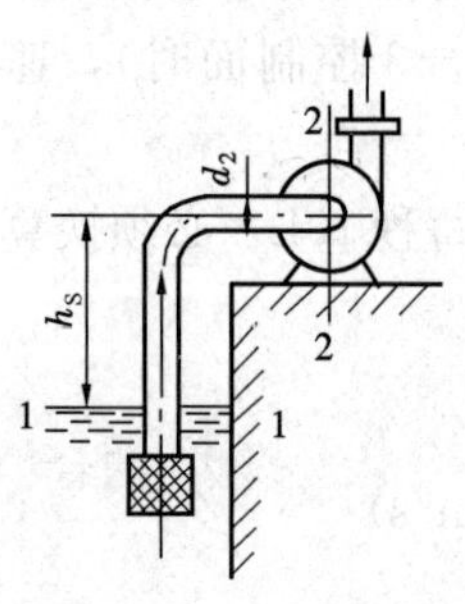

图 3-37 [例 3-12] 图

【例 3-12】 离心水泵的流量 $q_V=20\text{m}^3/\text{h}$，安装高度 $h_S=5.5\text{m}$，吸水管内径 $d_2=100\text{mm}$，吸水管的总损失 $h_w=0.25\text{m}$，水池的面积足够大。求水泵进水口 2—2 处的真空（见图 3-37）。

解 进水管内水流速度为

$$c_2=\frac{q_V}{\pi d_2^2/4}=\frac{20\times4}{3600\times\pi\times0.1^2}=0.71(\text{m/s})$$

选择池面 1—1、进水口 2—2 两截面建立伯努利方程，以池面为基准面，则

$$\frac{p_1}{\rho g}+\frac{c_1^2}{2g}+z_1=\frac{p_2}{\rho g}+\frac{c_2^2}{2g}+z_2+h_w$$

其中 $z_1=0$，$p_1=p_a$，$c_1=0$，$z_2=h_S=5.5\text{m}$。设进水口 2—2 处的真空值为 p_v，则其绝对压力 $p_2=p_a-p_v$，代入上式得

$$\frac{p_a}{1000\times9.8}=5.5+\frac{p_a-p_v}{1000\times9.8}+\frac{0.71^2}{19.6}+0.25$$

$$p_v=1000\times9.8\times(5.5+0.0257+0.25)=56.6(\text{kPa})$$

【例 3-13】 水泵从水面为大气压的水池中吸水，送到高位容器中去，如图 3-38 所示。高位容器内水面的表压力为 $3\times10^5\text{Pa}$。水池和容器内的水面保持恒定，两者高差为 30m。整个管路流动的能量损失为 $5\text{mH}_2\text{O}$。水的密度为 $\rho=998.2\text{kg/m}^3$。试求水泵的扬程 H 是多少?

解 这是一个有新能量输入的能量方程，水泵的扬程是指单位重量流体流经水泵所获得的能量。以水池水面作为基准面，列水池水面与容器内水面的伯努利方程

$$\frac{p_a}{\rho g}+H=h+\frac{p}{\rho g}+h_w$$

得

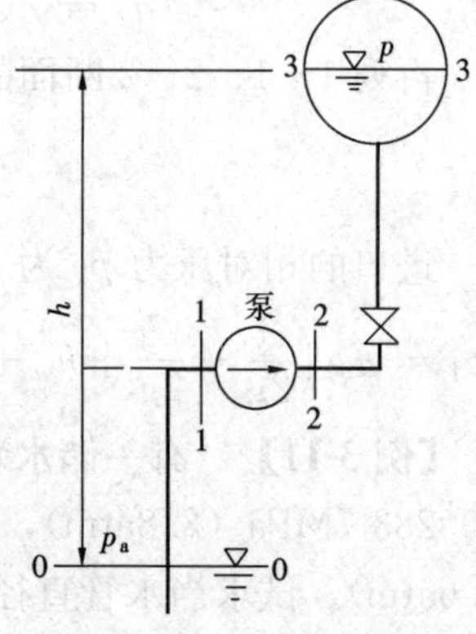

图 3-38 [例 3-13] 图

$$H=h+h_w+\frac{p-p_a}{\rho g}=h+h_w+\frac{p_g}{\rho g}$$

$$=30+5+\frac{3\times10^5}{998.2\times9.8}=65.6(\text{mH}_2\text{O})$$

从上述的两个例题，我们了解了水泵在管道系统中的作用。[例 3-12] 说明了水泵从低处吸水的工作原理。同虹吸管的吸水道理一样，对水泵的安装高度也有限制，安装高度 h_S 越高，水泵进口处 2—2 断面的真空值越大，为防止水泵内的水发生汽化，真空不易过高。[例 3-13] 是生活中经常遇到的水泵向高处水塔供水的问题。注意水泵在管道当中所起的作用，水泵工作时消耗外界的电能，将电能转化为流体的能量，流体获得的外界的能量在列伯努里方程时要考虑到。

第七节 流体的动量方程式

工程上经常涉及流体流动时与所接触的固体壁面的相互作用问题，流体自身有其质量，尤其是液体的质量在运动过程中产生的动量是不可忽视的，动量的变化是和外力的作用紧密相连的。一般我们认为接触流体的固体壁面对流体施加外力，那么流体对壁面的反作用力就同时存在，所以当流体运动的速度不论是大小还是方向发生改变时，即流体的动量发生变化时，就会对接触的固体壁面产生作用力，作用力的计算就是利用动量方程式进行的。

一、理论力学中动量定理的回顾

在固体力学中，物体的质量 m 与速度 $\vec{v}$ 的乘积称为物体的动量，作用于物体所有外力的合力 ΣF 和作用时间 Δt 的乘积 $\Sigma F\Delta t$ 称为冲量。动量定律指出，作用于物体上的合力，等于物体的动量变化率，即

$$\Sigma\vec{F}=\frac{\Delta(m\vec{v})}{\Delta t}$$

这里，时间和质量都是标量，没有方向，只有力和速度是矢量，所以解动量方程要注意方向。

二、流体动量方程式的推导

流体和刚体一样遵循动量定律，即所受合外力等于动量的变化率。

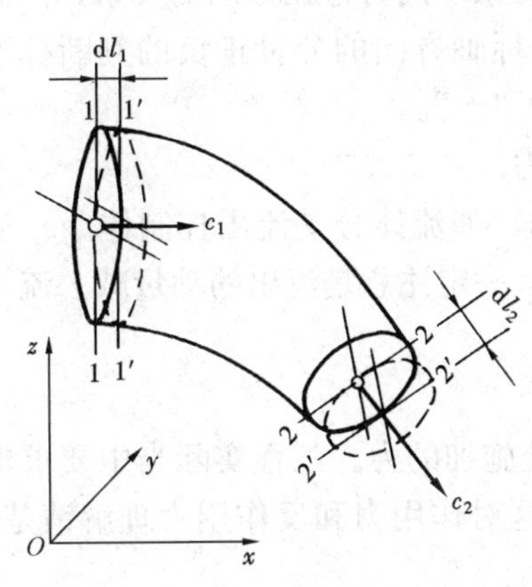

图 3-39 动量方程式推导用图

设流体在管内作定常流动，如图 3-39 所示。取截面 1—1 和 2—2 之间的流段作为研究对象，两截面上的平均流速分别为 c_1 和 c_2，经过 dt 时间后，流体从位置1—2流到 1′—2′。流段的动量变化等于 1′—2′控制体内与1—2控制体内的动量之差。由于定常流动中流管内各空间点的流速不随时间变化，1′—2 内流体的动量没有改变，所以在 dt 时间内，动量变化就等于 2—2′段的动量和 1—1′段的动量之差，即

$$d(m\vec{c})=\rho\, q_V dt\vec{c}_2-\rho\, q_V dt\vec{c}_1$$

故有

$$\Sigma\vec{F}dt=\rho\, q_V dt\vec{c}_2-\rho\, q_V dt\vec{c}_1$$

两端略去 dt，得动量方程为

$$\Sigma\vec{F}=\rho\, q_V(\vec{c}_2-\vec{c}_1) \tag{3-33a}$$

其意义是：作用在控制体上流体的合外力等于单位时间内流出控制体的动量减去流入控制体的动量。

外力 ΣF 有两大类：一类是质量力（如重力、惯性力等）；另一类是表面力（如压力、切向摩擦力等）。

式（3-33a）是一个矢量式，在实际计算中，一般采用其坐标轴向分量形式，即

$$\begin{aligned}\rho\, q_V(c_{2x}-c_{1x})&=\Sigma F_x\\ \rho\, q_V(c_{2y}-c_{1y})&=\Sigma F_y\\ \rho\, q_V(c_{2z}-c_{1z})&=\Sigma F_z\end{aligned} \tag{3-33b}$$

三、动量方程式的适用条件及注意事项

1. 动量方程式的适用条件

由前面的分析可知，动量方程式不像能量方程式那样，有诸多限制条件。下面我们对比着向大家介绍动量方程式的注意事项：

(1) 流体必须是定常流。这一条件在动量方程式的推导过程中已清楚地表述，否则不能得到式（3-33a）。

(2) 流体是不可压缩流体。

(3) 质量力不再像能量方程式那样只考虑重力。分析合外力时涉及的所有质量力都要考虑，如离心力、惯性力等。

(4) 动量定理应用到流体运动学中不再属于简单的一维流动。我们经常需要建立平面或三维空间坐标，分析流体运动和受力问题。

(5) 动量方程式有时用于解决流体分支流动的受力问题。因为流体经固体阻挡和绕流很容易分支或分散开来。

(6) 动量方程式的研究对象是控制体，因此分析受力时，不仅要考虑控制面上的力，还要考虑整个控制体的受力情况。

2. 应用动量方程式的注意事项

动量方程式是向量方程式，而能量方程式是标量方程式。标量方程式只反映方程中各变量之间的数量关系，而向量方程式不仅要解决数量之间的关系，同时存在方向的关系，因此列动量方程式之前必须选定坐标系，标明方向。矢量在坐标轴方向的分量正负的判断标准是：与坐标轴方向一致的为“+”，与坐标轴方向相反的为“−”。

用动量方程式解题有两大难点：一是速度，二是合外力。

c_2 表示流出控制体的速度，特殊情况下 c_2 不是唯一的，如流体分支流出控制体。c_1 表示流入控制体的速度。计算控制体内流体动量的变化量时，一定注意是流出的动量减去流入的动量，即 c_2 和 c_1 的顺序不能颠倒。

分析合外力应注意以下几点：

(1) 方程式中的 ΣF 是指外界物体对控制体内流体系统施加的力。工程实际当中要求求解的是流体对物体的作用力。我们在分析受力时，一定把这对作用力和反作用力理解清楚，明确施力对象和受力对象。

(2) ΣF 一般有两大类：表面力和质量力。

表面力是指系统所在控制体所有的表面力。压力值通常取相对压力值。

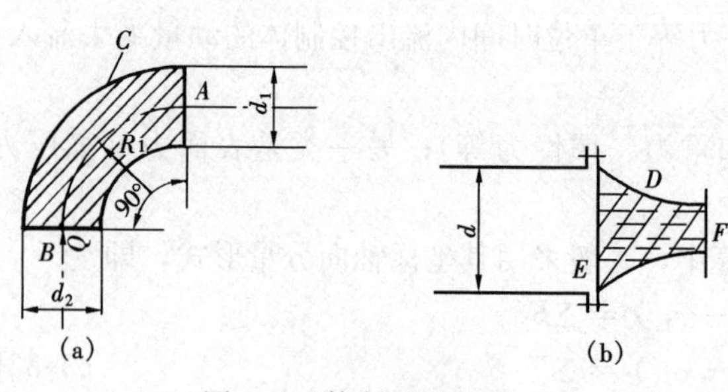

图 3-40 控制面的类型
(a) 控制体 1——弯管；(b) 控制体 2——喷嘴

控制体的表面通常有两种情况：第一种是与固体相接触的表面（图 3-40 中控制体 1 的 C 面与控制体 2 的 D 面），其表面力就是流体与物体之间的作用力，通常这类力是要求解的对外界物体的作用力；第二种就是与控制体外流体相接触的表面（图 3-40 中控制体 1 的 A、B 面，控制体 2 的 E、F 面），其表面力就是该截面的压力值。

分析质量力时，我们着重注意哪些质量力需考虑，哪些质量力不需考虑。如在弯管中流动的流体的离心力该不该作为质量力考虑呢？在控制体内部，离心力被流体间的相互作用力所平衡，在控制面上，离心力转化成了表面力，若在分析表面力时考虑到这一力，离心力就不能再计算了。收缩管段的受力分析也是一样的，当流体流经收缩管段加速时，一定受到了一个惯性力 ma，但这个惯性力与我们前面分析的离心力一样，是收缩管壁给流体的作用力，若考虑了管壁给流体的表面作用力，惯性力就不能计算了，否则同样一个力重复计算两次。

四、动量方程式的解题步骤

（1）根据题意，选取合适的控制体。控制体中各个控制面的特征要分析清楚。

（2）确定坐标系，明确正方向。平面流动问题取平面坐标系 xoy，空间流动问题要建立三维坐标系。本书仅限讨论平面流动问题。

（3）确定控制体流出、流进的控制面，并确定控制面上的运动参数，从而确定控制体内流体动量的变化率。

（4）分析各方向的受力，计算各方向的合外力 ΣF_x、ΣF_y。

（5）列动量守恒方程式，联立其他方程式（如连续性方程式、能量方程式等），求解方程式。

（6）分析结果，确定所求解的力的大小和方向。

五、应用举例

1. 作用在平面上的冲击力

【例 3-14】 如图 3-41 所示，液体射流垂直地射击一固定平板，试推导射流作用力的表达式。若射流直径为 50mm，水流速度为 6.3m/s，计算水对平板的作用力。

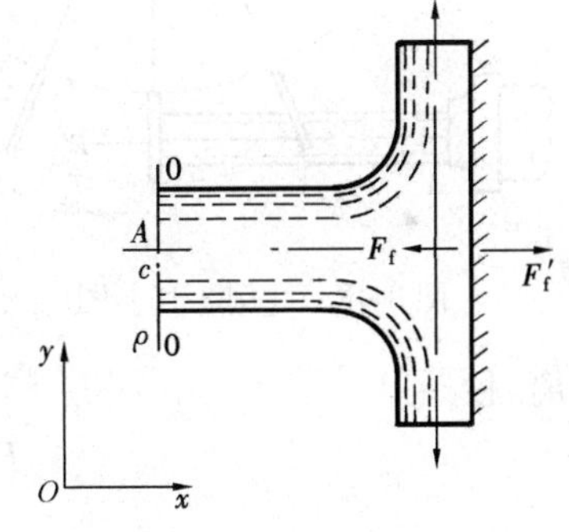

图 3-41 ［例 3-14］图

解 取控制体如图 3-14 所示，建立坐标系 xOy。

设射流流速为 c，横截面面积为 A，液体密度为 ρ，射流射击平板时不回弹，向侧边的整个平板表面扩散。

与大气接触的控制面的表面力均为零，与平板接触的表面流体受平板的作用力为 F_f。x 方向列动量方程式

$$\Sigma F_x = \rho q_V (c_{2x} - c_{1x})$$

得：$-F_f = \rho Ac(0-c) = -\rho Ac^2$，即

$$F_f = \rho Ac^2$$

将 $\rho = 1000\text{kg/m}^3$，$A = \frac{1}{4}\pi\ (0.05)^2 = 1.96\times10^{-3}\ (\text{m}^2)$，$c = 6.3\text{m/s}$，代入上式得

$$F_f = 1000\times1.96\times10^{-3}\times6.3^2 = 78(\text{N})$$

根据作用力与反作用力原理，水流对平板的作用力为 78N，方向向右。

【例 3-15】 如图 3-42 所示，一射水流以速度 c 从喷嘴射出，并垂直地射击以速度 u 与射流同向运动的平板。如果射流横截面面积为 A，试推导射流作用力的表达式。如射流直径为 22.5cm，$c = 0.6\text{m/s}$，射流流量为 $0.14\text{m}^3/\text{s}$，求射流对平板的作用力以及它每秒在平板上做的功。

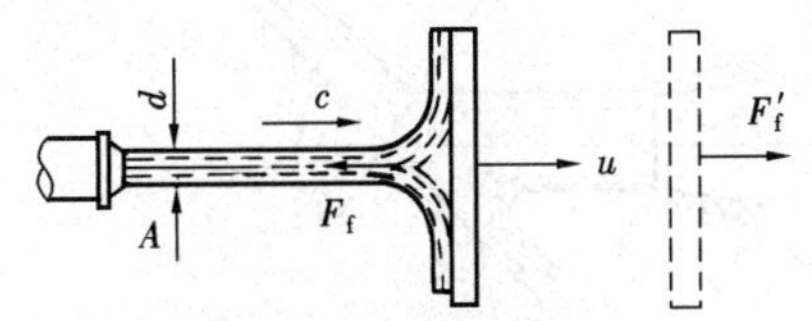

图 3-42 ［例 3-15］图

解 取控制体如图 3-42 所示，将坐标系固接于运

动的平板上，因此，在相对坐标系中，流动是定常的。

设水平方向平板作用在流体上的力为 F_f。在相对坐标系中，射流速度为 $c-u$。在 x 方向列动量方程式为

$$\Sigma F_x = \rho q_V(c_{2x} - c_{1x})$$

$$-F_f = \rho Ac[0-(c-u)] = -\rho A(c-u)^2, \text{即}$$

$$F_f = \rho Ac(c-u)$$

将 $\rho=1000\text{kg/m}^3$，$A=\frac{1}{4}\pi\ (0.225)^2=0.0398\ (\text{m}^2)$，$c=q_V/A=\frac{0.14}{0.0398}=3.52\ (\text{m/s})$，$u=0.6\text{m/s}$代入，得

$$F_f = 1000\times0.0398\times3.52\times(3.52-0.6) = 408(\text{N})$$

作用在平板上的力 $F_{f'}=408\text{N}$，方向向右。

在平板上作的功/秒=作用的力×运动的距离/秒，即 $F_{f'}u=408\times0.6=245\ (\text{W})$

【例 3-16】 如图 3-43 所示，在下冲式水轮机中，冲击径向平板轮叶族的水流流速为 6m/s，横截面面积 A 为 0.1m^2，被冲击叶片的速度为 3m/s。试计算水流作用在轮叶族上的力，每秒作的功以及水力效率。

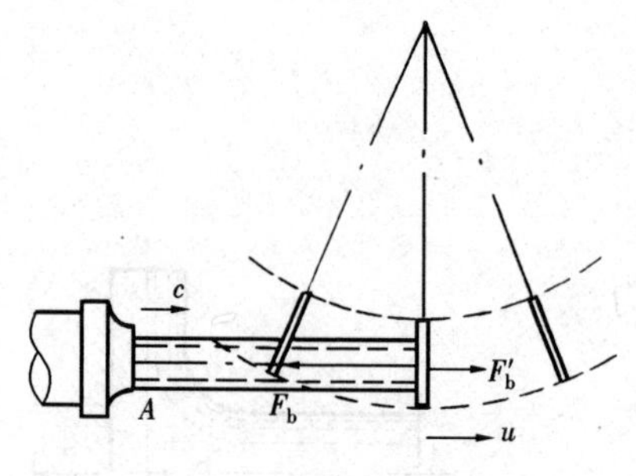

图 3-43 ［例 3-16］图

解 假设轮子的直径相当大，因此，冲击方向可以近似地视为与叶片垂直。

取控制体如图 3-43 所示。在相对坐标系中，流动是定常的。在叶片垂直方向列动量方程式

$$-F_b = \rho Ac[0-(c-u)]$$

代入 $\rho=1000\text{kg/m}^3$，$A=0.1\text{m}^2$，$c=6\text{m/s}$，$u=3\text{m/s}$，得

$$F_b = 1000\times0.1\times6\times3 = 1800(\text{N})$$

水流作用在叶片族上的力 $F_{b'}=1800\text{N}$，方向向右。

单位时间内水流在叶片族上做的功=力×运动的距离/秒

$$F_b'u = 1800\times3 = 5400(\text{W})$$

$$\text{水力效率}=\frac{\text{水做的功}}{\text{水提供的能量}}$$

其中，水射流每秒的动能为$\frac{1}{2}\rho Ac^3=1000\times0.1\times\left(\frac{1}{2}\times6^3\right)=10\ 800\ (\text{W})$。

水力效率为 $\frac{5400}{10\ 800}=0.5=50\%$

水轮机的工作原理就是根据上述原理设计的，水轮机的叶片在水流的冲击下会使轴高速旋转，高速旋转的机械能经发电机转换成电能。

【例 3-17】 如图 3-44 所示，水平射流冲击一倾斜放置的平板，射流横截面面积为 A，速度为 c，试推导射流对平板的作用力。

解 建立如图 3-44 所示的射流控制体和坐标系。当射流冲击斜平板时，射流并不回弹，而沿斜平板的

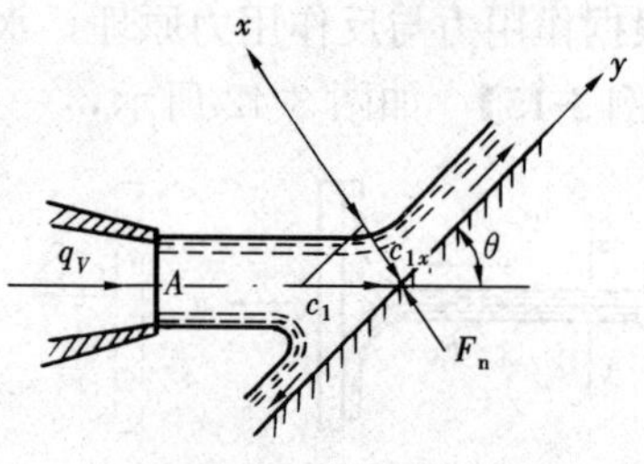

图 3-44 ［例 3-17］图

各个方向流出。假设平板是光滑的不考虑摩擦力，那么平板对水流只有垂直于平板方向的作用力，其大小为 F_n。

流进控制体的速度在垂直于平板方向上的分量 $c_{1x}=-c\sin\theta$

列 x 方向的动量方程，由 $\Sigma F=\rho q_V(c_{2x}-c_{1x})$，得

$$F_n=\rho Ac(0+c\sin\theta)=\rho Ac^2\sin\theta$$

2. 作用在曲面上的力

【例 3-18】 速度为 15m/s 的射流水沿切向冲击一圆弧叶片，圆弧所对的圆心角是 120°，如图3-45所示。当射流的质量流量为 $q_m=0.45$kg/s 时，求叶片对水流的作用力，设叶片固定不动。

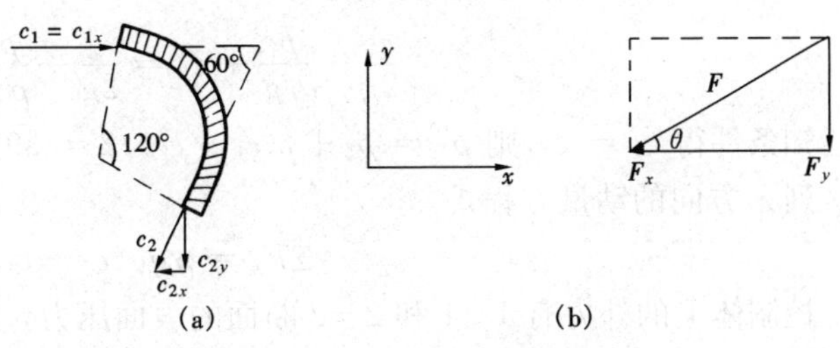

图 3-45　［例 3-18］图

解　控制体为水流流经叶片一段。坐标系的 x 方向与射流进入方向平行，y 方向与射流进入方向垂直。设叶片对水流的作用力为 F，在 x 方向和 y 方向的分量为 F_x，F_y，如图3-45 所示。

在 x 方向上列动量方程，得 $\Sigma F_x=\rho q_V(c_{2x}-c_{1x})$

其中：$c_{1x}=15$m/s，$c_{2x}=-15\cos60°$m/s，$\rho q_V=q_m$，代入上式得

x 方向上的动量变化率 $q_m(c_{2x}-c_{1x})=-0.45\times15(1+\cos60°)$

$F_x=-0.45\times15(1+\cos60°)=-10.1$(N)。负号表示叶片给水流的作用力与 x 轴的方向相反。

在 y 方向上列动量方程，得 $\Sigma F_y=\rho q_V(c_{2y}-c_{1y})$，其中 $c_{1y}=0$，$c_{2y}=-15\sin60°$，代入上式得

$$F_y=-0.45\times15\sin60°=-5.84(\text{N})$$

负号表示叶片给水流的作用力与 y 轴的方向相反。

合力　$F=\sqrt{F_x^2+F_y^2}=\sqrt{10.1^2+5.84^2}=11.7(\text{N})$，方向如图所示。

设 θ 等于进入射流作用力 F 的倾角，则

$$\tan\theta=\frac{F_y}{F_x}=\frac{5.84}{10.1}=0.578,\quad \theta=30°$$

不难看出，在相同的条件下，水流作用在弯曲叶片上的力比作用在平面叶片上的力要大，所以工程实际当中一些靠水流冲击转动的叶片是弯曲的，这样会获得更大的能量。

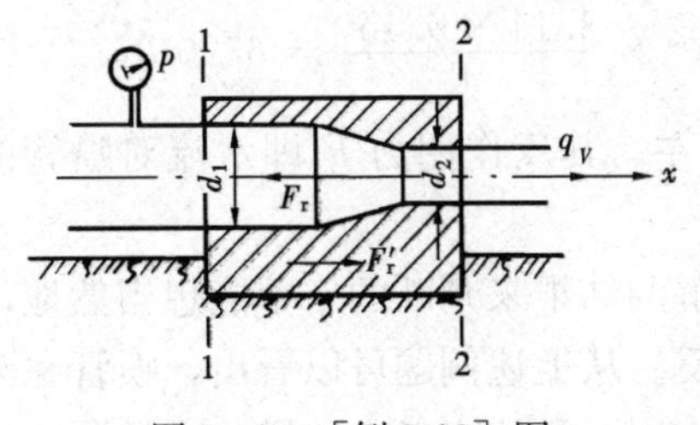

图 3-46　［例 3-19］图

3. 作用在渐收缩管上的力及射流的反作用力

【例 3-19】 如图 3-46 所示，嵌入座内的一段供水管，直径由 $d_1=1.5$m 缩小到 $d_2=1.0$m，当支座前的相对压力 $p=4\times10^5$Pa，流量 $q_V=1.8\text{m}^3/\text{s}$ 时，不计流动阻力，试确定渐缩管支座上所承受的轴向力。

解　取渐缩管 1－1 到 2－2 的管段为控制体，取水流方向为 x 轴的正方向，如图 3-46 所示。

首先列 1—1，2—2 断面的连续性方程式

$$c_1A_1 = c_2A_2 = q_V = 1.8(\mathrm{m^3/s})$$

$$c_1 = \frac{q_V}{A_1} = \frac{1.8\times4}{3.14\times1.5^2} = 1.02(\mathrm{m/s})$$

$$c_2 = \frac{q_V}{A_2} = \frac{1.8\times4}{3.14\times1.0^2} = 2.3(\mathrm{m/s})$$

列 1—1，2—2 断面的伯努利方程

$$\frac{c_1^2}{2g} + \frac{p_1}{\rho g} + z_1 = \frac{c_2^2}{2g} + \frac{p_2}{\rho g} + z_2$$

由已知条件得 $z_1 = z_2$，则 $p_2 = p_1 + \rho(c_1^2 - c_2^2)/2 = 397\,864(\mathrm{Pa})$

列 x 方向的动量方程式

$$\Sigma F_x = \rho q_V(c_2 - c_1)$$

控制体上的外力有 1—1 和 2—2 断面的表面压力，渐缩管对水流的作用力 F_r，那么

$$\Sigma F_x = p_1A_1 - p_2A_2 - F_r$$

则 $F_r = p_1A_1 - p_2A_2 + \rho q_V c_1 - \rho q_V c_2 = A_1(\rho c_1^2 + p_1) - A_2(\rho c_2^2 + p_2) = 391(\mathrm{kN})$

那么渐缩管对支座的作用力 F'_r为 391kN，方向向右。

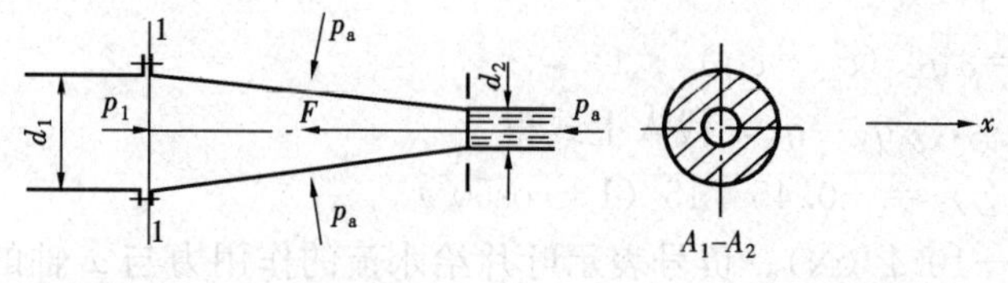

图 3-47 ［例 3-20］图

【例 3-20】 如图 3-47 所示喷嘴进口直径 d_1=150mm，出口直径 d_2=50mm，喷嘴入大气的流量 q_V=60×10^{-3}m³/s，流动不计损失，试求喷管与管道连接的螺栓所受的拉力。

解 以喷管进口、出口断面及侧面所围空间为控制体。水流轴向方向为 x 正方向。据题意列 1—1、2—2 断面的连续方程式和伯努利方程式

$$c_1A_1 = c_2A_2 = q_V = 0.06(\mathrm{m^3/s})$$

$$\frac{c_1^2}{2g} + \frac{p_1}{\rho g} = \frac{c_2^2}{2g}$$

$$c_1 = \frac{4\times0.06}{3.14\times0.15^2} = 3.4(\mathrm{m/s}),\quad c_2 = \frac{4\times0.06}{3.14\times0.05^2} = 30.57(\mathrm{m/s})，则$$

$$p_1 = \rho g\,\frac{c_2^2 - c_1^2}{2g} = 9807\times\frac{30.57^2 - 3.40^2}{2\times9.8} = 461.48(\mathrm{kPa})$$

设喷嘴对水流的作用力为 F，列 x 方向的动量方程式

$$\rho q_V(c_2 - c_1) = p_1A_1 - F$$

$$F = -\rho q_V(c_2 - c_1) + p_1A_1$$

$$= -1000\times0.06\times(30.57 - 3.4) + 461.48\times10^3\times\frac{3.14\times0.15^2}{4} = 6520(\mathrm{N})$$

喷嘴对水流的作用力 F 的方向与 x 轴方向相反，向左。其反作用力 F' 即水流对喷管的作用力，也是喷管作用在螺栓上的拉力，方向向右。

不论是射流喷管还是渐缩管，其受力方向是经过求解的结果来判断的，不能想当然地认为，喷管和渐缩管的受力一定和水流加速流动的方向相反。从上述例题可以看出，喷管和渐缩管上的受力方向与水流方向一致，因为这里有压力的作用。我们来考虑这样一个问题，一

辆小车盛一大箱水（如图 3-48 所示），水经底下一小孔喷射出来，小车和水箱的受力方向如何？如图所示，小孔水流喷射的动力来源于水箱的高水位 H，由 x 方向水流的动量方程直接得出水流的受力 F：

$$F=\rho q_V(c-0)=\rho c^2A=2\rho gHA\left(\text{因为}\frac{c^2}{2g}=H\right)$$

其反作用力就是水流对小车和水箱的反推力。不难看出，该推力一旦克服了地面的摩擦阻力就会使小车向喷射水流的反方向运动，这就是我们常说的射流反作用力。

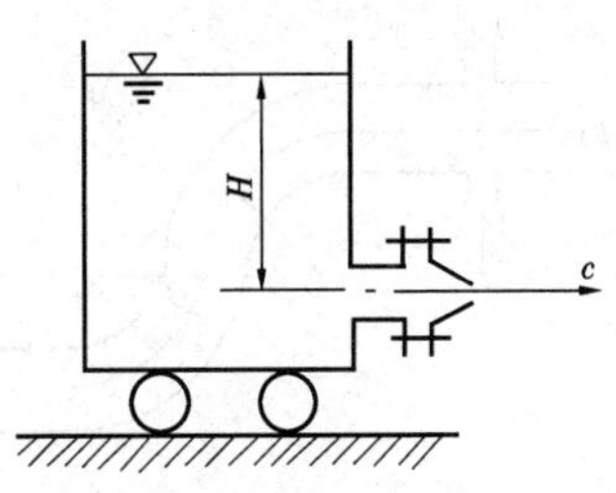

图 3-48　射流的反作用

4. 作用在弯管上的力

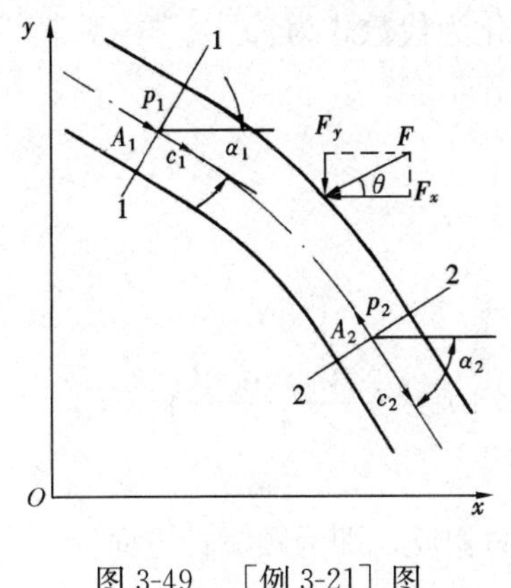

图 3-49　［例 3-21］图

【例 3-21】 设一水平弯管（见图 3-49），已知水流流量为 q_V，断面 1—1 和 2—2 的压力、平均速度、管轴和 x 轴的夹角分别为 p_1，p_2，c_1，c_2，α_1，α_2。试推导弯管对水流的作用力 F 的计算式。

解　取 1—1，2—2 断面围成的管段为控制体。建立如图 3-49 所示的坐标系。弯管对水流的作用力 F 在 x 和 y 轴的分力分别为 F_x 和 F_y。

x 方向的受力分析为

$$\Sigma F_{xt}=p_1A_1\cos\alpha_1-p_2A_2\cos\alpha_2-F_x$$

y 分析的受力分析为

$$\Sigma F_{yt}=-p_1A_1\sin\alpha_1+p_2A_2\sin\alpha_2-F_y$$

则 x，y 方向的动量方程式分别为

$$\Sigma F_{xt}=p_1A_1\cos\alpha_1-p_2A_2\cos\alpha_2-F_x=\rho q_V(c_2\cos\alpha_2-c_1\cos\alpha_1)$$
$$\Sigma F_{yt}=-p_1A_1\sin\alpha_1+p_2A_2\sin\alpha_2-F_y=\rho q_V(-c_2\sin\alpha_2+c_1\sin\alpha_1)$$

解得

$$F_x=p_1A_1\cos\alpha_1-p_2A_2\cos\alpha_2-\rho q_V(c_2\cos\alpha_2-c_1\cos\alpha_1)$$
$$F_y=-p_1A_1\sin\alpha_1+p_2A_2\sin\alpha_2+\rho q_V(c_2\sin\alpha_2-c_1\sin\alpha_1)$$

那么，$F=\sqrt{F_x^2+F_y^2}$，　$\tan\theta=\dfrac{F_y}{F_x}$，　$\theta=\arctan\left(\dfrac{F_y}{F_x}\right)$

第八节　流体的动量矩方程式

在研究流体的旋转运动时，我们必须应用动量矩定律。从一般的力学原理可以这样描述动量矩定律：作用在控制体上的合外力矩等于控制体体积内动量矩的变化率。动量矩定律的解题步骤和注意事项与动量定律类似。理解和应用动量矩定律，其难点和重点是解决好合外力矩和动量矩的概念及计算。

$$\Sigma\vec{F}\times\vec{r}=\rho q_V(\vec{c}_2\times\vec{r}_2-\vec{c}_1\times\vec{r}_1)\tag{3-34}$$

式中　$\vec{F}\times\vec{r}$——力矩；

$\vec{c}\times\vec{r}$——速度矩。

分析流体转动时，我们必须找到一个转动轴心，力矩和动量矩才可以计算。同时还要注

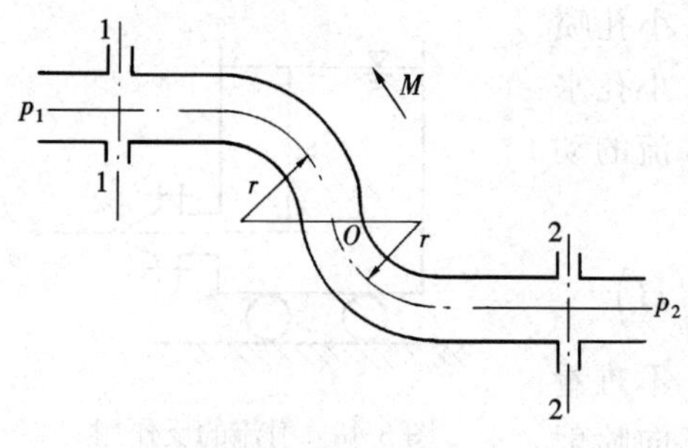

图 3-50 ［例 3-22］图

意方向，规定动量矩逆时针为正、顺时针为负。下面举例介绍动量矩定律的应用。

【例 3-22】 如图 3-50 所示，水在 $p_1=2\times10^5$Pa 的压强下沿鸭嘴形均匀弯管流出。流量 $q_V=0.125\text{m}^3/\text{s}$，弯管直径 $d=200$mm，弯管曲率半径 $r=600$mm。若忽略流动损失和水的重力，试求弯管所受的力矩为多少？

解 取 1—1，2—2 两截面和管子所包围的流体为控制体。根据动量矩方程，对 o 点取矩

$$\Sigma\vec{F}\cdot\vec{r}=\rho q_V(\vec{c}_2\cdot\vec{r}_2-\vec{c}_1\cdot\vec{r}_1)$$

取图中箭头方向作为所有矢量矩的正方向，将上述方程化为代数式为

$$M-p_1A_1r_1-p_2A_2r_2=\rho q_V(c_2r_2+c_1r_1)$$

式中 M——管道壁对流体的作用力矩。

因为 $r_1=r_2$，所以 $A_1=A_2$，$c_1=c_2$，$p_1=p_2$。

上式可以简化为

$$\begin{aligned}M&=2r(\rho q_Vc+pA)\\&=2\times0.6\times\left(10^3\times0.125\times\frac{0.125\times4}{3.14\times0.2^2}+2\times10^5\times\frac{3.14\times0.2^2}{4}\right)\\&=8136(\text{N}\cdot\text{m})\end{aligned}$$

水对管壁的作用力矩为 8136N·m，方向与图中箭头方向相反，即为顺时针方向。

【例 3-23】 如图 3-51 所示，洒水器两边喷水，如果每个喷嘴的喷水量均为 80cm³/s，忽略机械摩擦，求洒水器转动时所需要的力矩。

解 洒水器喷水的反作用力力矩推动其转动，则

$$\begin{aligned}M&=\rho q_V(c_2r_2+c_1r_1-0)=\rho q_V\frac{q_V}{A}(r_1+r_2)\\&=10^3\times(80\times10^{-6})^2\times\frac{(0.15+0.2)\times4}{3.14\times0.012^2}\\&=0.0198(\text{N}\cdot\text{m})\end{aligned}$$

洒水器所受的转动力矩为 0.019 8N·m，方向为顺时针。

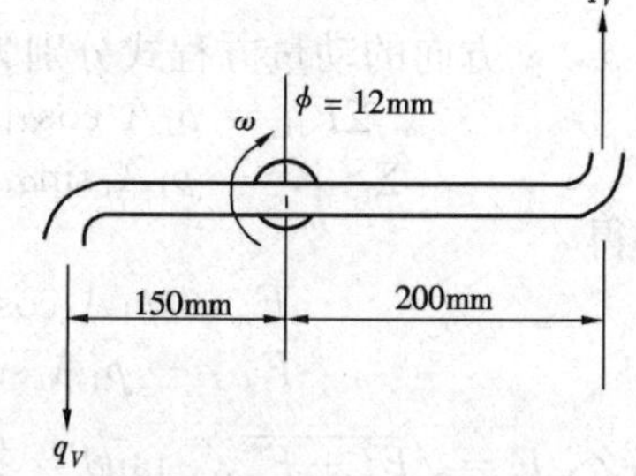

图 3-51 ［例 3-23］图

【例 3-24】 以离心水泵为例，试推导叶轮工作原理，其流体获得能量的表达式。

解 如图 3-52 所示，取 1—2 及 3—4 两片叶片间的流体为控制体，1—4 为流入面，2—3为流出面（分别称为叶轮的进口、出口断面）。图中 w 为流体相对叶轮的速度（相对速度），u 为流体随叶轮旋转的圆周速度（牵连速度），c 为流体的绝对速度。

动量矩方程为

$$M=\rho q_V(\vec{c}_2\cdot\vec{r}_2-\vec{c}_1\cdot\vec{r}_1)$$

取叶轮的旋转中心为轴心，逆时针旋转为正方向。上式的代数式为

$$M=\rho q_V(c_2\cdot r_2\cos\alpha_2-c_1\cdot r_1\cos\alpha_1)$$

$$M=\rho q_V(r_2c_{2u}-r_1c_{1u})$$

叶轮转动所需的功率为

$$N=M\cdot\omega$$

式中 c_{2u}——$c_2\cos\alpha_2$；

c_{1u}——$c_1\cos\alpha_1$；

ω——叶轮旋转的角速度，rad/s。

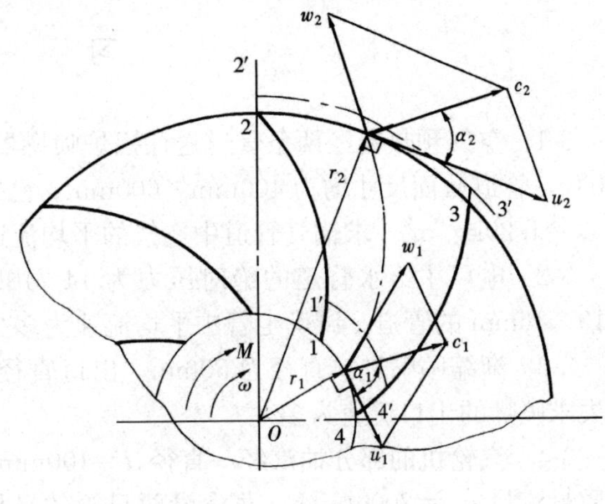

图 3-52 ［例 3-24］图

流体获得的功率为

$$N=\rho q_V(\omega r_2c_{2u}-\omega r_1c_{1u})$$
$$=\rho q_V(u_2c_{2u}-u_1c_{1u})=pq_V$$

p 为流体所获得的压力。因为 $p=\rho gH=\rho(u_2c_{2u}-u_1c_{1u})$，所以，流体的扬程为

$$H=\frac{1}{g}(u_2c_{2u}-u_1c_{1u})$$

由上述例题可以看出，动量矩方程式奠定了叶轮机械的理论基础。

思 考 题

3-1 什么是运动要素？包括了哪几项？

3-2 描述流体流动的方法有哪几种？它们的本质区别是什么？

3-3 什么是流线？什么是迹线？它们之间有什么区别？什么时候流线与迹线重合？

3-4 流线的特点是什么？流线形状与固体边界形状有何关系？流线的疏密与过流断面面积有何关系？试画图说明。

3-5 什么是系统？什么是控制体？二者有什么区别？

3-6 流场可分为哪些类型？各有什么特点？

3-7 怎样区别定常流动和非定常流动？试举例说明。

3-8 应用连续性方程式解决问题时，为什么说满足连续性方程的流场存在，而不满足连续方程的流场是不存在的？

3-9 用伯努利方程式解决一元流动问题时，为什么没有考虑流体的温度变化？通常我们解题时认为流体的温度是不变化的，为什么？

3-10 连续性方程式、伯努利方程式的物理意义是什么？

3-11 伯努利方程式有哪些适用条件？

3-12 文丘里流量计、皮托管的工作原理是什么？

3-13 射水抽气器为什么能完成抽真空的任务？

3-14 用软管建立虹吸管道时，有没有简捷的方法完成抽空气的工作？

3-15 如图 3-53 所示，在一水平管道上有两支测压管。试讨论，当流量增加或减少时，两支测压管液面高度 h_1 和 h_2 将如何变化？

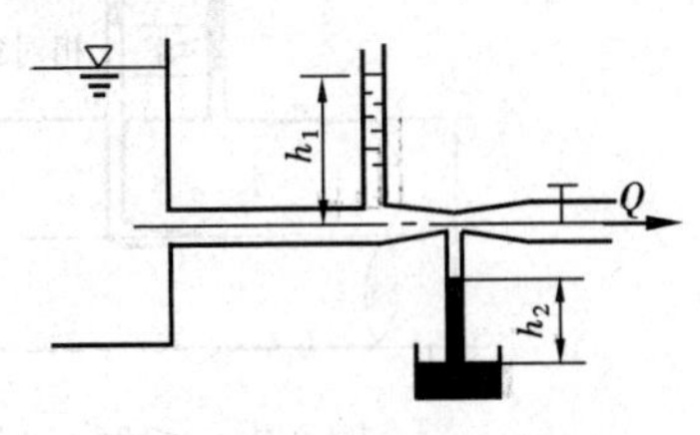

图 3-53 思考题 3-15 图

习　　题

3-1　空气预热器经两条管道送往锅炉喷燃器的空气的质量流量 $q_m=8000$kg/h，气温为400℃，管道截面尺寸均为400mm×600mm。已知标准状态（0℃，101 325Pa）下空气的密度 $\rho_0=1.29$kg/m^3，求输气管道中空气的平均流速。

3-2　电厂主给水管道的绝对压力为14 710kPa，温度为215℃，流量为237t/h，采用 $\phi219\times16$mm 的管道。试确定管中平均流速为多少？

3-3　渐缩喷嘴进口直径为50mm，出口直径为10mm。若进口流速为3m/s，不计流动损失求喷嘴的出口流速为多少？

3-4　汽轮机的部分抽汽经一直径 $d=100$mm 的蒸汽管道进入母管中（如图3-54所示），其质量流量 $q_m=2000$kg/h。蒸汽沿两只管的平均流速均为25m/s。质量流量分别为 $q_{m1}=500$kg/h，$q_{m2}=1500$kg/h。蒸汽自汽轮机流出时的比体积 $v=0.38$m^3/kg。求蒸汽管道中的平均流速，并确定两只管的直径 d_1 及 d_2。

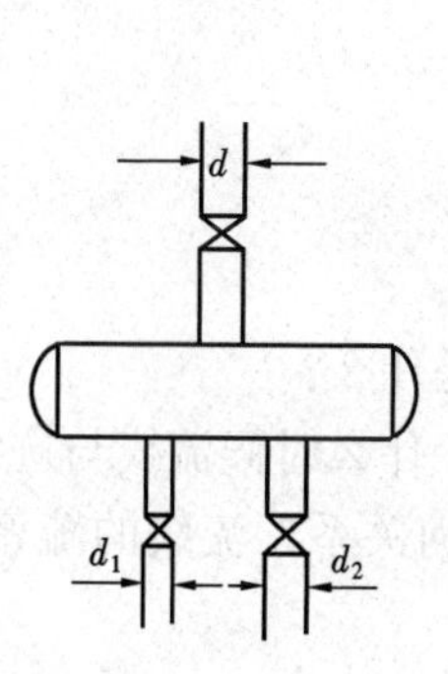

图3-54　习题3-4图

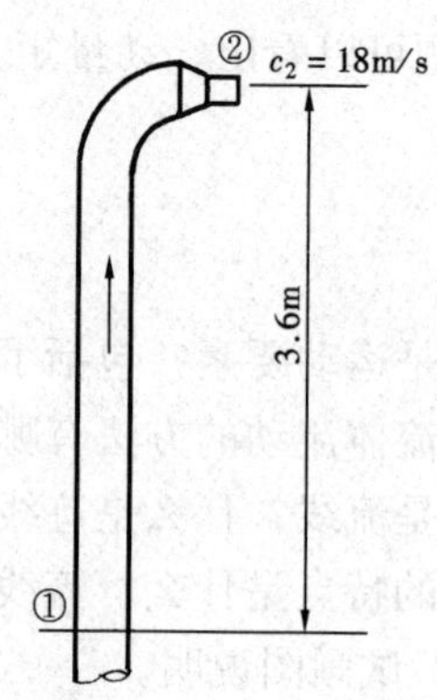

图3-55　习题3-5图

3-5　如图3-55所示，直立圆管管径为10mm，一端装有直径为5mm的喷嘴，喷嘴中心离圆管的①截面的高度为3.6m，从喷嘴排入大气的水流的出口速度为18m/s。不计摩擦损失，计算截面①处所需的计示压力。

3-6　按图3-56所示的条件，求当 $H=30$cm 时的流速 c。

3-7　如图3-57所示，敞口水池中的水沿一截面变化的管道排出，质量流量 $q_m=14$kg/s。若 $d_1=100$mm，$d_2=75$mm，$d_3=50$mm，不计损失。求所需的水头 H 以及第二管段中央 M 点的压力。

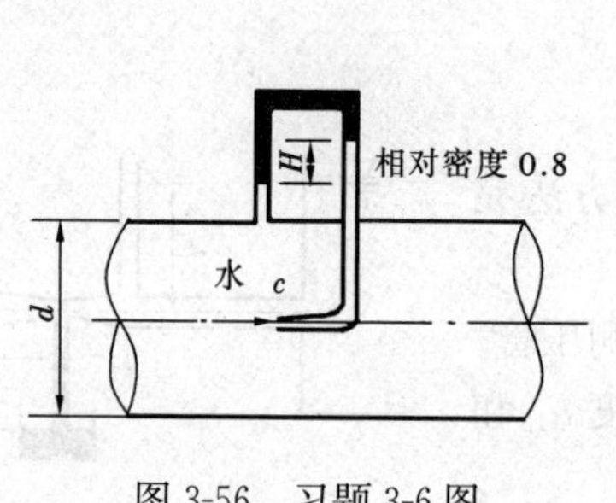

图3-56　习题3-6图

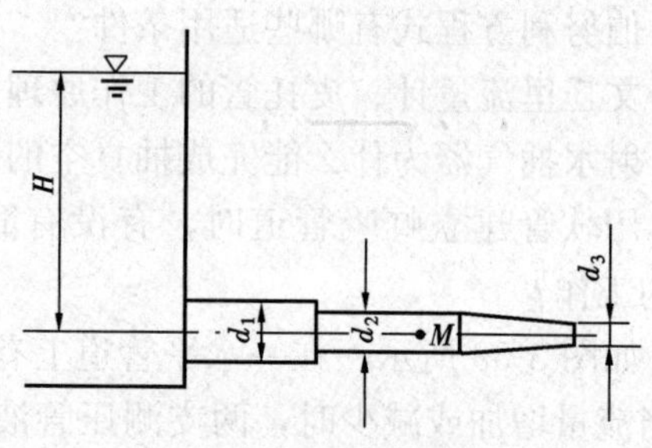

图3-57　习题3-7图

3-8 如图 3-58 所示，厂房布置通风管道，进出口截面面积分别为 $1.2m^2$、$0.6m^2$，进出口的中心高程差 H 为 7m，进出口压差为 200Pa，气流流动不计损失，求通风量。

3-9 一压缩空气罐与文丘里式引水射气器连接，d_1，d_2，h 为已知条件（见图 3-59）。问：气罐压力 p_0 多大时才能将 B 池水抽出？

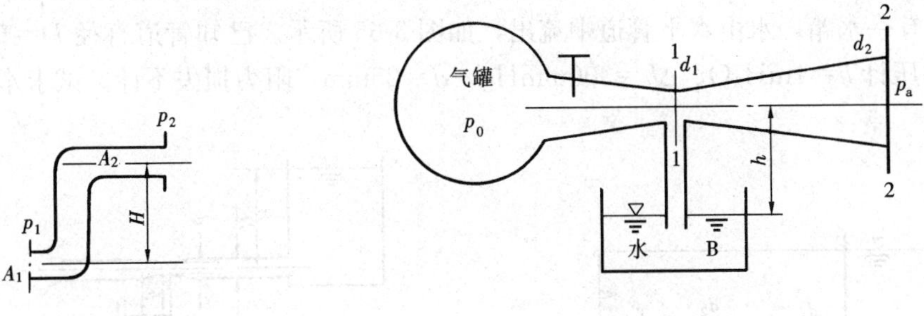

图 3-58 习题 3-8 图　　图 3-59 习题 3-9 图

3-10 如图 3-60 所示，水从井 A 利用虹吸管引到井 B 中，已知流量 $q_{V1}=100m^3/h$，$H_1=3m$，$z=6m$,不计虹吸管中的水头损失。试求虹吸管的管径 d 及上端管中的计示压力值 p。

3-11 如图 3-61 所示，水沿渐缩管道竖直向上流动。已知 $d_1=30cm$，$d_2=20cm$，计示压力 $p_1=19.6N/cm^2$，$p_2=9.81N/cm^2$，$h=2m$。若不计摩擦损失，试计算其流量。

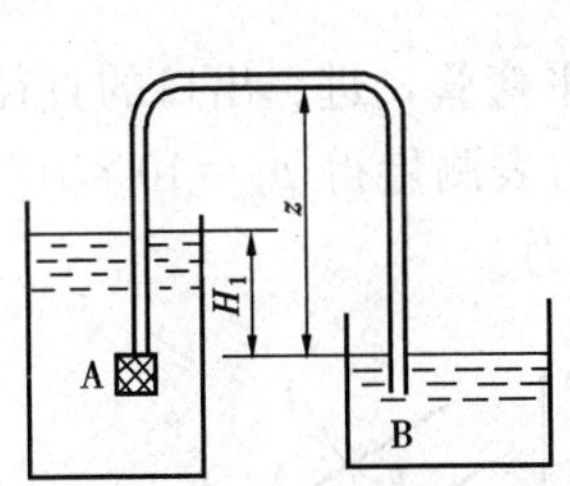

图 3-60 习题 3-10 图

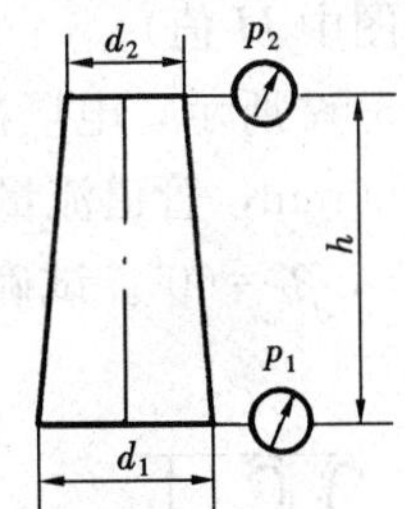

图 3-61 习题 3-11 图

3-12 如图 3-62 所示，离心水泵借一内径 $d=150mm$ 的吸水管以 $q_V=60m^3/h$ 的流量从一敞口水槽中吸水，并将水送至压力水箱。设装在水泵与吸管接头上的真空计指示出负压值为 39 997Pa。水力损失不计，试求水泵的吸水高度 H_s。

3-13 水沿一渐缩渐扩管由水箱中泄出，如图 3-63 所示，已知管道出口直径 $d_2=200mm$，喉部直径 $d_1=100mm$，喉部距水面高 $H_2=0.5m$，当地大气压力为 750mmHg。如

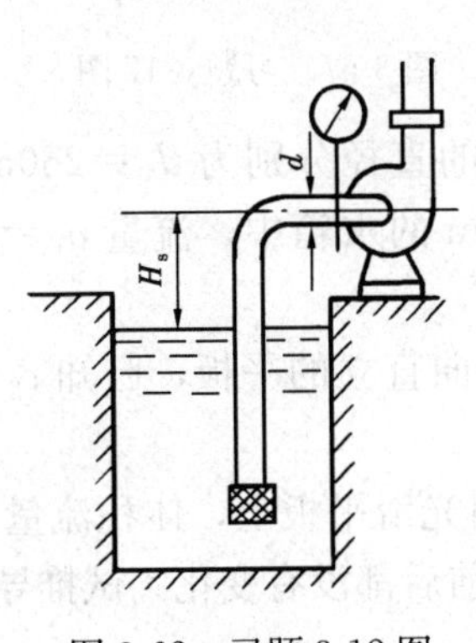

图 3-62 习题 3-12 图

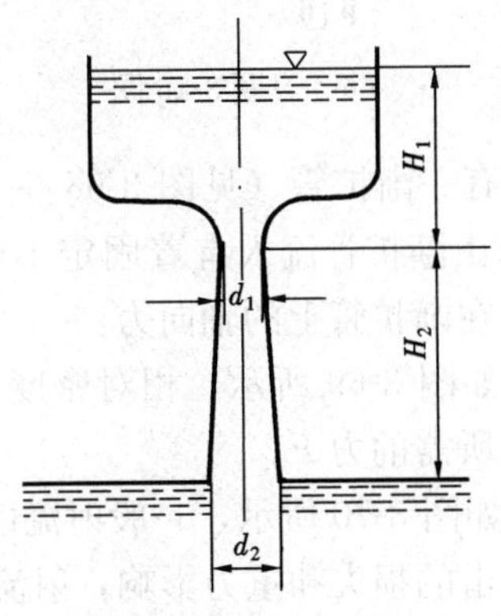

图 3-63 习题 3-13 图

果不计流动时的阻力损失，当收缩的喉部绝对压力为零时，水箱中水面高度 H_1 应为多少？

3-14 一条供水管道有两根不同直径的管子组成，如图 3-64 所示，$d_1=100\text{mm}$，$d_2=200\text{mm}$，水箱液面距管道出口高差 $h=4\text{m}$，阻力损失不计，出口流体动能为 $c_2^2/2\text{g}$。试确定两管段中的流速。

3-15 有一水箱，水由水平管道中流出，如图 3-65 所示。已知管道直径 $D=50\text{mm}$，管道收缩处差压计 $h=1\text{mH}_2\text{O}$，$\Delta h=300\text{mmHg}$，$d=25\text{mm}$，阻力损失不计。试求水箱中水面的高度 H。

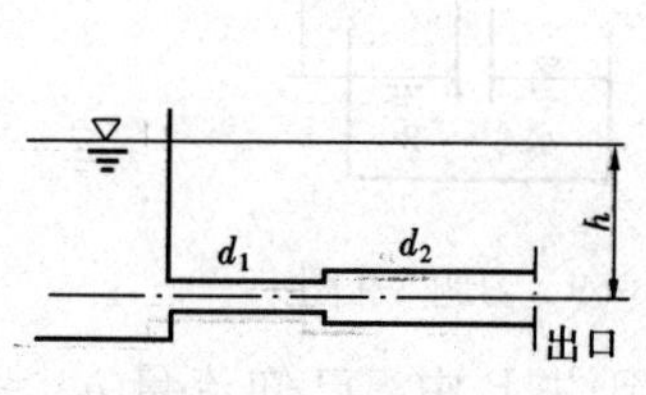

图 3-64 习题 3-14 图

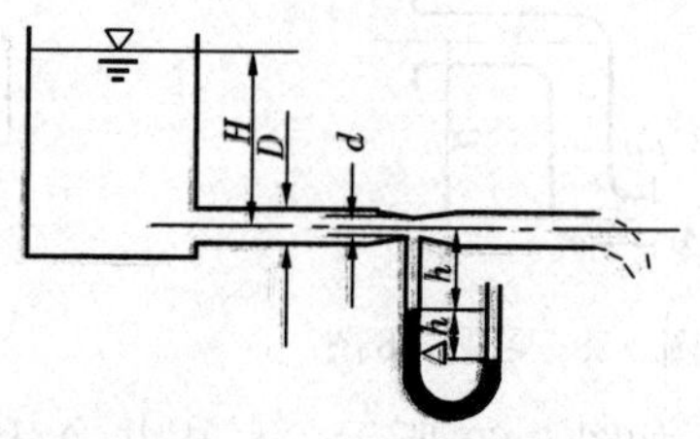

图 3-65 习题 3-15 图

3-16 如图 3-66 所示，水龙头连接在压力水箱上，水龙头的入流速度可忽略不计，压力为 170kPa。水龙头往大气中喷水，设水柱成单根流线，忽略空气阻力，试估计水流能达到的最大高度（图中 H 值）。

3-17 如图 3-67 所示，电厂循环水管道上有一水平弯管，进、出口的直径分别为 $d_1=1000\text{mm}$，$d_2=800\text{mm}$，管道流量 $q_V=5400\text{m}^3/\text{h}$，压力表测量得 $p_1=10\times10^3\text{Pa}$，$p_2=9.5\times10^3\text{Pa}$，$\beta_1=30°$，$\beta_2=60°$。试确定水流对弯管的作用力。

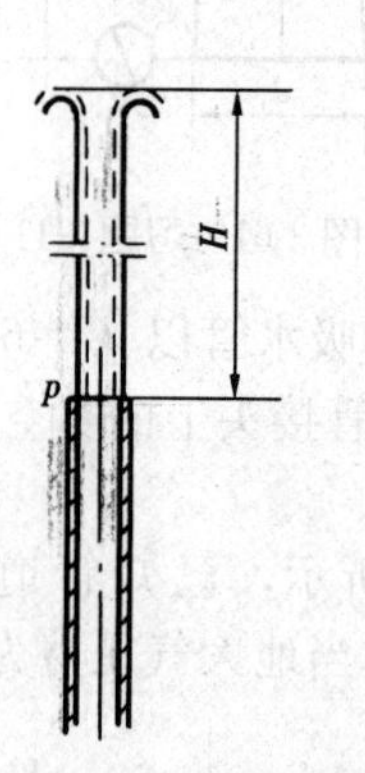

图 3-66 习题 3-16 图

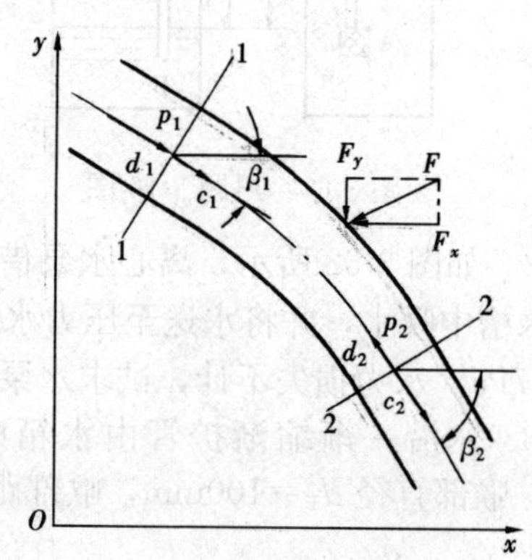

图 3-67 习题 3-17 图

3-18 有一渐扩管（见图 3-68），其进口和出口段面的直径分别为 $d_1=250\text{mm}$，$d_2=500\text{mm}$，水由渐扩管流入有着固定不变水位，水位 $h=4\text{m}$ 的水箱中，流量 $q_V=0.4\text{m}^3/\text{s}$。试确定作用在渐扩管上的轴向力。

3-19 如图 3-69 所示，相对密度为 0.83 的油水平射向直立的平板，已知 $c_0=20\text{m/s}$，求支撑平板所需的力 F。

3-20 如图 3-70 所示，一股射流以速度 c_0 水平射到斜光滑平板上，体积流量为 q_V。若忽略流体撞击的损失和重力影响，射流的压力分布在分流前后都没有变化。试推导流体对板面的作用力（提示：平板作用力垂直指向平板）。

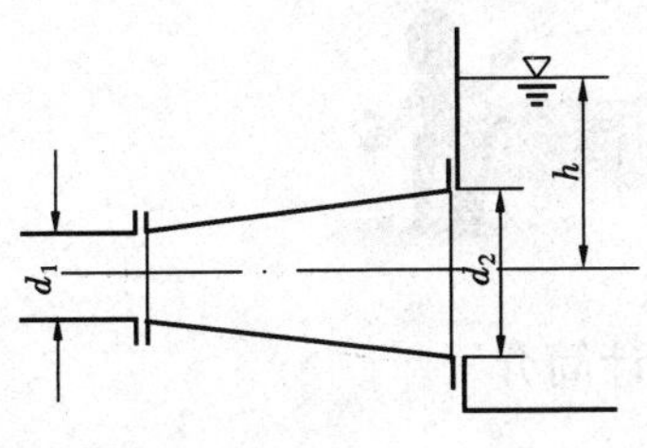

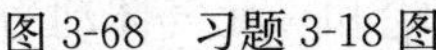

图 3-68　习题 3-18 图

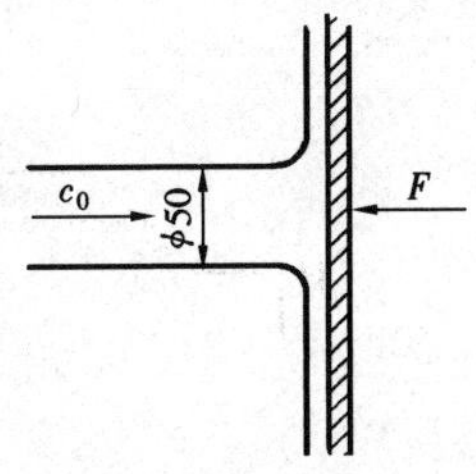

图 3-69　习题 3-19 图

3-21　如图 3-71 所示，发电厂主蒸汽管内的绝对压力为 8830kPa，温度为 500℃，内径为 245mm，管中蒸汽流量为 230.2t/h，弯管内的压力不计损失，试求在直角转弯处蒸汽对弯管的作用力。

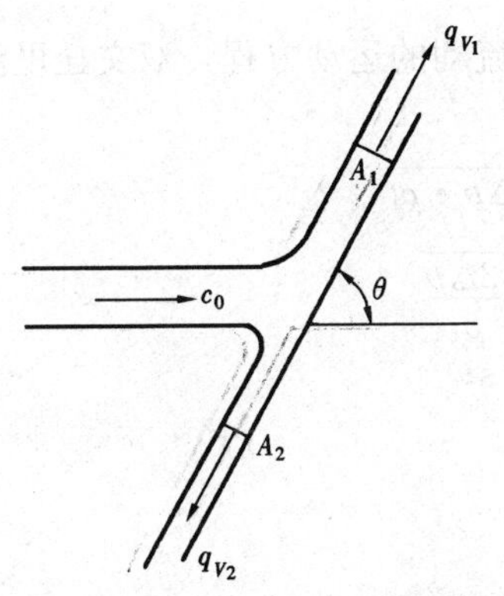

图 3-70　习题 3-20 图

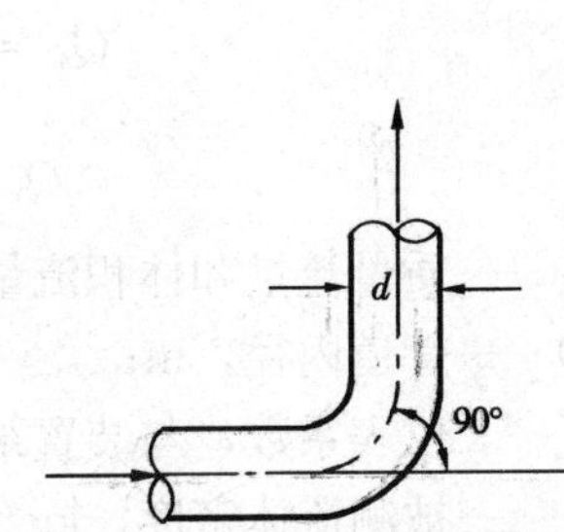

图 3-71　习题 3-21 图

3-22　若在水箱底部装有可以转动的轮子（见图 3-72），水箱的侧壁上开有一孔口，直径为 200mm。孔口中心至水面高度 H=1.5m。试确定水流射出时对水箱的推力 F 为多少？

3-23　一水平喷射的水流与平板成 45°角（见图 3-73），射流的流量 q_V=85L/s，过流断面直径 D=100mm。求平板所受的作用力及流量 q_{V1} 与 q_{V2} 各为多少？

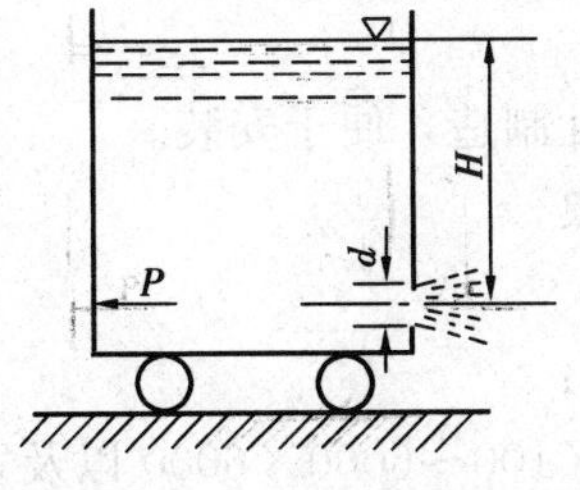

图 3-72　习题 3-22 图

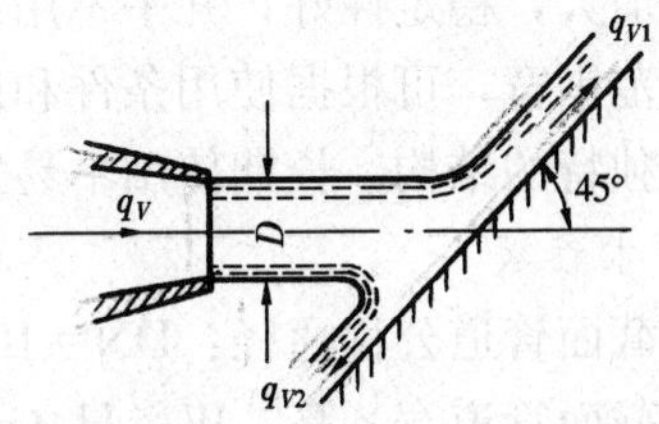

图 3-73　习题 3-23 图

3-24　图 3-74 所示为一对称臂的洒水器，设总流量为 $5.6\times10^{-4}\,m^3/s$，喷嘴面积为 $0.93m^2$，不计摩擦，求它的角速度 ω。如不让它转动，应施加多大的力矩？

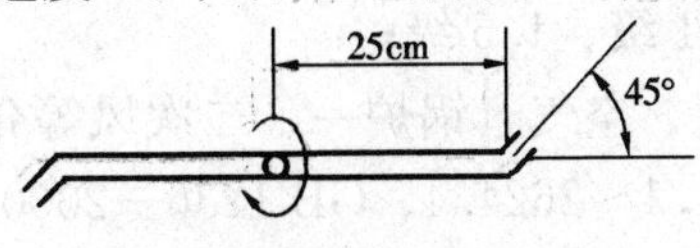

图 3-74　习题 3-24 图

双文丘里流量计简介

LG-FDW 双文丘里流量计是运用流体力学的引射理论和一元气体动力学基础创新研制的一种高精度计量流量传感器，主要针对大管径、大流量、低流速、介质成分复杂的气体流量测量。它具有新颖独特的结构和一整套风洞实验数据及创新修正方法支持的计算软件。广泛应用于冶金、电力、天然气、石油、化工、国防等众多工业领域的高精度流量测量和控制。

1. 测量原理

根据伯努利方程、连续性方程及气体一元恒定流动的运动方程，双文丘里流量计的计算数学模型可归纳为

$$Q_m = \frac{\pi}{4}D^2 K\sqrt{2\Delta p \cdot \rho_1}$$

$$Q_V = \frac{\pi}{4}D^2 K\sqrt{\frac{2\Delta p}{\rho_1}}$$

式中 Q_m、Q_V——质量流量和体积流量，kg/s m³/s；

D——管道内径，m；

K——仪表系数，与装置结构有关；

ρ_1——被测流体密度，kg/m³；

Δp——差压，Pa。

2. 特点

(1) 流阻小，功耗低。在相同条件下，其流体阻力仅约为标准文丘里管的 15%，标准喷嘴的 6%，标准孔板的 3%。

(2) 准确度高，量程比可达 1∶20，连同装置在内的直管段总长仅为风管当量直径的 1.0D。

(3) 要求前直管段为 0.5D～1.5D，无需后直管段。

(4) 压差值大，稳定性好，几乎不用维护和保养。

(5) 使用范围宽，可根据使用条件和用户要求设计制造，便于安装。

(6) 因其独特的结构，长期使用不易发生堵塞现象。

3. 主要技术参数

(1) 圆形截面管道公称通径：DN＝100～6000mm；

(2) 矩形截面管道宽×高：$W\times H$ (mm) ＝100×100～6000×6000 以及宽、高不等的矩形管道；

(3) 公称压力：PN≤6.4MPa；

(4) 工作温度：t<900℃；

(5) 准确度等级：0.5 级、1 级、1.5 级；

(6) 测量介质：煤气、烟气、空气、锅炉一、二次风等介质；

(7) 参照标准：GB/T 2624.1～2624.4、GB 1236—2000 及 JJG 835—1993；

(8) 连接方式：焊接、法兰连接。

第四章　黏性流体的运动规律

前面讨论了流体流动的基本规律，知道了流体流动过程中能量的变化规律，总的机械能沿着流动的方向不断减少，机械能的损失原因和损失计算是本章要解决的第一个问题；知道了流体流动过程中能量的损失规律，分析流体在各种管道中的流动规律是本章要解决的第二个问题。

流动过程中的能量损失又称为阻力损失，按照形成的原因分为沿程阻力损失和局部阻力损失两种。

由于流体本身具有黏性，流体内部及流体与固体凸凹不平的边界之间存在相对运动，有内摩擦力产生，我们通常称之为流动阻力，摩擦产生的热量加热流体及所接触的物体，并通过固体边界散失到外界环境中去，这就是我们常说的流动阻力产生的机械能损失。所以，由于黏性使各流层之间以及流体与固体边界之间产生的阻力称为沿程阻力，沿程阻力引起的能量损失称为沿程阻力损失，简称沿程损失。沿程损失存在于整个流动路程中，除了与路程的长短有关外，还与流动的状态和固体边界的凸凹程度有关。

流体在流过固体边界急剧变化的区域时，能量损失主要集中在该区域及其附近，比如管道转弯、管道直径变化、管道阀门半开节流等。由于这些局部区域的突然变化引起的阻力称为局部阻力，局部阻力引起的能量损失称为局部阻力损失，简称局部损失。局部损失与局部管件的结构形式有关，不同的结构变化引起的损失原因和损失大小是不一样的。

阻力损失的大小在工程实际中极为重要，在管道系统的相关计算中也是一个非常重要的参数。它的大小关系到工程管道系统的投资、设计、安装，因为这些将决定管道系统能量的损耗及系统运行费用的高低。

第一节　流体流动的两种状态　层流和紊流

一、雷诺实验

1883 年英国物理学家雷诺（Reynolds，1842—1912）通过实验提出了流体流动状态的分类，同时研究了流体流动状态与流动的沿程阻力损失之间的关系。

下面我们就介绍雷诺实验过程和实验发现。

实验装置如图 4-1（a）所示，水通过一水位恒定的水箱经过一长玻璃管道流出，有色流体经水箱上方的小水瓶流下，出口正对玻璃管道的中心。我们通过调节玻璃管道出口的调节阀，在不同流速下，观察有色流体的流动状态及玻璃管道两端测压管之间的能头损失，从而得出流体流动状态与哪些因素有关，以及流动状态如何影响沿程阻力损失的大小。

我们观察到的现象是：当玻璃管内水流平均速度较低时，有色流体在玻璃管内为一条直线，不与周围的流体混合。这说明管道内流体分层流动，各层流体间不相互混杂，我们称这种流动状态为**层流状态**，这种流动为层流流动。如图 4-1（b）所示，值得一提的是，当流体处于层流流动时，各层的流速是不一样的。我们通过实验可以观察出管道中心流速最快，越接近管壁，流速越慢，各流层之间存在相对运动，就是我们常说的存在内摩擦力，它是维持流体层流流动的原因，也是层流流动产生沿程阻力损失的核心因素。

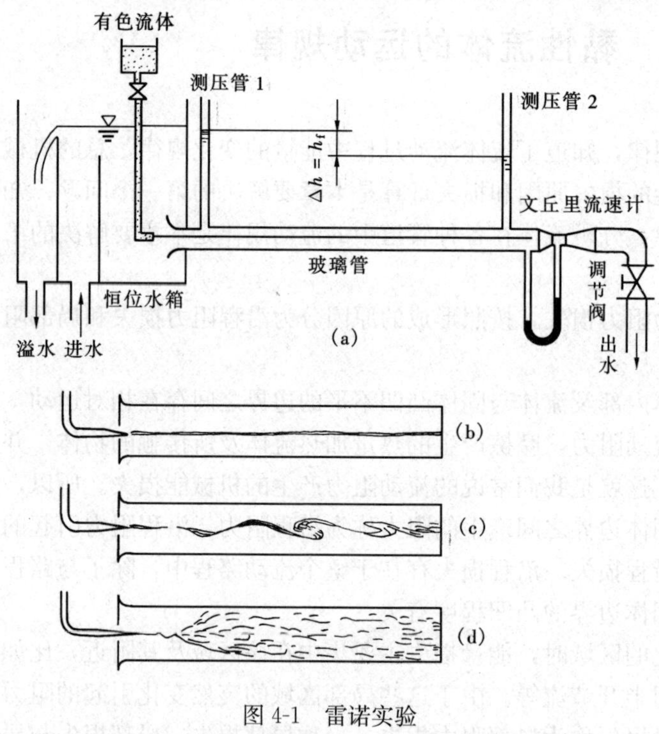

图 4-1　雷诺实验

(a) 实验装置；(b) 层流流动；(c) 临界状态；(d) 紊流流动

逐渐开大阀门，当流体流速增加到某一值 c_{cs} 时，有色流体开始振荡弯曲，如图 4-1（c）所示，此时的流动状态为临界状态，此时的流速 c_{cs} 称为**上临界速度**。

继续开大阀门，流体流速继续增大，有色流体进入管口不久就与周围的无色流体相混合，颜色扩散在整个水流中。这说明流体不再分层流动，各层流体间相互混杂，称这种流动状态为**紊流状态**，这种流动为紊流流动，如图 4-1（d）所示。实验中，我们观察到阀门开度越大流体的紊乱程度越剧烈。

阀门全开后，我们逐渐关小阀门，看到的现象是流体的紊乱流动程度逐渐减小，中心的有色流体时隐时现，随着阀门的进一步关小，振荡的有色流体线清晰可见，流动进入了临界状态，流速 c 降低为 c_{cx} 时，有色的流体线变成了一条直线，流动变为层流。我们定义 c_{cx} 为**下临界速度**。

由层流变紊流的临界速度为 c_{cs}，即上临界速度；由紊流变层流的临界速度为 c_{cx}，即下临界速度。从理论上讲，上、下临界速度应该相等，但实验证明，上、下临界速度相差很大，图 4-2 清楚地表示了两者的关系。如何解释 $c_{cs}>c_{cx}$ 的现象？我们可以认为流体开始状态的惯性起到了决定性的作用：如果开始是有规则的层流流动，如果没有外界的干扰，直到流速达到 c_{cs} 时，流动才被“冲乱”成为紊流；而在相反的变化过程中，混乱的、无规则的紊流流动变成层流状态，必须克服流体混杂流动的惯性，需要经过一段较长的过渡阶段，才能渐变成有秩序的层流流动，此时的流速 c_{cx} 势必比 c_{cs} 低得多。虽然 c_{cs} 比 c_{cx} 数值上要大得多，但 c_{cs} 的稳定性较差，层流变紊流的过程中，外界有少许扰动（如敲击实验台、实验装置或管壁有瑕疵等），流速达不

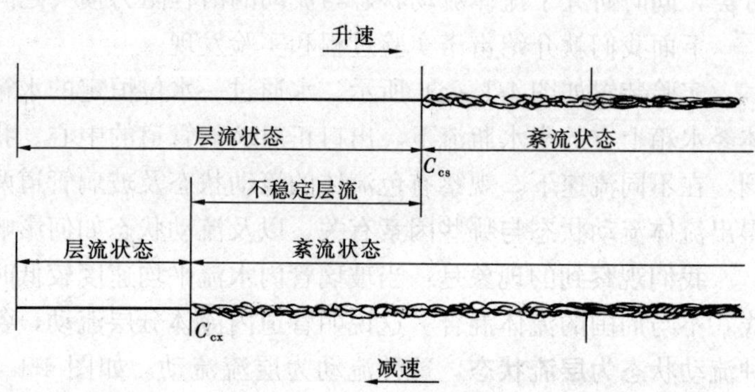

图 4-2　雷诺实验升速和减速过程状态的变化

到 c_{cs} 就会变成紊流流态，所以 c_{cs} 是不确定的。

为了弄清流体的流动状态还与哪些因素有关，我们继续作下面的实验。

改变玻璃管的管径，重复上述实验。发现管径越大，c_{cs} 和 c_{cx} 的数值越小，就是说管径越大，流动越容易由层流变成紊流。原因很好解释，当管径增大时，管道壁面对流体的黏滞作用会变小，流体混乱的空间加大，层流变紊流的临界速度就会越小。

改变流体的种类，将水换成其他流体，重复上述实验。发现流体的黏性越小，流动越容易由层流变成紊流。因为黏性越小，流体保持分层流动的能力越弱，即保持层流的能力就越弱。

通过上述实验我们得出以下几点结论：

(1) 流体流动分为两种状态，即层流和紊流。通常将由紊流变为层流的分界线作为判别层流和紊流的标准，因为由层流变紊流的分界线不稳定，一般不作为判别标准。

(2) 流体流动状态与流速有关。流速越高，层流越容易变为紊流。

(3) 流体流动状态与管径有关。管径越大，层流越容易变为紊流。

(4) 流体流动状态与流体自身的黏性有关。流体黏性越小，层流越容易变成紊流。

二、雷诺数 *Re*——判断流动状态的准则数

雷诺通过大量实验，在 1883 年发表的一篇著名的文章里，第一次引入了由黏度系数组成的一无量纲参数 $\frac{\rho cd}{\eta}\left(\frac{\eta}{\rho}=\nu\right)$ 来划分层流和紊流。各项参数的含义为

ρ——流体的密度；

η——流体动力黏度；

ν——流体的运动黏度；

c——管内流体平均流速；

d——管道直径。

大量实验也证明了此参数是描述黏性流体运动的参数，但当时这个无量纲参数并没有名字，直到 1908 年英国科学家萨默菲尔德（1868—1950）为了纪念雷诺，才建议将此参数命名为**雷诺数**，并用 Re 来表示，即

$$Re=\frac{cd}{\nu} \tag{4-1}$$

不难看出，雷诺数涵盖了上述实验得到的影响流动状态的所有因素——流速、管径、黏性。从公式中可以看出，流速、管径越大，流体的运动黏度越小，雷诺数越大。随着流速管径和黏度的变化，雷诺数随之变化，流动状态也就发生变化，就是说，雷诺数的大小反映了流体流动的状态和紊乱程度。

雷诺通过大量实验证明：一般光滑均匀的圆管流动，其下临界雷诺数为 2320，上临界雷诺数为 13 800。$Re\leqslant 2320$ 时，管内流动为层流状态；$Re>13\,800$ 时，管内流动为紊流状态；$2320<Re\leqslant 13\,800$ 时，管内可能是紊流，也可能是不稳定的层流。

在工程实际中，可简化为

当 $Re\leqslant 2000$ 时，流动状态为层流；

当 $Re>2000$ 时，流动状态为紊流。

三、雷诺数的物理意义

圆管内流动的流体受惯性力 F 和黏性力 T 的同时作用。黏性力阻碍和约束流体质点的流动，而惯性力使流体质点向前运动。惯性力使流体质点运动混乱，而黏性力却在约束流体

质点，使之有规则地流动。因此，管内运动是有序的分层流动还是杂乱无章的混乱流动，取决于这两种力的互相作用。

Re 的大小反映了流体流动过程中两个力大小的倍数关系。当 $F \leqslant 2000T$ 时，黏性力在运动中起主导作用，流体为层流；当 $F>2000T$ 时，惯性力起主导作用，流动呈紊流状态。

【例 4-1】 水流在直径为 10cm 的管道内流动，如果流量 $q_V=41/\text{s}$，水温 $t=15℃$，试确定流动状态？同样条件下，若流过 $\nu=0.5\text{cm}^2/\text{s}$ 的石油，其流动状态如何？

解 平均流速 $c=\dfrac{q_V}{A}=\dfrac{4\times10^{-3}\times4}{\pi\times0.1^2}=0.51\ (\text{m/s})$

查表 1-5 可知，15℃水的运动黏度 $\nu=1.139\times10^{-6}\text{m}^2/\text{s}$，则

$$Re_1=\frac{\rho cd}{\eta}=\frac{cd}{\nu}=\frac{0.51\times0.1}{1.139\times10^{-6}}=44\ 776$$

因为 44 776>2000，所以水流为紊流流动。

管内为石油时

$$Re_2=\frac{cd}{\nu}=\frac{0.51\times0.1}{0.5\times10^{-4}}=1020$$

因为 1020<2000，所以石油为层流流动。

【例 4-2】 用管道输送密度为 900kg/m^3，动力黏度为 $0.045\text{Pa}\cdot\text{s}$ 的原油，维持平均流速不超过 1m/s，若要保持在层流状态输送，试确定管径不超过多少？

解

$$Re=\frac{\rho cd}{\eta}=\frac{900\times1\times d}{45\times10^{-3}}$$

层流时 $Re\leqslant2000$，即

$$\frac{900\times1\times d}{45\times10^{-3}}\leqslant2000$$

$$d\leqslant0.1\text{m}$$

四、流动状态与沿程损失的关系

由于实际流体均具有黏性，因此流体在流动时将受到流动阻力，为克服这种阻力，部分机械能转化为热能消耗掉，这种机械能的消耗称为能量损失，单位重量流体的能量损失称为能头损失，以 h_w 表示。上面我们已经介绍过，按照流动边界的情况，阻力可分为沿程阻力和局部阻力。沿程阻力发生在边界形状变化不大的区域，流速基本不变，单位重量流体的沿程损失用 h_f 表示。

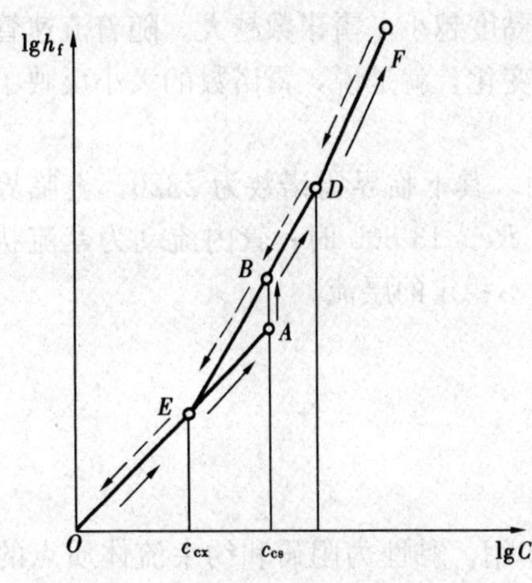

图 4-3　流体沿程阻力与流速的关系

我们通过雷诺实验来研究流体流态对阻力的影响。在图 4-1（a）里，在不同流速或雷诺数下，用两支测压管测量玻璃管上的沿程损失 h_f，结果如图 4-3 所示。

当流速由小增大时，测点沿 $OEABDF$ 曲线变化，A 点对应上临界速度；反之管内流速由大逐渐变小时，测点沿 $FDBEO$ 曲线变化，E 为下临界速度。AE 近似为一直线，ED 则为一曲线。结果表明：层流流动时，能头损失 h_f 与流速的一次方成正比；紊

流流动时，能头损失 h_f 与流速的 1.75～2 次方成正比。这就是说，流动状态直接影响着能头损失的计算规律，所以，要正确计算能头损失，必须判断流动状态。

第二节　圆管内的层流流动规律

在工程技术问题中，流体的流动状态绝大多数是紊流，但在有些小管径、小流量的管道及黏性较大的输油管道中，也会出现层流流动。同时，研究层流可为研究紊流打下基础。

一、流动的基本方程

在直的圆管上取一段长度为 L 的流段，如图 4-4 所示。设流体为定常流动，在直的圆管上流动中无局部损失，只需计算沿程损失 h_f。在流动方向上该流段所受的力有

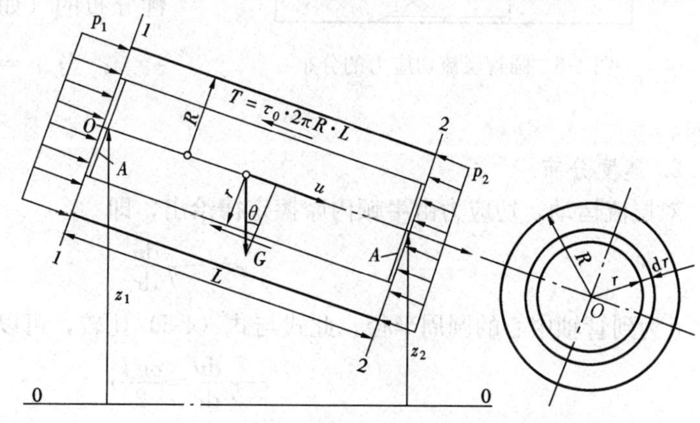

图 4-4　均匀流动受力分析

两端压力：$F_1 = p_1A$

$F_2 = p_2A$

重量分力：$G = \rho g L A\sin\theta$

流段侧面上的摩擦力：$2\pi RL\tau_0$

式中　τ_0——单位面积上的摩擦力。

考虑到流段在流向上受力平衡，沿流动方向列力的平衡方程

$$p_1A - p_2A - 2\pi RL\tau_0 + \rho gLA\sin\theta = 0$$

由图 4-4 可知，$L\sin\theta = z_1 - z_2$，代入上式并除以 ρgA 整理得

$$\left(z_1 + \frac{p_1}{\rho g}\right) - \left(z_2 + \frac{p_2}{\rho g}\right) = \frac{\tau_0}{\rho g}\frac{2\pi RL}{\pi R^2} = \frac{2\tau_0 L}{\rho gR} \tag{4-2}$$

将式（4-2）与实际流体的伯努利方程式比较，并考虑到 1 和 2 断面上流速相等，可得出

$$h_f = \frac{2\tau_0 L}{\rho gR} \tag{4-3}$$

式中，$\frac{h_f}{L}$为单位长度上的沿程损失，称为水力坡度，以 J 表示。所以式（4-3）可写为

$$\frac{2\tau_0}{\rho g} = RJ \tag{4-4}$$

式（4-3）或式（4-4）为均匀流动的基本方程，它表明沿程能头损失 h_f 与切应力 τ_0 及流动长度 L 成正比，与半径及流体的密度成反比。τ_0 值可用数学分析法确定，也可通过实验来确定。

二、过流断面上的切应力分布、速度分布

1. 切应力分布

把式（4-3）改写为 τ_0 的表达式，即得

$$\tau_0=\frac{\rho gRh_f}{2L}=\frac{1}{2}R\rho gJ$$

同理，在圆管中，对于任一半径 r 处的切应力计算可以用下式表示：

$$\tau=\frac{\rho grh_f}{2L}=\frac{r}{2}\rho gJ \tag{4-5}$$

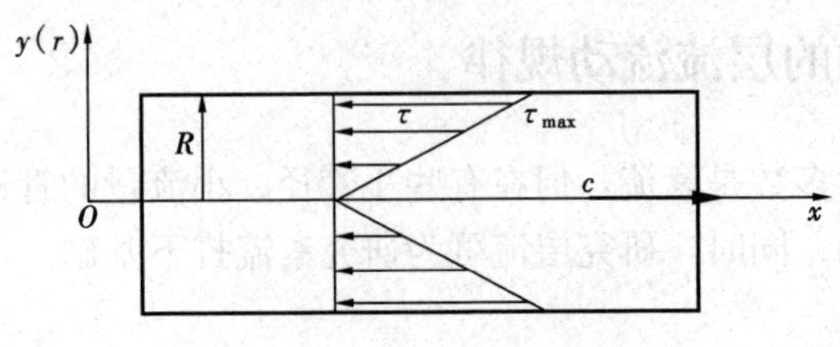

图 4-5 圆管层流切应力的分布

式（4-5）说明，在圆管层流中，过流断面上的切应力是随到轴心的距离 r 呈直线性分布的（如图 4-5 所示），即当 $r=0$ 时，$\tau=0$；当 $r=R$ 时，$\tau_0=\frac{\rho gRh_f}{2L}$，切应力最大。

2. 速度分布

对层流运动，切应力由牛顿内摩擦定律给出，即

$$\tau=-\eta\frac{du}{dr}$$

r 为到管轴中心的圆周半径，此式与式（4-5）比较，可以得出

$$-\eta\frac{du}{dr}=\frac{\rho gJ}{2}r$$

对于某一确定的流动，η、ρg、J 均为常数。对上式积分得

$$u=\frac{-\rho gJ}{4\eta}r^2+c$$

当 $r=R$ 时，$u=0$，求出积分常数 c 后，得

$$u=\frac{\rho gJ}{4\eta}(R^2-r^2) \tag{4-6}$$

从式（4-6）可以看出，断面上的速度分布是以管中心线为轴线的，如图 4-6 所示。当 $r=0$ 时，由式（4-6）得

$$u_{max}=\frac{\rho gJ}{4\eta}R^2 \tag{4-7}$$

式（4-7）表明，管轴中心线上的速度最大。

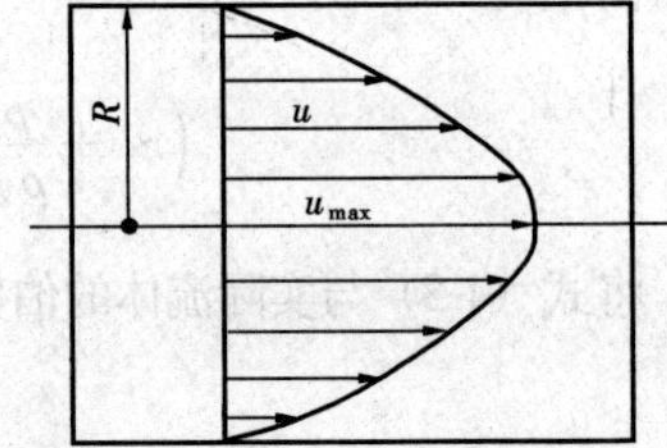

图 4-6 圆管内层流速度分布

三、流量和平均速度

因为半径相同的各点速度相等，故可取厚度为 dr 的环周截面上对 dq_V 积分，得到整个截面上的流量 q_V，如图 4-4 所示。环状微元面积 $dA=2\pi rdr$，流速为 u，所以 $dq_V=udA=u2\pi rdr$，将式（4-6）代入上式

$$dq_V=\frac{\rho gJ}{4\eta}(R^2-r^2)\,2\pi rdr$$

积分得出过流断面的总流量为

$$q_V=\int_0^R\frac{\rho gJ}{4\eta}(R^2-r^2)2\pi rdr=\frac{\pi\rho gJ}{8\eta}R^4 \tag{4-8}$$

$$q_V=\frac{\pi\rho gh_f}{128\eta L}d^4 \tag{4-8a}$$

式（4-8）即为管中层流流量计算公式，它表明流量与沿程损失成正比，与管径的 4 次方成正比，而与管长及动力黏度成反比。

过流断面平均流速

$$c=\frac{q_V}{A}=\frac{\rho g h_f d^2}{32\eta L} \tag{4-9}$$

与式（4-7）比较，得

$$c=\frac{1}{2}u_{max}=\frac{\rho g h_f R^2}{8\eta L} \tag{4-10}$$

说明平均流速为断面上最大流速的一半。这一点在实际中很有用途，在已知管中流动为层流时，只要能测出最大速度，就能求出平均流速，从而进行水力计算。

四、层流沿程损失的计算公式

对于圆管来讲，如管中流态为层流，那么从式（4-9）可以得出沿程损失

$$h_f=\frac{32\eta}{\rho g d^2}Lc \tag{4-11}$$

式（4-11）表明，层流时，沿程损失 h_f 与平均流速成正比，这与雷诺实验结果相符。对于其他形状的过流断面的层流也符合这个结论。

通常把式（4-11）改为速度能头（$c^2/2g$）的倍数来表示，即

$$h_f=\frac{32\eta}{\rho g d^2}Lc=\frac{32\eta Lc}{\rho g d^2}\cdot\frac{c}{2}\cdot\frac{2}{c}=\frac{64\eta}{cd\rho}\cdot\frac{L}{d}\cdot\frac{c^2}{2g}=\frac{64}{Re}\frac{L}{d}\frac{c^2}{2g}$$

令 $\lambda=\frac{64}{Re}$，称 λ 为沿程阻力系数，则

$$h_f=\lambda\frac{L}{d}\frac{c^2}{2g} \tag{4-12}$$

式（4-12）称为达西公式，下面举例说明式（4-12）的应用。

【例 4-3】 有一直径为 20mm 的水管，管中水的流速为 0.11m/s，水温为 15℃，求管长 22m 以上的沿程损失是多少？

解　查表可知，当水温为 15℃时水的运动黏度 $\nu=1.139\times10^{-6}\text{m}^2/\text{s}$，则

$$Re=\frac{cd}{\nu}=\frac{0.11\times0.02}{1.139\times10^{-6}}=1932<2000$$

故管中为层流。层流时 λ 值为

$$\lambda=\frac{64}{Re}=\frac{64}{1932}=0.0331$$

$$h_f=\lambda\frac{L}{d}\frac{c^2}{2g}=0.0331\times\frac{22}{0.02}\times\frac{0.11^2}{2\times9.807}=0.0225\ (\text{mH}_2\text{O})=0.22\ (\text{kPa})$$

第三节　圆管内的紊流流动规律

工程实际中遇到的情况多是紊流，紊流运动比较复杂，下面介绍有关紊流的基本概念以及损失计算的基本方法。

一、脉动现象和时均化概念

在前面介绍的雷诺实验里已经看到，在紊流运动时，流体质点运动是不规则的，它们与

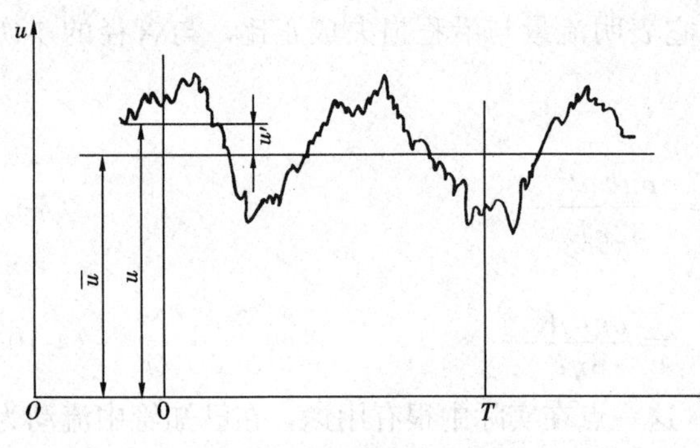

图 4-7　瞬时速度变化曲线

相邻质点互相碰撞、掺混，各点的速度、压力等运动参数在无规则地变化着。图 4-7 表示某点瞬时速度在管轴方向的分速度 u 随时间变化的曲线，可以看到该点瞬时分速度总是围绕一个平均值上下变化，这种瞬时运动参数随时间而发生波动的现象称为**脉动现象**。

瞬时速度在 T 时间内的平均值，称为时间平均速度，简称**时均速度**，即

$$\overline{u}=\frac{1}{T}\int_0^T u\,\mathrm{d}t$$

则瞬时速度可表示为

$$u=\overline{u}+u'$$

式中　u'——脉动速度，就是瞬时速度与时均速度之差。

同理，某点的时均压力为

$$\overline{p}=\frac{1}{T}\int_0^T p\,\mathrm{d}t$$

瞬时压力可表示为时均压力 $\overline{p}$ 与脉动压力 p'之和，即

$$p=\overline{p}+p'$$

时均值为定值的紊流就可以认为是定常流动，故定常流动的基本方程就是时均值为定值的紊流流动的基本方程式。

二、水力光滑管与水力粗糙管、层流底层的概念

流体在管内作紊流运动时，由于黏性的作用，在壁面附近有一极薄的**层流底层**，在层流底层内，流体作层流运动。从层流底层往管道中心，离管壁越远，管壁对流体的影响就越小，经过一个过渡层后，流体质点的混杂能力增强，形成了完全的紊流区，如图 4-8 所示。

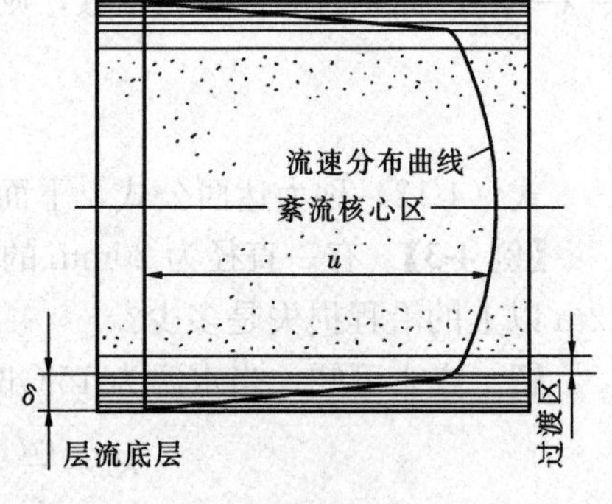

图 4-8　紊流结构

管中的紊流运动沿截面可分为三部分：层流底层、过渡区和紊流核心区。过渡区很薄，通常把它归为紊流核心区。层流底层厚度 δ 也很薄，只有几分之一毫米。实验证明 δ 随着雷诺数的增大而减薄。

任何管壁都不是绝对光滑的，而是凸凹起伏的，起伏高度的平均值 ε 叫管壁的绝对粗糙度。绝对粗糙度 ε 与管径 d 之比称为相对粗糙度。

紊流时，层流底层的厚度对能量损失的影响很大。当层流底层厚度 $\delta>\varepsilon$ 时，管壁的粗糙凸起淹没在层流底层中，如图 4-9（a）所示，这时紊流区感受不到管壁的影响，即 ε 对能量损失的影响很小，流体就像在光滑壁面上流动，这种流动称为水力光滑的流动，这时的管道称为**水力光滑管**。

当 $\delta<\varepsilon$ 时，如图 4-9（b）所示，管壁的粗糙凸起完全暴露在紊流区中，流体质点冲击凸起部位，并有漩涡产生，使能量有较大的损失，这种流动称为水力粗糙的流动，这时的管

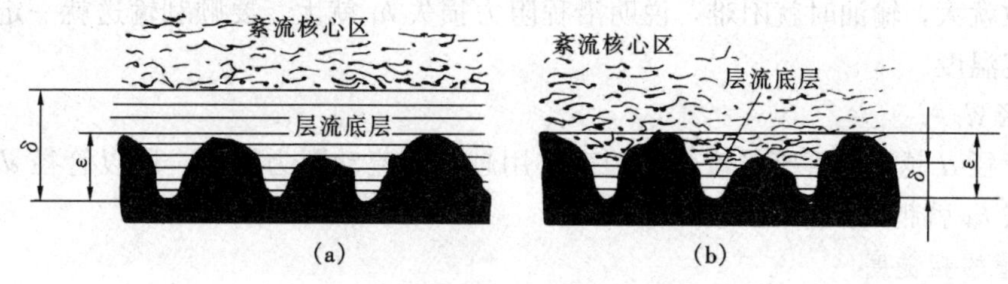

图 4-9　粗糙度与层流底层的图示
(a) 水力光滑管；(b) 水力粗糙管

道称为**水力粗糙管**。

水力光滑和水力粗糙是相对的，随着 Re 的变化，δ 也会改变。因此，同一管道在不同的流动情况下，可能是水力光滑管，也可能是水力粗糙管。

三、过流断面上的速度分布

紊流状态下，流体质点互相混杂、碰撞，速度快的质点流向速度慢的质点处时，运动较快的质点就会推动运动慢的质点层，使慢层的流动速度加快，而运动慢的质点会阻碍运动较快的质点层，使快层质点的流动速度减慢，动量交换的结果使过流断面上各点的速度趋向均匀，速度梯度变小。在紊流核心区，速度按对数曲线分布，而在靠管壁处的层流底层，速度按二次抛物线分布，如图 4-10 所示。

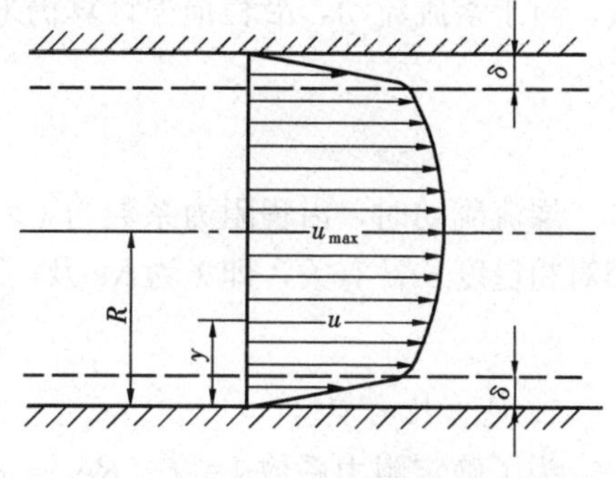

图 4-10　紊流断面速度分布

断面上平均流速和最大流速的比随着紊乱程度的增加而变化，即紊乱程度很大时，平均流速与最大流速的比值趋近于 1，说明管内流速沿断面分布趋于一致。

第四节　沿程阻力损失的分析和计算

一、沿程阻力损失的影响因素

1. 流体的流动型态

由于两种流态的内在结构上有着本质的差异。因此层流流动时，流动阻力来源于流层间的内摩擦力。紊流流动时，流动阻力来源于两个方面：一方面是层流底层的内摩擦力；另一方面是紊流核心区内流体质点掺混、碰撞等动量交换发生的附加阻力。因此，两种流态的能量损失的大小也就不相同。所以，在计算沿程阻力损失时，首先要正确判断管道中流体的流动型态。

2. 管长 l

由沿程阻力损失的特点可知，损失大小随流程长度而增加，l 越长，h_f 就越大。

3. 管中流速 c

由大量实验可得到当管中流速 c 越大时，沿程阻力损失 h_f 也就越大。

4. 黏滞系数 ν

实践证明，黏滞系数大，沿程能头损失也大，例如电厂输送燃油时，当油的温度低时，其黏滞系数就大，输油时就困难，说明沿程阻力损失 h_f 就大，要顺利输送就一定要将燃油加热至一定温度。

5. 管径 d

由于管径 d 越小，管壁对流体的约束作用越大，流动阻力增大，所以管径 d 越小，沿程阻力损失 h_f 就越大。

6. 管壁的粗糙度

任何管道由于材料、加工及腐蚀等因素的影响，管壁总是凹凸不平的，用 ε 表示的管壁绝对粗糙度越大，沿程阻力损失就越大。

二、沿程阻力损失的计算

对于层流流动沿程阻力损失的计算，我们前面已经推导出它的计算公式。对于紊流运动，很难完全用解析的方法解决，但可以利用图表分析的方法找出紊流沿程损失的计算公式。对于紊流流动，沿程损失计算仍采用达西公式，即

$$h_f = \lambda \frac{L}{d} \frac{c^2}{2g}$$

层流流动时，沿程阻力系数为 $\lambda=64/Re$；对于紊流流动，λ 不仅与雷诺数有关，而且与相对粗糙度 ε/d 有关，即 λ 为 Re 及 ε/d 的函数

$$\lambda = f\left(Re,\frac{\varepsilon}{d}\right) \tag{4-13}$$

1. 尼古拉兹实验

为了确定阻力系数 $\lambda=f$（Re，ε/d）的具体形式，1933 年尼古拉兹在各种不同粗糙度的管道上进行实验，从而得到阻力系数 λ 随雷诺数 Re、相对粗糙度 ε/d 变化的关系曲线。

尼古拉兹实验的具体做法是：在圆管内壁上涂胶，然后粘上一层具有同一半径的球形砂子，这样就可以造成不同粗糙度的圆管。尼古拉兹进行了一系列实验，在 $Re=5\times10^2\sim10^6$，相对粗糙度 $\varepsilon/d=1/1014\sim1/30$ 的范围内，在不同情况下，实验结果如图 4-11 所示。

根据 λ 的变化特征，图中曲线分述如下：

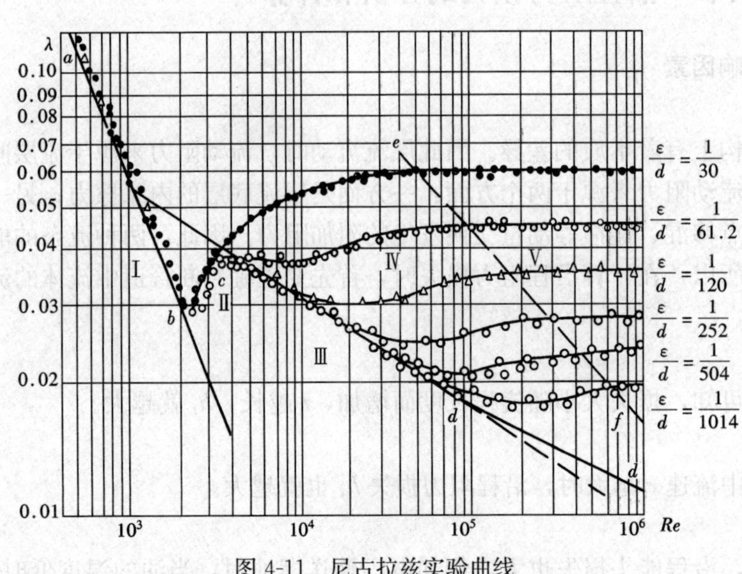

图 4-11　尼古拉兹实验曲线

Ⅰ区为层流区。当 $Re<2000$ 时，λ 与 ε/d 无关，只与 Re 有关，λ 和 Re 的关系为一斜线，而且符合关系式 $\lambda=64/Re$。

Ⅱ区为层流到紊流的临界区。其范围在 $2000\leqslant Re<4000$ 之间。从图 4-11 上曲线可以看出此区范围较小，同时工程上处于这个雷诺数区域的不多，因此有无计算公式意义不大，如涉及此区，按照Ⅲ区来处理。

Ⅲ区为光滑管区。此区 Re 的范围为 $4000\leqslant Re<27\ (d/\varepsilon)^{8/7}$。这时流体已经处于紊流状态，但是粗糙度对 λ 的值无影响。这是因为层流底层的厚度 δ 比绝对粗糙度 ε 大得多，因而层流底层把粗糙度盖住，构成紊流光滑管，此时 λ 只与 Re 有关。

在 $4000\leqslant Re<10^5$ 范围内，λ 可以用布拉休斯公式来计算，即

$$\lambda=\frac{0.316\,4}{Re^{0.25}} \tag{4-14}$$

在 $10^5\leqslant Re<3\times10^6$ 范围内，λ 可以用下式计算：

$$\lambda=0.003\,2+0.221Re^{-0.237} \tag{4-15}$$

Ⅳ区为光滑管到粗糙管的过渡区。其范围为 $27\ (d/\varepsilon)^{8/7}\leqslant Re<4160\ (d/2\varepsilon)^{0.85}$。这个区内 λ 既与 Re 有关，又与 ε/d 有关。随着 Re 的增大，层流底层的厚度 δ 逐渐减薄，不能遮住管壁上的凸出部分 ε，因而开始向粗糙管过渡，λ 可用下面的经验公式计算：

$$\frac{1}{\sqrt{\lambda}}=1.74-2\lg\left(\frac{2\varepsilon}{d}+\frac{18.7}{\sqrt{\lambda}}\frac{1}{Re}\right) \tag{4-16}$$

Ⅴ区为紊流粗糙区，或称阻力平方区。其范围为 $Re\geqslant4160\ (d/2\varepsilon)^{0.85}$。这个区层流底层的厚度 δ 趋于零，粗糙度全部突入紊流区，这时的阻力系数 λ 与 Re 无关，λ 可用式(4-17)计算

$$\lambda=\frac{1}{\left(1.74+2\lg\dfrac{d}{2\varepsilon}\right)^2} \tag{4-17}$$

因为此区域 λ 与 Re 无关，则由达西公式 $h_f=\lambda\dfrac{L}{d}\dfrac{c^2}{2g}$ 可以看出，h_f 与速度的平方成正比，所以该区域又称为阻力平方区。

因为尼古拉兹实验用的圆管内壁是人工加上的均匀砂粒，而实际管壁粗糙度不是均匀一致的，有大有小，为修正这种差别，我们对实际工业管道进行试验，得到此种管道相当于某一人工粗糙管的粗糙度，并用人工管的粗糙度来定义该工业管道的当量粗糙度。所以，在计算时不是用管壁的实际粗糙度，而是用当量粗糙度，这种当量粗糙度可以由材料及管壁情况事先确定，表 4-1 列出了管壁当量粗糙度 ε' 的值。

表 4-1　　管壁当量粗糙度 ε' 值

管子材料及状态	ε'	管子材料及状态	ε'
新、冷拉无缝钢管	0.01～0.03	新铸铁管	0.25
新、热拉无缝钢管	0.05～0.10	锈蚀铸铁管	1.00～1.50
新、轧制无缝钢管	0.05～0.10	起皮铸铁管	1.50～3.00
新、纵缝焊接钢管	0.05～0.10	新内涂沥青铸铁管	0.10～0.15
新、螺旋焊接钢管	0.10	光滑木制管	0.20～1.00
轻微锈蚀钢管	0.10～0.20	新抹光的混凝土管	<0.15
锈蚀钢管	0.20～0.30	新不抹光的混凝土管	0.20～0.80
长硬皮钢管	0.50～2.00	新的、光滑的铜管	0.001 5～0.01
严重起皮钢管	>2.00	新的、光滑的黄铜管	0.001 5～0.01
新内部涂沥青钢管	0.03～0.05	新的、光滑的铝管	0.001 5～0.01
一般内部涂沥青钢管	0.10～0.20	新的、光滑的塑料管	0.001 5～0.01
镀锌钢管	0.12～0.15	新的、光滑的玻璃管	0.001 5～0.01

2. 莫迪图

工程上用莫迪图来计算工业管道的阻力系数，如图 4-12 所示，可由已知的条件直接从图中查出 λ 值。

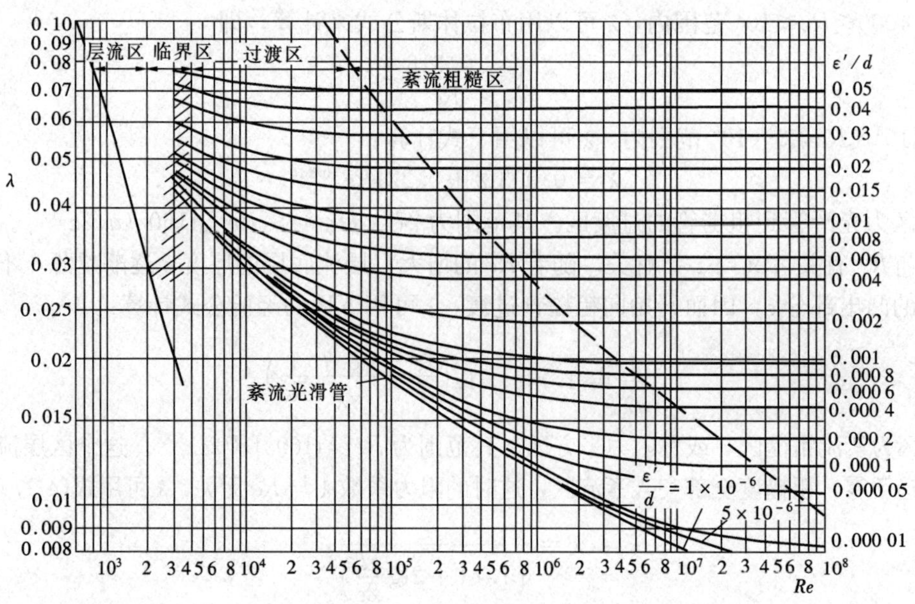

图 4-12 莫迪图

与尼古拉兹图比较，莫迪图更切合实际情况。应用莫迪图时，注意其坐标是对数坐标，对数的坐标是不等分的；利用莫迪图直接查出 Re 和 ε/d 的交点读取 λ 值。

【例 4-4】 用直径为 200mm、长度为 2000m 的无缝钢管输送石油，平均流速为 0.8m/s，夏季该石油的平均运动黏度 $\nu=0.355\times10^{-4}\,\mathrm{m^2/s}$，求夏季石油在这段管道中的沿程损失。

解 $Re=\dfrac{cd}{\nu}=\dfrac{0.8\times0.2}{0.355\times10^{-4}}=4507>4000$

雷诺数与 4000 接近，因此属于光滑区，利用式（4-14）计算 λ 如下：

$$\lambda=\frac{0.316\,4}{Re^{0.25}}=\frac{0.316\,4}{(4507)^{0.25}}=0.038\,6$$

代入达西公式（4-12），即

$$h_{\mathrm{f}}=\lambda\frac{L}{d}\frac{c^2}{2g}=0.038\,6\times\frac{2000}{0.2}\times\frac{(0.8)^2}{2\times9.807}=12.60(\text{m 石油柱})$$

【例 4-5】 有一旧铸铁管（设管壁当量绝对粗糙度 $\varepsilon=1.5\mathrm{mm}$），管径 $d=10\mathrm{cm}$，管长 $l=600\mathrm{m}$，水温为 10℃，通过的流量为 $60\mathrm{m^3/h}$，求沿程水头损失 h_{f}。

解

$$c=\frac{q_V}{A}=\frac{60}{3600\times\dfrac{3.14}{4}\times0.1^2}=2.12(\mathrm{m/s})$$

查表 1-5 得 $\nu=1.306\times10^{-6}\,\mathrm{m^2/s}$

$$Re=\frac{cd}{\nu}=\frac{2.12\times0.1}{1.306\times10^{-6}}=1.62\times10^5$$

$$\frac{\varepsilon}{d}=\frac{0.15}{10}=0.015$$

查图可知 $\lambda\approx 0.042$，则

$$h_{\mathrm{f}}=\lambda\frac{lc^2}{d\cdot 2g}=0.042\times\frac{600}{0.1}\times\frac{2.12^2}{2\times 9.807}=57.74(\mathrm{m})$$

第五节　局部阻力损失的分析计算和减少阻力损失的措施

一、局部损失的分析

前面讨论了等截面直管的沿程阻力损失，但流体管道不仅有等截面直管道，还有许多的弯管、三通、阀门、收缩及扩展等。流体经过这些部位时，或要改变方向，或要改变速度大小，或二者兼有，因此流体的正常流动受到干扰，从而产生撞击、分流、漩涡等现象，在局部区域产生较大的能量损失，这种损失称为局部阻力损失。根据流动的特征，局部损失分为两类：一类是过流断面的突然变化，即突然扩大或突然缩小而引起的损失；另一类是流向的改变，即管道中各种形式的弯管、各种控制件，如阀门、隔板、分流汇合及总流分支等。

这些类型的损失除少数几种可由理论分析计算以外，一般要靠实验确定局部损失系数。

二、断面扩大时的局部损失

图 4-13 所示流体从小的过流断面突然进入较大的过流断面时，由于惯性及附面层的分离作用，流体不可能完全按照管道形状突然扩大，而是在扩大区形成绕管轴的环状漩涡区。由于主流的黏滞作用，将带动该区流体质点旋转并进行质量交换，从而引起能量损失。

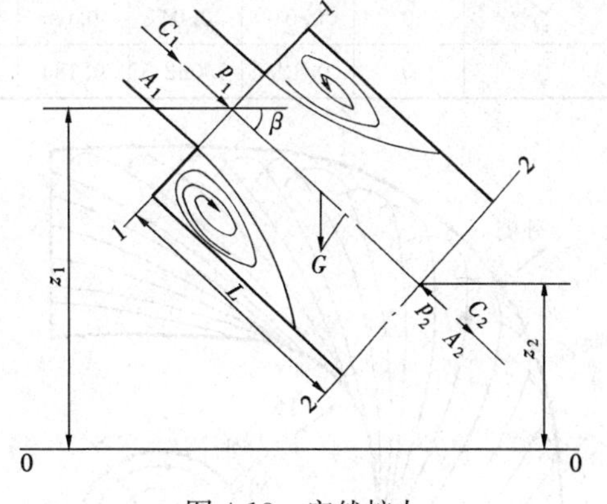

图 4-13　突然扩大

图中 1，2 两个断面的流线已接近平行，忽略两断面间的沿程损失，只考虑局部的能头损失 h_{j}，可写出两断面的伯努利方程，即

$$z_1+\frac{p_1}{\rho g}+\frac{c_1^2}{2g}=z_2+\frac{p_2}{\rho g}+\frac{c_2^2}{2g}+h_{\mathrm{j}}$$

则局部阻力损失为

$$h_{\mathrm{j}}=\left(z_1+\frac{p_1}{\rho g}\right)-\left(z_2+\frac{p_2}{\rho g}\right)+\frac{c_1^2}{2g}-\frac{c_2^2}{2g}\tag{4-18}$$

选取断面 1 到 2 的管段为控制体，由定常流的动量方程得

$$\rho q_V(c_2-c_1)=(p_1A_2-p_2A_2+\rho gA_2L\sin\beta)$$

或

$$\rho A_2c_2(c_2-c_1)=p_1A_2-p_2A_2+\rho gA_2(z_1-z_2)$$

用 ρgA_1 除上式

$$\frac{c_2}{g}(c_2-c_1)=\left(\frac{p_1}{\rho g}+z_1\right)-\left(\frac{p_2}{\rho g}+z_2\right)$$

代入式（4-18）得

$$h_{\mathrm{j}}=\frac{c_2}{g}(c_2-c_1)+\frac{c_1^2-c_2^2}{2g}=\frac{2c_2^2-2c_1c_2}{2g}+\frac{c_1^2-c_2^2}{2g}$$

$$h_j = \frac{(c_1 - c_2)^2}{2g} \tag{4-19}$$

式（4-19）表明：管道断面突然扩大时的局部能头损失等于损失速度的速度能头。根据连续方程

$$c_2 = \frac{A_1}{A_2} c_1$$

代入式（4-19）得

$$h_j = \left(1 - \frac{A_1}{A_2}\right)^2 \frac{c_1^2}{2g} = \zeta_1 \frac{c_1^2}{2g} \tag{4-20}$$

若按扩大断面的速度来算此局部损失，则

$$h_j = \left(\frac{A_2}{A_1} - 1\right)^2 \frac{c_2^2}{2g} = \zeta_2 \frac{c_2^2}{2g} \tag{4-21}$$

式（4-20）、式（4-21）中的 ζ_1、ζ_2 为局部阻力系数，仅与过流断面面积有关，而与流速无关，表 4-2 给出了常用的局部阻力系数。

表 4-2　　断面扩大时局部阻力系数

A_1/A_2	1	0.9	0.8	0.7	0.6	0.5	0.4	0.3	0.2	0.1	0
ζ_1	0	0.01	0.04	0.09	0.16	0.25	0.36	0.49	0.64	0.81	1
ζ_2	0	0.123	0.062 5	0.184	0.444	1	2.25	5.44	16	81	∞

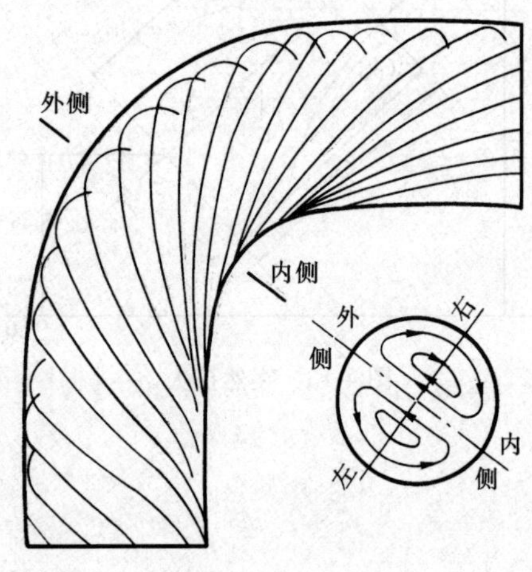

图 4-14　弯管流动

三、弯管流动

流体流经弯管时，除了因流速的方向和分布发生变化，产生漩涡引起能量损失以外，还会因离心惯性力作用，把质点从内侧挤向外侧，使外侧压力增大，内侧压力减小。弯管内外侧的压力差，使靠近壁面的低速（沿主流方向）质点沿壁面分别从外侧（高压处）向内侧（低压处）流动，产生二次流动，如图 4-14 所示，从而增大了局部损失。二次流与主流叠加在一起，使得整个流动呈对称螺旋状。弯段的局部阻力损失系数可用下述的经验公式计算（符号见图 4-15）：

$$\zeta = \left[0.13 + 0.163\left(\frac{d}{R}\right)^{3.5}\right]\frac{\pi - \theta}{90°} \tag{4-22}$$

当 $\theta = 90°$ 时，ζ 值如表 4-3 所示。

表 4-3　　直角弯头的 ζ 值

d/R	0.2	0.4	0.5	0.6	0.7	0.8	0.9	1.0	1.2	1.4	1.6	1.8	2.0
ζ	0.132	0.14	0.15	0.16	0.18	0.21	0.24	0.29	0.44	0.66	0.98	1.41	1.98

四、计算局部损失的普遍公式

尽管引起局部损失的种类繁多，外形各异，但是产生局部损失的物理本质是一样的，都是发生流动结构的质量调整和漩涡区的质量交换运动。根据引起局部损失的物理实质相同这

一点出发，可以推断速度能头是影响局部损失的主要原因，只是局部阻力系数不同而已，于是可以把局部阻力损失表示为

$$h_{\mathrm{j}} = \zeta \frac{c^2}{2g} \tag{4-23}$$

式中　ζ——局部阻力系数。

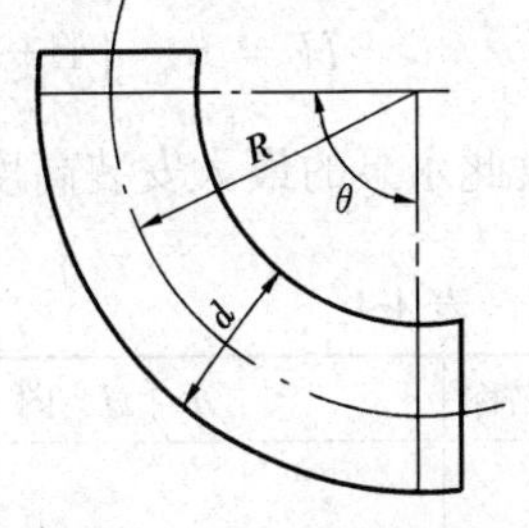

图 4-15　弯段阻力系数

计算局部阻力损失的关键就是确定局部阻力系数 ζ。一般情况下，ζ 并不是一个常数，它既与流动形态有关，又与过流断面的几何条件有关，但工程中的管内流动绝大多数为紊流，同时由于存在局部干扰，流动较早进入阻力平方区，在此情况下，阻力系数与雷诺数无关，只与局部阻碍形状有关。

局部阻力损失可以用另外一种表达形式，某一局部管件产生的局部损失与其所在长度为 l_{e} 的管道产生的沿程损失相等，这一长度称为管件的当量长度，即

$$h_{\mathrm{j}} = \lambda \frac{l_{\mathrm{e}}}{d} \frac{c^2}{2g}$$

由定义可知 $h_{\mathrm{j}}=h_{\mathrm{f}}$，得 $\zeta \frac{c^2}{2g}=\lambda \frac{l_{\mathrm{e}}}{d} \frac{c^2}{2g}$，则

$$l_{\mathrm{e}} = \zeta \frac{d}{\lambda} \tag{4-24}$$

五、常见的局部阻力系数的计算式或数据

表 4-4～表 4-7 列出了部分 ζ 值，工程实际中遇到的各种形式的 ζ 值，可查阅有关手册。但有一点需要说明，每一局部管件的局部阻力损失系数的确定是独立实验完成的，不受其他管件的局部损失的干扰，所以在计算 h_{j} 时，各局部管件之间的距离不得小于直径的三倍，否则需要另外做实验获得数据。

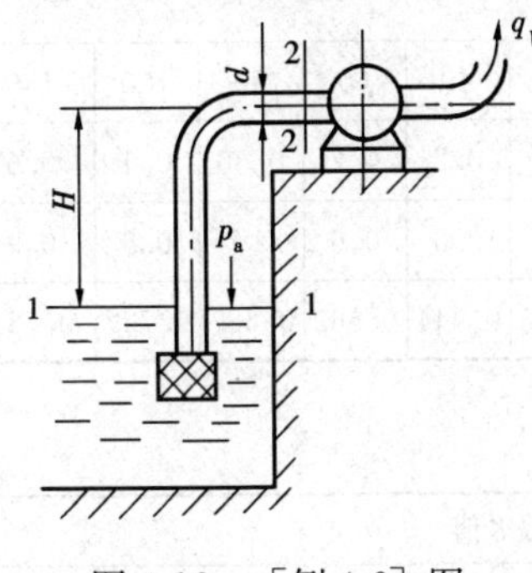

图 4-16　［例 4-6］图

【例 4-6】　图 4-16 为离心水泵的安装示意图。已知：吸水管直径 $d=100\mathrm{mm}$，吸水管长度 $l=20\mathrm{m}$，流量 $q_V=15\mathrm{L/s}$，水泵入口的最大允许真空值 $h_{\mathrm{v}}=6\mathrm{mH_2O}$，不带阀的滤水网局部阻力系数 $\zeta_1=6$，90°弯头一个（$R=100\mathrm{mm}$），沿程阻力系数 $\lambda=0.03$。求离心泵的安装高度。

解　以水池水面为基准面，列 1－1，2－2 断面的伯努利方程式

$$0+\frac{p_{\mathrm{a}}}{\rho g}+\frac{c_1^2}{2g}=H+\frac{p_2}{\rho g}+\frac{c_2^2}{2g}+\left(\lambda \frac{L}{d}+\zeta_1+\zeta_2\right)\frac{c_2^2}{2g}$$

所以 $H=\dfrac{p_{\mathrm{a}}-p_2}{\rho g}-\left(1+\lambda \dfrac{L}{d}+\zeta_1+\zeta_2\right)\dfrac{c_2^2}{2g}+\dfrac{c_1^2}{2g}$

由于水池的面积很大，c_1 很小，令 $c_1=0$。弯头 $\theta=90°$，$d/R=1$，查表 4-3 可得 $\zeta_2=0.29$。断面 2－2 处的真空值 $h_{\mathrm{v}}=\dfrac{p_{\mathrm{a}}-p_2}{\rho g}=6\mathrm{mH_2O}$。管中流速 $c_2=q_V/A=15\times10^{-3}/\dfrac{\pi\times0.1^2}{4}=1.91\mathrm{m/s}$

把以上数据代入 H 的表达式得

$$H=6-\left(1+0.03\times\frac{20}{0.1}+6+0.29\right)\times\frac{1.91^2}{2\times9.807}=6-2.5=3.5(\mathrm{m})$$

故此水泵的最大安装高度不得超过 3.5m，否则将抽不上水或产生气穴空蚀现象。

表 4-4　　截面变化局部阻力系数

名称	示意图	局部阻力系数ζ												
突然扩大		A_2/A_1	∞	10	9	8	7	6	5	4	3	2		
		ζ_2	∞	81	64	49	36	25	16	9	4	1		
		ζ_1	1.0	0.81	0.79	0.76	0.73	0.69	0.64	0.56	0.44	0.25		
突然缩小		A_2/A_1	0	0.1	0.2	0.3	0.4	0.5	0.6	0.7	0.8	0.9		
		ζ_2	0.5	0.45	0.40	0.35	0.3	0.25	0.20	0.15	0.10	0.05		
节流孔板		A_1/A	0.1	0.2	0.3	0.4	0.5	0.6	0.7	0.8	0.9	1.0		
		ζ_2	226	47.8	17.8	7.8	3.75	1.8	0.8	0.29	0.06	0		
渐扩圆管		θ	2.5	6	7.5	10	15	20	25	30	40	60	90	180
		η	0.18	0.13	0.14	0.16	0.27	0.43	0.62	0.81	1.03	1.21	1.12	1
		最佳扩张角：圆管 $\theta=5°\sim6.5°$；方管 $\theta=7°\sim8°$；矩形管 $\theta=10°\sim12°$												
渐缩圆管		$\zeta=\eta\left(\frac{1}{\varepsilon}-1\right)^2$			θ	10	20	40	60	80	100	140		
					η	0.4	0.25	0.2	0.2	0.30	0.4	0.6		
		A_2/A_1	0	0.1	0.2	0.3	0.4	0.5	0.6	0.7	0.8	0.9		
		ε	0.661	0.612	0.616	0.622	0.633	0.644	0.662	0.687	0.722	0.781		

表 4-5　　各种出口的局部阻力系数ζ值

名称	示意图	l/d \ θ	2	4	6	8	10	12	16	20	24	30
扩张圆锥出口	$Re>2\times10^3$ (流速用 c)	1	1.30	1.15	1.03	0.90	0.80	0.73	0.59	0.55	0.55	0.58
		2	1.13	0.91	0.73	0.60	0.52	0.46	0.41	0.42	0.49	0.62
		4	0.86	0.57	0.42	0.34	0.29	0.27	0.29	0.35	0.47	0.66
		6	0.49	0.34	0.25	0.22	0.20	0.22	0.29	0.38	0.50	0.67
		10	0.40	0.20	0.15	0.14	0.16	0.18	0.26	0.35	0.45	0.60

续表

名称	示意图	局部阻力系数ζ值									
收缩圆锥出口	$Re>2\times10^3$（流速用 c）	$\zeta=1.05\left(\frac{d_1}{d_2}\right)^4$									
		d_1/d_2	1.2	1.4	1.6	1.8	2.0	2.2	2.4	2.6	2.8	3.0
		ζ	2.18	4.03	6.88	11.0	16.8	24.8	34.8	48.0	64.6	85.0
锐边孔出口		A_2/A_1	0.11	0.2	0.3	0.4	0.5	0.6	0.7	0.8	0.9
		ζ	268	665	28.6	15.5	9.81	5.80	3.70	2.38	1.56

表 4-6　管道进口的局部阻力系数ζ值（各种换热器常用进口结构）

名称	示意图	局部阻力系数ζ值					
倒角进口		θ \ δ/d	0.025	0.05	0.075	0.10	0.15	0.60
		30°	0.43	0.36	0.30	0.25	0.20	0.13
		60°	0.40	0.30	0.23	0.18	0.15	0.12
		90°	0.41	0.33	0.28	0.25	0.23	0.21
		120°	0.43	0.38	0.35	0.33	0.31	0.29
尖角凸边进口		δ/d \ b/d	0	0.002	0.01	0.05	0.50	
		0	0.50	0.57	0.63	0.80	1.00	
		0.008	0.50	0.53	0.58	0.68	0.88	
		0.016	0.50	0.51	0.53	0.58	0.77	
		0.024	0.50	0.50	0.51	0.53	0.68	
		0.030	0.50	0.50	0.51	0.52	0.61	
		0.056	0.50	0.50	0.50	0.50	0.53	

表 4-7　各种阀门的局部阻力系数

名称	示意图	局部阻力系数ζ值									
水泵进口装置	包括滤网	无逆止底阀	2～3								
		有逆止底阀	d（mm）	40	50	75	100	150	200	250	300
			ζ	12	10	8.5	7.0	6.0	5.2	4.4	3.7
闸阀		S/d	全开	7/8	6/8	5/8	4/8	3/8	2/8	1/8	
		ζ	0	0.07	0.26	0.81	2.06	5.52	17	97.8	

续表

名称	示意图	局部阻力系数ζ值							
旋塞或球阀		θ°	5	10	15	20	25	30	35
		ζ	0.05	0.29	0.75	1.56	3.10	5.47	9.68
		θ°	40	45	50	55	60	65	82
		ζ	17.3	31.2	52.6	106	206	486	∞
截止阀		开度（%）	10	20	30	40	50		
		ζ	85	24	12	7.5	5.7		
		开度（%）	60	70	80	90	100		
		ζ	4.8	4.4	4.1	4.0	3.9		

六、减少阻力损失的措施

阻力损失是指：黏性流体流动中，摩擦阻力对流体做负功，这部分功最后变成其他形式的能量（热、声、振动等）而耗散掉。因此，阻力损失越大，能量的利用率越低，应采取措施减少阻力损失。

1. 减小沿程损失

圆管中沿程损失的计算公式为

$$h_f = \lambda \frac{l}{d}\frac{c^2}{2g}$$

$$\lambda = f(Re, \Delta/d)$$

分析上述两式，可以得到减小沿程损失的途径如下：

(1) 减小管道长度 l。在满足工程需要和安全性的前提下，应尽可能采用直管，以减小管道长度。

(2) 合理增大管径 d。管径增大后，平均流速相应降低，可以降低沿程损失。但管径增大后，将使管材消耗量增加，投资和维修费用增加。因此，要通过技术经济比较来合理选择管径。

(3) 降低管壁的当量粗糙度 Δ。例如，对铸造管道，内壁面应打磨和喷砂以消除毛刺；通流部件（如泵与风机的叶轮等）检修时，通过打磨来降低粗糙度，减小沿程阻力系数。

(4) 降低流体的黏度。如长距离的输油管道，可通过提高油温来降低黏度。

(5) 尽可能采用圆管。在管道有效截面面积和其他流动条件相同的情况下，圆管的摩擦面积最小，沿程损失也最小。

(6) 添加剂减阻。在液体中添加少量的添加剂（如高分子化合物、金属皂、分散的悬浮物等），通过改变流体的黏性来减少沿程损失。

2. 减小局部损失

局部损失的计算公式为

$$h_j = \zeta \frac{c^2}{2g}$$

其中，局部阻力系数主要与局部阻力件的类型和边界形状有关。减少局部损失可以从以下两个方面着手：

（1）在允许的情况下，尽量减少局部阻力管件，以减少整个系统的局部阻力系数。

（2）改善局部阻力管件流动通道的边界形状，使流速的大小和方向的变化更趋平稳。常见的方法有三种。

1）管道进口。其阻力系数与进口边缘的形状有关。如光滑流线形进口比突缩锐缘进口的阻力系数几乎可以减小90%。

2）弯管。弯管的局部阻力系数与弯管的中心角θ、管径d和弯曲半径R有关。在中心角一定的条件下，适当增大弯曲半径和在弯管内安装导流叶片（见图4-17），可显著降低局部阻力系数。实验证实，选择合理的叶片形状，可使直角弯头的局部阻力系数由1.1降到0.25。

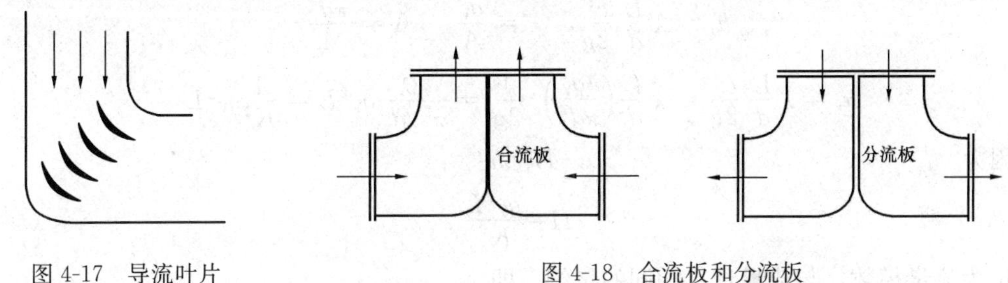

图4-17　导流叶片

图4-18　合流板和分流板

3）三通管。可加装合流板和分流板，以减小局部阻力系数，如图4-18所示。

用渐扩管和渐缩管来代替突扩管和突缩管，使流速的变化更趋平稳，减小局部损失。

第六节　管道及管网的水力计算

一、管道系统的分类

各种管段及其附件连接起来所组成的输送流体的系统称为**管道系统**。管道系统按照铺设的方式分类，可分为简单管道系统和复杂管道系统。简单管道系统是指管径在整个系统不变化的管道系统，而复杂管道系统是指管径发生变化的管道系统。简单管道系统分为长管及短管两大类，因为在管道的水力计算中，不论哪一类管道，流体在流动过程中的沿程损失总是要考虑的。但有的时候，局部损失可以忽略不计，因此通常又可根据管道中局部阻力损失与沿程损失的比较，按其数值大小来划分长管和短管。

所谓长管是指管道中的能头损失以沿程损失为主，局部损失与流速能头的总和相比所占的比重很小，一般可以不作专门计算，按照沿程损失的5%～10%估算，甚至可以不算，这类管道包括输水管、输油管道等。所谓短管是指局部损失与流速能头的总和相比，占有一定的比例，计算时不能忽略，这类管道包括离心泵进水管、润滑系统等。

长管与短管是根据局部阻力损失、速度能头之和与沿程损失的比例大小来确定的，在实际计算时，往往要根据计算中所要求的精确度来确定。

二、简单管道系统的水力计算

1. 长管的水力计算

图4-19所示为一等直径简单长管，设管长为L，直管直径为d，水箱水面距管道出口中

心线的高度为 H，流量为 q_V 的水流入大气。以管道中心为基准面，对水面1－1及出口断面2－2列伯努利方程式

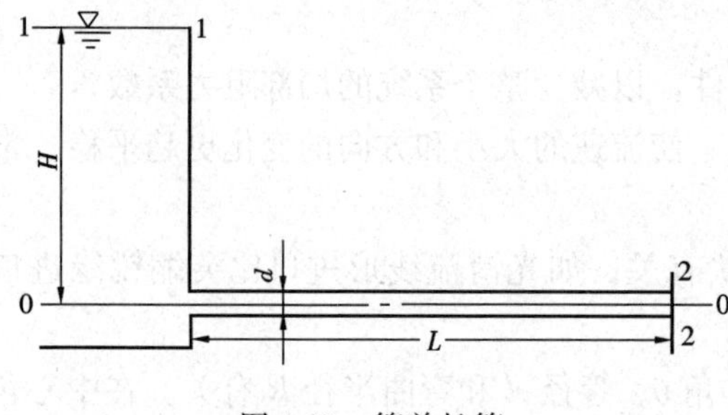

图 4-19　简单长管

$$z_1+\frac{p_a}{\rho g}+\frac{c_1^2}{2g}=z_2+\frac{p_a}{\rho g}+\frac{c_2^2}{2g}+h_f$$

式中，$z_1=H$，$z_2=0$，对于长管来说，可以忽略流速能头和局部损失，故上式可以简化为 $H=h_f$，式中 H 为位置能头，h_f 为沿程损失。

$H=h_f$ 表明了长管的能头全部消耗在沿程损失上，利用公式

$$h_f=\lambda\frac{L}{d}\frac{c^2}{2g},\quad c=\frac{q_V}{A},\quad A=\frac{\pi d^2}{4}$$

得
$$h_f=\lambda\frac{L}{d}\frac{c^2}{2g}=\lambda\frac{L}{d}\left(\frac{4q_V}{\pi d^2}\right)^2\frac{1}{2g}=\frac{8\lambda}{\pi^2 gd^5}q_V{}^2L=\frac{1}{K^2}q_V{}^2L$$

因为
$$H=h_f$$

所以
$$H=\frac{q_V{}^2L}{K^2}\tag{4-25}$$

K 为流量模数，与流量具有相同的量纲，即

$$K=\sqrt{\frac{g\pi^2d^5}{8\lambda}}\tag{4-26}$$

流量模数 K 与沿程阻力损失系数及管径有关，水利手册中可以查到有关 K 的数据，表4-8给出了常用铸铁和钢质水管的流量模数 K 值。

表 4-8　　铸铁和钢质水管流量模数 K 值

管道内径（mm）	75	100	125	150	175	200	225	250	300
$1/K^2[(m^3/s)^{-2}]$	1709	365.3	110.8	41.85	18.96	9.029	4.822	2.752	1.025
K（m^3/s）	0.024 2	0.052 3	0.095 0	0.155	0.230	0.333	0.455	0.603	0.988

在式（4-25）中，共4个参数，当已知其中任意三个量时，就可以解出另一个量。因此利用式（4-25）可以解决下述三类问题：

（1）已知 H 和 d，求 q_V；

（2）已知 q_V 和 d，求 H；

（3）已知 H 和 q_V，求 K。

求出 K 以后，即可查表求出所需要的 d，这种办法求出的管径要归整为整数，取比计算的管径大一些的标准管径，然后用所取的标准管径进行复核计算。

【例 4-7】　一铸铁输水管道，管的内径＝100mm，通过的流量为 22L/s，管长 $L=$ 180m，求所需能头 H。

解　查表 4-8，得 $1/K^2=365.3$，根据式（4-25）可得

$$H=\frac{q_V{}^2L}{K^2}=(22\times10^{-3})^2\times180\times365.3=31.8(m)$$

2. 短管的水力计算

管道计算的目的在于决定某一流量下的管道尺寸，或在管道系统的几何尺寸已知的情况下，决定管道的流量或能头损失。管道中总的能头损失（h_w）等于各段沿程损失（h_f）和局部损失（h_j）的叠加，即

$$h_w = \Sigma h_f + \Sigma h_j \tag{4-27}$$

如图 4-20 所示的短管系统。直管 L_1，L_2，L_3 的沿程阻力系数和管径都是 λ_1 和 d_1，平均流速都是 c_1，水箱出口处的局部损失阻力系数是 ζ_1，两处弯管的局部阻力系数是 ζ_2，阀门的局部阻力系数为 ζ_3。取水箱的自由面 1—1 及短管的出口断面 2—2 为计算断面，并以过 2—2 断面的管道中心线的水平线为基准线，列伯努利方程

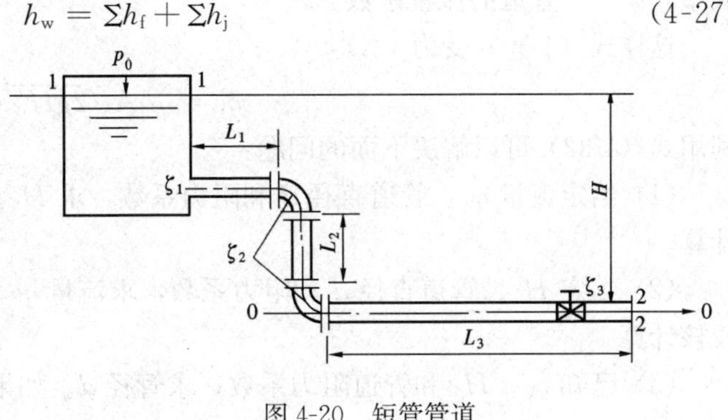

图 4-20　短管管道

$$H + \frac{p_0}{\rho g} + \frac{c_0^2}{2g} = 0 + \frac{p_a}{\rho g} + \frac{c_1^2}{2g} + h_w$$

令

$$H + \frac{p_0 - p_a}{\rho g} + \frac{c_0^2}{2g} = H_0$$

则得

$$H_0 = \frac{c_1^2}{2g} + h_w$$

用 c_1 表示管道各断面的平均流速，省去下标，则上式可写为

$$H_0 = \frac{c^2}{2g} + h_w \tag{4-28}$$

h_w 为流体从断面 1－1 到断面 2－2 时的能头损失，包括沿程损失和局部损失，即

$$h_w = \Sigma h_f + \Sigma h_j$$

$$h_w = \Sigma\lambda_i \frac{l_i}{d_i}\frac{c^2}{2g} + \Sigma\zeta_i \frac{c^2}{2g}$$

代入式（4-28）得

$$H_0 = \frac{c^2}{2g} + \left(\Sigma\lambda_i \frac{l_i}{d_i} + \Sigma\zeta_i\right)\frac{c^2}{2g} = \left[\Sigma\lambda_i \frac{l_i}{d_i}\left(\frac{d}{d_i}\right)^4 + \Sigma\zeta_i\left(\frac{d}{d_i}\right)^4\right]\frac{c^2}{2g}$$

管内为紊流时，取 $\alpha=1$，得

$$c = \frac{1}{\sqrt{1 + \Sigma\lambda_i \frac{l_i}{d_i}\left(\frac{d}{d_i}\right)^4 + \Sigma\zeta_i\left(\frac{d}{d_i}\right)^4}}\sqrt{2gH_0} \tag{4-29}$$

将当量长度的概念应用到该公式，通过管道的流量为

$$q_V = c \cdot A = \frac{1}{\sqrt{1 + \Sigma\lambda_i \frac{l_i + l_{ei}}{d_i}\left(\frac{d}{d_i}\right)^4}} A\sqrt{2gH_0} \tag{4-30}$$

$$l_{ei} = \zeta_i \frac{d_i}{\lambda_i}$$

式中　A——管道出口断面面积。

令
$$\frac{1}{\sqrt{1+\Sigma\lambda_i\frac{l_i+l_{ei}}{d_i}\left(\frac{d}{d_i}\right)^4}}=\mu_0 \tag{4-31}$$

式中　μ_0——管道的流量系数。

这样式（4-30）变为
$$q_V=\mu_0 A\sqrt{2gH_0} \tag{4-32}$$

利用式（4-32）可以解决下面的问题：

（1）给定流量 q_V、管道直径 d 和阻力系数，求 H_0。这类计算通常用于泵与风机的选型计算。

（2）给定 H_0、管道直径 d 和阻力系数，求流量 q_V。这类计算通常用于管道系统的流量校核计算。

（3）已知 q_V、H_0 和管道阻力系数，求管径 d。如果用解析的方法计算直径 d 时较为困难，通常可凭借经验及经济流速先求出管径，然后再做复核计算。因为 $q_V=c\,\frac{\pi d^2}{4}$，所以
$$d=\sqrt{\frac{4q_V}{\pi c}}=1.13\sqrt{\frac{q_V}{c}}$$

式中　c——经济流速。

几种经济流速列于表 4-9 中。

表 4-9　　　　经 济 流 速 c

流体种类	应用场合	管道种类	流速 c（m/s）	流体种类	应用场合	管道种类	流速 c（m/s）
水	一般给水	主压力管道	2～3	压缩空气	压气机	压气机进气管道	～10
		低压管道	0.5～1			压气机输气管道	～20
	工业用水	离心泵压出管道	3～4		一般情况	$d\leqslant$50mm	≤8
		离心泵吸入管道				$d\geqslant$70mm	≤15
		$d\leqslant$250mm	1～2	过热蒸汽	锅炉汽轮机	$d<$100mm	20～40
		$d>$250mm	1.5～2.5			$d=$100～200mm	30～50
		往复泵压出管道	1.5～2			$d>$200mm	40～60
		往复泵吸入管道	≤1				
		总给水管道	1.5～3				
		排水管道	0.5～1				
	冷却	冷水管道	1.5～2.5	饱和蒸汽	锅炉汽轮机	$d<$100mm	15～30
		热水管道	1～1.5			$d=$100～200mm	25～35
						$d>$200mm	30～40
	凝结水	凝结水泵吸入管道	0.5～1	矿物油	液压传动润滑油	吸油管道	1～2
		凝结水泵出水管道	1～2			压油管道（高压）	2.5～5
		自流凝结水管道	0.1～0.3			短管	≤10
						总回油管道	1.5～2.5

表 4-9 即为综合考虑能头损失和管道造价的经济速度。对于所设计的管道系统在相同的流量时，管径选小一些，造价低，但速度就会大，能头损失严重；反之，管径选大一些，速度小，能头损失少些，但造价增高。

【例 4-8】 如图 4-21 所示的简单管道，已知：进口压强 $p_1=1.0135\times10^6$Pa，出口压强 $p_2=1.0135\times10^5$Pa，管道内径 $d=5$cm，长 $L=10$m，沿程阻力系数 $\lambda=0.04$，管道进口阻力系数 $\zeta_1=0.5$，阀门阻力系数 $\zeta_2=2$，管中流动为紊流。试求流量。

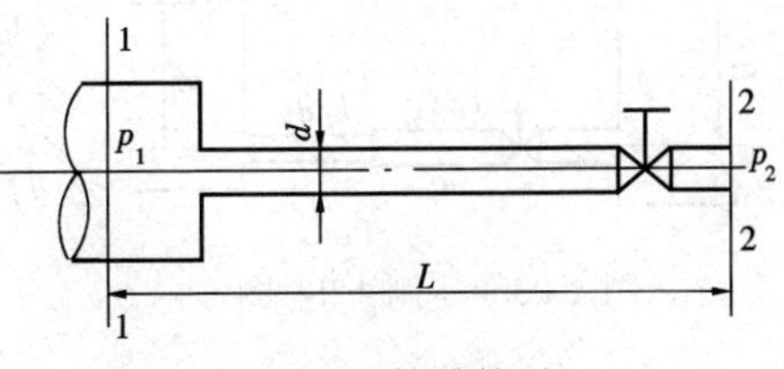

图 4-21　简单管道

解　按照式（4-32）

$$q_V=\mu_0 A\sqrt{2gH_0}$$

式中 H_0 可用两进口的压差与 ρg 之比计算出来，即

$$q_V=\mu_0 A\sqrt{2g\frac{\Delta p}{\rho g}}$$

$$l_{e1}=\zeta_1\frac{d_1}{\lambda_1}=0.5\times\frac{0.05}{0.04}=0.625(\mathrm{m})$$

$$l_{e2}=\zeta_2\frac{d_1}{\lambda_1}=2\times\frac{0.05}{0.04}=2.5(\mathrm{m})$$

$$\mu_0=\frac{1}{\sqrt{1+\Sigma\lambda_i\dfrac{l_i+l_{ei}}{d_i}}}=\frac{1}{\sqrt{1+0.04\times\dfrac{10+0.625+2.5}{0.05}}}=0.295$$

$$A=\frac{\pi d^2}{4}=\frac{\pi\times(0.05)^2}{4}=0.00196(\mathrm{m}^3)$$

$$\Delta p=p_1-p_2=9\times1.0135\times10^5(\mathrm{Pa})$$

代入 q_V 的表达式得

$$q_V=0.295\times0.00196\times\sqrt{2\times9.807\times\frac{9\times1.0135\times10^5}{1000\times9.807}}=0.0247(\mathrm{m}^3/\mathrm{s})$$

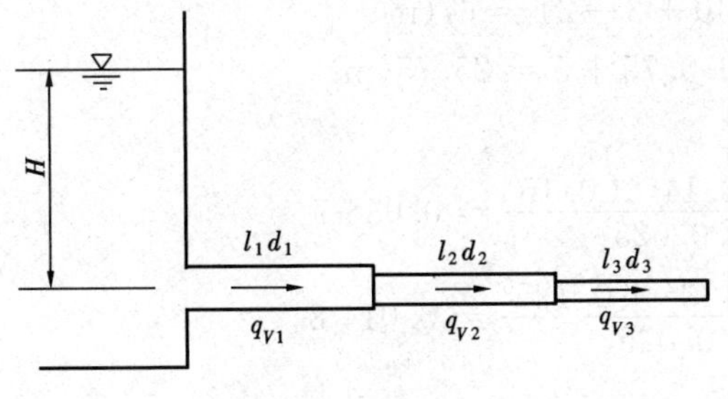

图 4-22　串联管道

三、复杂管道的水力计算

1. 串联管道的水力计算

由不同长度和不同管径顺接而成的管道为串联管道，如图 4-22 所示。

串联管道中任何一段管子的损失仍可用下式来计算：

$$h_{wi}=\frac{q_{Vi}^2L_i}{K_i^2}$$

其中，$L_i=l_i+l_{e,i}$。

假设各段管道都通过同一流量，那么串联管道，则有

$$H=\sum_{i=1}^{n}h_{wi}=\sum_{i=1}^{n}\frac{q_V^2L_i}{K_i^2}$$

$$H = q_V^2 \sum_{i=1}^{n} \frac{L_i}{K_i^2} \tag{4-33}$$

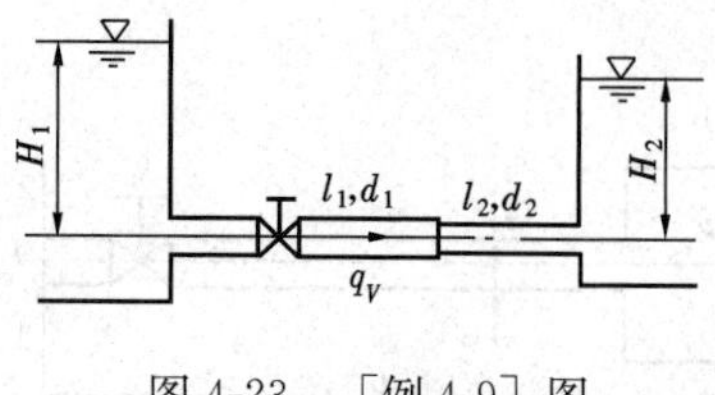

图 4-23 ［例 4-9］图

【例 4-9】 两个水池由两段直径不同的管段串联连接(见图 4-23)，$H_1=7\text{m}$，$H_2=2\text{m}$，$d_1=150\text{mm}$，$d_2=125\text{mm}$，管道长 $l_1=40\text{m}$，$l_2=20\text{m}$，两段管道的沿程阻力系数均为 $\lambda=0.025$，阀门 $\zeta_2=4.0$。求管道的流量。

解法一

取整个系统为控制体，取两个水池自由表面 1—1 和 2—2 为控制面，列伯努利方程式得

$$H_1 = H_2 + h_w, \text{则} \quad h_w = H_1 - H_2 = 7-2 = 5(\text{m})$$

该系统有两段串联管道，局部阻力损失共有四处：进口突然缩小局部阻力损失 $\zeta_1=0.5$(查表 4-4 得)，阀门局部阻力损失 $\zeta_2=4.0$，两段管道连接处局部阻力损失 $\zeta_3=0.15$［查表 4-4 得，面积缩小 $\left(\frac{0.125}{0.150}\right)^2 \approx 0.7$ 时，$\zeta_3=0.15$］，管道出口的局部阻力损失 $\zeta_4=1.0$（查表 4-4 得）。

根据式（4-24），将各段的局部阻力损失换算成当量长度，有

$$l_{e1} = \zeta_1 \frac{d_1}{\lambda_1} = 0.5 \times \frac{0.15}{0.025} = 3(\text{m})$$

$$l_{e2} = \zeta_2 \frac{d_1}{\lambda_1} = 4 \times \frac{0.15}{0.025} = 24(\text{m})$$

$$l_{e3} = \zeta_3 \frac{d_2}{\lambda_2} = 0.15 \times \frac{0.125}{0.025} = 0.75(\text{m})$$

$$l_{e4} = \zeta_4 \frac{d_2}{\lambda_2} = 1.0 \times \frac{0.125}{0.025} = 5(\text{m})$$

由式（4-33）得

$$h_w = \frac{q_V^2 L_1}{K_1^2} + \frac{q_V^2 L_2}{K_2^2}$$

$$L_1 = l_1 + l_{e1} + l_{e2} = 40 + 3 + 24 = 67(\text{m})$$

$$L_2 = l_2 + l_{e3} + l_{e4} = 20 + 0.75 + 5 = 25.75(\text{m})$$

由式（4-26）得

$$K_1^2 = \frac{g\pi^2 d_1^5}{8\lambda} = \frac{9.807 \times 3.14^2 \times 0.15^5}{8 \times 0.025} = 0.036\,7$$

$$K_2^2 = \frac{g\pi^2 d_2^5}{8\lambda} = \frac{9.807 \times 3.14^2 \times 0.125^5}{8 \times 0.025} = 0.014\,8$$

则

$$q_V = \sqrt{\frac{h_w}{\frac{L_1}{K_1^2} + \frac{L_2}{K_2^2}}} = \sqrt{\frac{5}{\frac{67}{0.036\,7} + \frac{25.75}{0.014\,7}}} = 0.04(\text{m}^3/\text{s})$$

解法二

同解法一，列伯努利方程式得 $h_w = H_1 - H_2 = 7 - 2 = 5(\text{m})$。

$$h_w = h_{w1} + h_{w2} = h_{f1} + h_{j1} + h_{j2} + h_{f2} + h_{j3} + h_{j4}$$

$$=\lambda_1\frac{l_1}{d_1}\frac{c_1^2}{2g}+\zeta_1\frac{c_1^2}{2g}+\zeta_2\frac{c_1^2}{2g}+\lambda_2\frac{l_2}{d_2}\frac{c_2^2}{2g}+\zeta_3\frac{c_2^2}{2g}+\zeta_4\frac{c_2^2}{2g}$$

又 $c_1A_1=c_2A_2$

代入数据解得

$$c_1=2.3(\mathrm{m/s})$$

$$q_V=c_1A_1=2.3\times\frac{\pi d_1^2}{4}=0.04(\mathrm{m^3/s})$$

2. 并联管道的水力计算

两根以上的管子在总管的同一处分开，以后又在另一处汇合，这类管道称为并联管道，如图 4-24 中 A，B 两点间 1，2，3 三根管子组成并联管道。

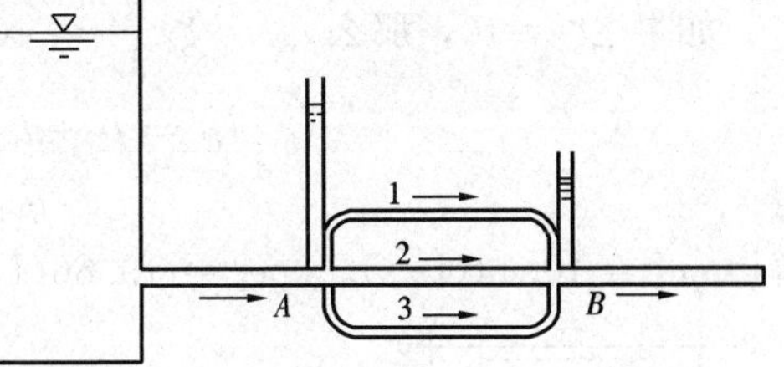

图 4-24　并联管道

对于并联管道，各管中的流量应满足

$$q_V=q_{V1}+q_{V2}+\cdots+q_{Vi}\tag{4-34}$$

式中　q_V——总的流量；

q_{Vi}——各分支管的流量。

由于并联管道中各支管中的能量损失（沿程损失和局部损失之和）是相同的，所以有：

$$\frac{q_{V1}^2L_1}{K_1^2}=\frac{q_{V2}^2L_2}{K_2^2}=\cdots=\frac{q_{Vi}^2L_i}{K_i^2}=h_\mathrm{w}\tag{4-35}$$

其中，$L_i=l_i+l_{ei}$

由式（4-35）得出

$$q_{V1}=K_1\sqrt{\frac{h_\mathrm{w}}{L_1}},\quad q_{V2}=K_2\sqrt{\frac{h_\mathrm{w}}{L_2}},\quad\cdots,\quad q_{Vi}=K_i\sqrt{\frac{h_\mathrm{w}}{L_i}}\tag{4-36}$$

将式（4-36）代入式（4-34）得

$$q_V=\sqrt{h_\mathrm{w}}\left(\frac{K_1}{\sqrt{L_1}}+\frac{K_2}{\sqrt{L_2}}+\cdots+\frac{K_i}{\sqrt{L_i}}\right)\tag{4-37}$$

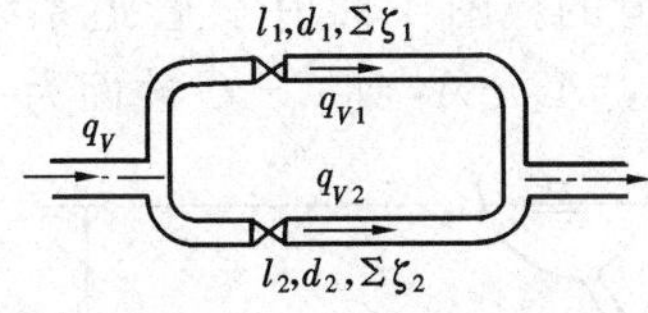

图 4-25　［例 4-10］图

【例 4-10】　两条管道并联，如图 4-25 所示，$d_1=100\mathrm{mm}$，$d_2=75\mathrm{mm}$，$l_1=80\mathrm{m}$，$l_2=50\mathrm{m}$，两管道的沿程阻力系数 $\lambda_1=0.021$，$\lambda_2=0.025$，各段管道的局部损失系数之和分别是 $\Sigma\zeta_1=5$，$\Sigma\zeta_2=7$，管道总流量 $q_V=30\mathrm{L/s}$，求：（1）每条分支管道的流量 q_{V1} 和 q_{V2}？（2）当第二条分支管道上再增加一阀门，使其 $\Sigma\zeta_2=10$ 时，流量又将如何分配？

解　分支管道的局部阻力损失的当量长度为

$$l_{e1}=\zeta_1\frac{d_1}{\lambda_1}=5\times\frac{0.1}{0.021}=23.8(\mathrm{m})$$

$$l_{e2}=\zeta_2\frac{d_2}{\lambda_2}=7\times\frac{0.075}{0.025}=21(\mathrm{m})$$

由式（4-35）得

$$\frac{q_{V1}^2L_1}{K_1^2}=\frac{q_{V2}^2L_2}{K_2^2}$$

$$L_1 = l_1 + l_{e1} = 80 + 23.8 = 103.8(\mathrm{m})$$

$$L_2 = l_2 + l_{e2} = 50 + 21 = 71(\mathrm{m})$$

$$K_1^2 = \frac{g\pi^2 d_1^5}{8\lambda_1} = \frac{9.807 \times 3.14^2 \times 0.1^5}{8 \times 0.021} = 5.76 \times 10^{-3}$$

$$K_2^2 = \frac{g\pi^2 d_2^5}{8\lambda_2} = \frac{9.807 \times 3.14^2 \times 0.075^5}{8 \times 0.025} = 1.15 \times 10^{-3}$$

得

$$q_{V1} = 1.85 q_{V2}$$

$$q_{V1} + q_{V2} = q_V = 30\mathrm{L/s}$$

解得

$$q_{V2} = 10.5(\mathrm{L/s}),\quad q_{V1} = 19.5(\mathrm{L/s})。$$

如果 $\Sigma\zeta_2=10$，那么 $l_{e2} = \zeta_2 \dfrac{d_2}{\lambda_2} = 10 \times \dfrac{0.075}{0.025} = 30(\mathrm{m})$

$$L_2 = l_2 + l_{e2} = 50 + 30 = 80(\mathrm{m})$$

得

$$q_{V1} = 1.96 q_{V2}$$

解得 $q_{V2} = 10.14(\mathrm{L/s})$，　$q_{V1} = 19.86(\mathrm{L/s})$。

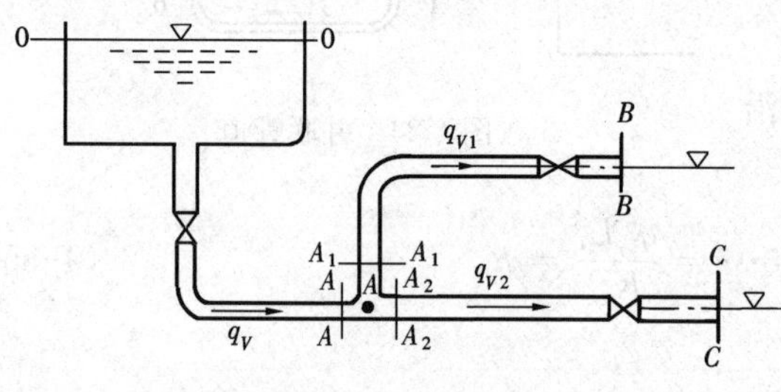

图 4-26　分支管道

3. 分支管道系统的水力计算

分支管道系统指两条或两条以上管道在同一处分开，而且不再汇合的管道系统，它与并联管道系统的区别就是没有汇合点，图 4-26 和图 4-27 所示为典型的分支管道系统。

分支管道系统的流动规律即兼有并联和串联管道的流动规律，又有其自身的特点。流量满足连续性方程式，即分支点处的流量要满足流入和流出支点的流量守恒。例如，对于图 4-26 所示管道系统，有

$$q_V = q_{V1} + q_{V2}$$

在分支管道上，各分支流量如何分配，主要取决于管道上起止点的能头差。分支管道列能量守恒方程式要注意的是，同一条分支管道上的能量是守恒的。图 4-26 中，管道系统 0—0 到 A—A 截面为一条管道，A_1—A_1 到 B—B 截面为一管道，A_2—A_2 到 C—C 截面为一管道，就是说，只列 0—0 到 A—A 截面、A_1—A_1 到 B—B 截面、A_2—A_2 到 C—C 截面各自管段的伯努利方程，这里交汇点 A 处的三个断面 A—A,A_1—A_1，A_2—A_2 的静能头高度$\left(即\ z+\dfrac{p}{\rho g}\right)$是一致的，即

$$z_A + \frac{p_A}{\rho g} = z_{A_1} + \frac{p_{A_1}}{\rho g} = z_{A_2} + \frac{p_{A_2}}{\rho g}$$

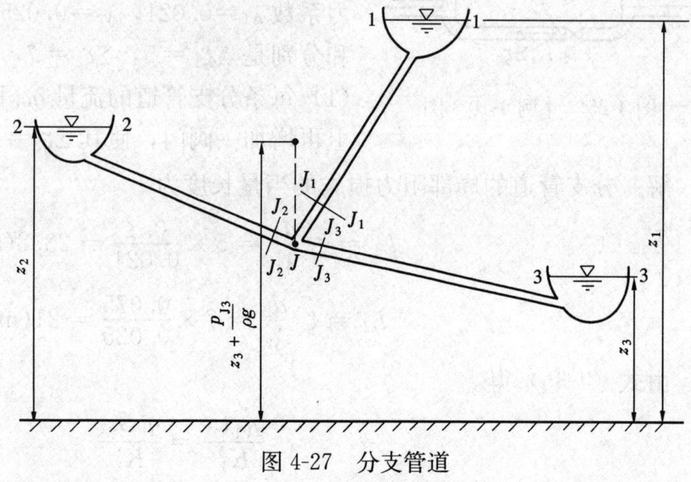

图 4-27　分支管道

由此可得，分支管道的另一规律是分支点的静能头高度不变。

还有一类管道系统，如图 4-27 所示，分支管道不是将流体排入大气环境，而是将流体排到 2 和 3 两水箱或大容器里。汇集点 J 的流量满足连续方程式，即

$$q_{V1}=q_{V2}+q_{V3} \quad 即 \quad c_1A_1=c_2A_2+c_3A_3$$

管道 1，2，3 三段管段分别满足各自的能量守恒方程式：

列 1—1，J_1-J_1 的伯努利方程：$z_1=z_{J1}+\dfrac{p_{J1}}{\rho g}+\dfrac{c_1^2}{2g}+h_{w1}$

列 2—2，J_2-J_2 的伯努利方程：$z_2=z_{J2}+\dfrac{p_{J2}}{\rho g}+\dfrac{c_2^2}{2g}-h_{w2}$

列 3—3，J_3-J_3 的伯努利方程：$z_3=z_{J3}+\dfrac{p_{J3}}{\rho g}+\dfrac{c_3^2}{2g}-h_{w3}$

对于上述三个公式中的汇集点 J，静能头高度是相等的，即

$$H_J=z_{J1}+\frac{p_{J1}}{\rho g}=z_{J2}+\frac{p_{J2}}{\rho g}=z_{J3}+\frac{p_{J3}}{\rho g}$$

如果分支管道的出口连接的是下一组管道的分支支点，那么管道系统就构成了管网，图 4-28 所示为几种管网类型。管网水力计算的原则还是要满足支点的流量和能量守恒，仅仅是计算的方程数多了，解题变得复杂了，工程实际中一般借助计算机来求解这类问题。

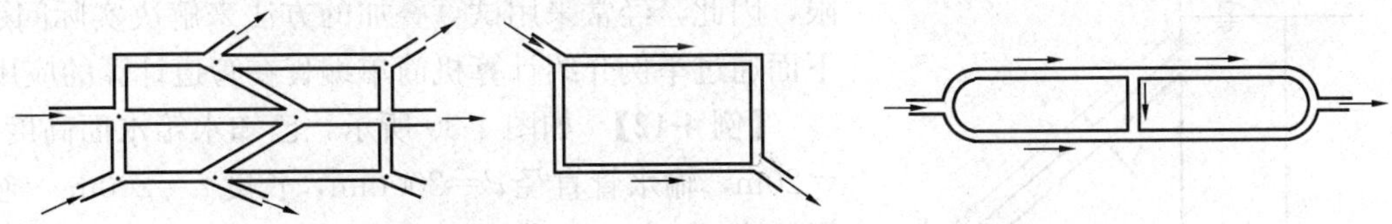

图 4-28 管网

【例 4-11】 如图 4-29 所示，一水塔给两座小楼供水的系统。水塔的水箱高度 $H=15\text{m}$，总管道的损失为 $h_w=8\text{mH}_2\text{O}$。分支管道 1 的直径为 75mm，$\lambda_1=0.02$，$l_1=80\text{m}$，$\Sigma\zeta_1=3$。分支管道 2 的直径为 50mm，$\lambda_2=0.02$，$l_2=100\text{m}$，$\Sigma\zeta_2=5$。求 q_{V1} 和 q_{V2}。

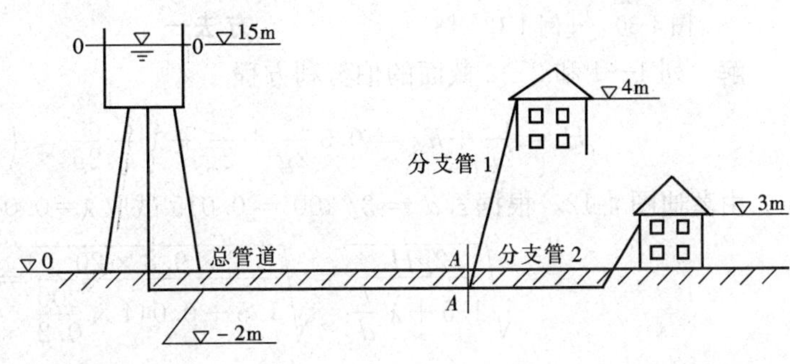

图 4-29 ［例 4-11］图

解 列 0—0，$A-A$ 的伯努利方程式

$$H=z_A+\frac{p_A}{\rho g}+\frac{c_A^2}{2g}+h_w,\quad z_A=-2\text{m}$$

得

$$z_A+\frac{p_A}{\rho g}+\frac{c_A^2}{2g}=H-h_w=15-8=7(\text{m})$$

列 $A-A$ 和 2—2 的伯努利方程

$$z_A+\frac{p_A}{\rho g}+\frac{c_A^2}{2g}=z_2+\frac{p_a}{\rho g}+\frac{c_2^2}{2g}+h_{w2}=3+0+\frac{c_2^2}{2g}+45\frac{c_2^2}{2g}$$

式中 $h_{w2}=\zeta_2\frac{c_2^2}{2g}+\lambda_2\frac{l_2}{d_2}\frac{c_2^2}{2g}=5\times\frac{c_2^2}{2g}+0.02\times\frac{100}{0.05}\times\frac{c_2^2}{2g}=45\frac{c_2^2}{2g}$

代入数据解得

$$c_2=1.31(\text{m/s}),\ q_{V2}=c_2A_2=0.00257(\text{m}^3/\text{s})$$

列 $A-A$，1－1 的伯努利方程：

$$z_A+\frac{p_A}{\rho g}+\frac{c_A^2}{2g}=z_1+\frac{p_a}{\rho g}+\frac{c_1^2}{2g}+h_{w1}=4+0+\frac{c_1^2}{2g}+24.3\frac{c_1^2}{2g}$$

式中 $h_{w1}=\lambda_1\frac{l_1}{d_1}\frac{c_1^2}{2g}+\zeta_1\frac{c_1^2}{2g}=0.02\times\frac{80}{0.075}\times\frac{c_1^2}{2g}+3\frac{c_1^2}{2g}=24.3\frac{c_1^2}{2g}$

代入数据解得

$$c_1=1.53(\text{m/s}),q_{V1}=c_1A_1=0.0068(\text{m}^3/\text{s})$$

第七节 计算机编程在管道计算中的应用

前面已经介绍了管道水力计算的分类和方法。在实际工程中管道水力计算时已知条件有限，因此，经常采用试算叠加的方法来解决实际问题，下面通过举例介绍计算机简单编程在管道计算的应用。

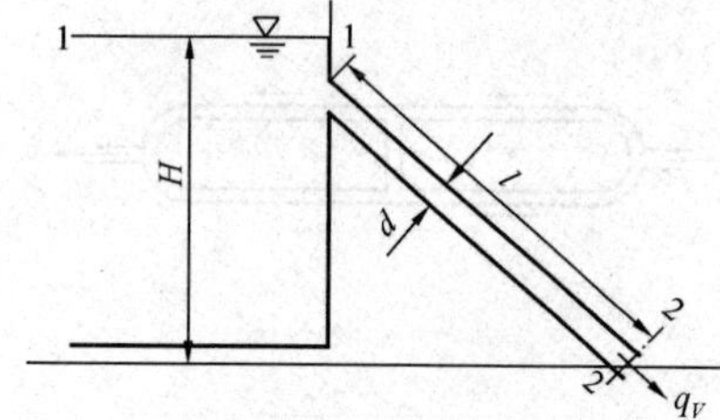

图 4-30 [例 4-12] 图

【例 4-12】 如图 4-30 所示，已知水箱水面高度 $H=20\text{m}$，输水管直径 $d=200\text{mm}$，长度 $l=200\text{m}$。绝对粗糙度 $\varepsilon=3\text{mm}$，水的运动黏度 $\nu=10^{-6}\text{m}^2/\text{s}$，试求管道的流量 q_V。

方法一

解 列 1—1 和 2—2 截面的伯努利方程

$$H=\frac{c^2}{2g}+h_w=0.5\frac{c^2}{2g}+\frac{c^2}{2g}+\lambda\frac{l}{d}\frac{c^2}{2g}=\left(1.5+\lambda\frac{l}{d}\right)\frac{c^2}{2g}$$

由莫迪图 4-12，根据 $\varepsilon/d=3/200=0.015$ 试取 $\lambda=0.044$，则有

$$c=\sqrt{\frac{2gH}{1.5+\lambda\frac{l}{d}}}=\sqrt{\frac{2\times9.8\times20}{1.5+0.044\times\frac{200}{0.2}}}=2.93(\text{m/s})$$

验证：$Re=\frac{cd}{\nu}=\frac{2.93\times0.2}{10^{-6}}=5.86\times10^5$

根据 Re 和 ε/d 的数值，查莫迪图得 $\lambda=0.044$，流动属于阻力平方区。管流量为

$$q_V=c\frac{\pi}{4}d^2=2.93\times\frac{3.14}{4}\times(0.2)^2=0.092(\text{m}^3/\text{s})$$

方法二

解 列 1—1 和 2—2 截面的伯努利方程

$$H=\frac{c^2}{2g}+h_w=0.5\frac{c^2}{2g}+\frac{c^2}{2g}+\lambda\frac{l}{d}\frac{c^2}{2g}=\left(1.5+\lambda\frac{l}{d}\right)\frac{c^2}{2g}$$

假设 $c=2\text{m/s}$（根据表 4-9 推荐的经济流速）

则

$$Re=\frac{cd}{\nu}=\frac{2\times0.2}{10^{-6}}=4\times10^{5}$$

判断流动所在区域必须计算 Re 几个节点，即

$$27\left(\frac{d}{\varepsilon}\right)^{8/7}=27\left(\frac{0.2}{0.003}\right)^{8/7}=3278$$

$$4160\left(\frac{d}{2\varepsilon}\right)^{0.85}=81\ 948$$

因为 $Re>4160\left(\frac{d}{2\varepsilon}\right)^{0.85}$，所以由式（4-17）可得

$$\lambda=\frac{1}{\left[1.74+2\lg\left(\frac{d}{2\varepsilon}\right)\right]^{2}}=0.043\ 6$$

将 $\lambda=0.043\ 6$ 倒推 c，反复叠加计算，直到计算 Re 和 ε/d 决定的 λ 的计算使用的计算公式正确，即

$$c=\sqrt{\frac{2gH}{1.5+\lambda\frac{l}{d}}}=\sqrt{\frac{2\times9.8\times20}{1.5+0.043\ 6\times\frac{200}{0.2}}}=2.95(\text{m/s})$$

则

$$Re=\frac{cd}{\nu}=\frac{2.95\times0.2}{10^{-6}}=5.9\times10^{5}$$

$Re>4160\left(\frac{d}{2\varepsilon}\right)^{0.85}$，所以使用的式（4-17）是正确的。

计算流量为

$$q_V=c\frac{\pi}{4}d^2=2.95\times\frac{3.14}{4}\times0.2^2=0.093(\text{m}^3/\text{s})$$

上述例题计算量小，主要是因为流动区域落在阻力平方区，如果管壁的 $\varepsilon=0.1\text{mm}$，题目的计算量就会增大。下面介绍几个程序来解决如果管道的 ε 由 3mm 降低为 0.1mm 时的计算过程。

【例 4-13】 已知水箱水面高度 $H=20\text{m}$，输水管直径 $d=200\text{mm}$，长度 $l=200\text{m}$。绝对粗糙度 $\varepsilon=0.1\text{mm}$，水的运动黏度 $\nu=10^{-6}\text{m}^2/\text{s}$，试求管道的流量 q_V。

解 假设 $c=2\text{m/s}$

则

$$Re=\frac{cd}{\nu}=\frac{2\times0.2}{10^{-6}}=4\times10^{5}$$

判断流动所在区域必须计算 Re 几个节点，即

$$27\left(\frac{d}{\varepsilon}\right)^{8/7}=27\left(\frac{0.2}{0.000\ 1}\right)^{8/7}=1.598\ 75\times10^{5}$$

$$4160\left(\frac{d}{2\varepsilon}\right)^{0.85}=4160\times\left(\frac{200}{2\times0.1}\right)^{0.85}=1.47\times10^{6}$$

所以

$$27\left(\frac{d}{\varepsilon}\right)^{8/7}<Re<4160\left(\frac{d}{2\varepsilon}\right)^{0.85}$$

计算可知，流动区域落在光滑管区和阻力平方区之间。下面通过VB和C语言两个程序实现计算编程实现。

编程一（VB语言编程）：

```
Private Sub Command1 _ Click ()
Dim a As Double, b As Double
  Dim Re As Double, Re1 As Double, yn As Double
  Dim d As Single, lamd As Double, lamd1 As Single
  Dim c As Single, Qv As Single, c1 As Double
  Dim h As Single, l As Single
  Dim aa As Single, bb As Single
  Dim n As Integer, o As Double
  Dim lg As Single

  c = Val (Text1. Text)
  d = Val (Text2. Text)
  yn = Val (Text3. Text)
  h = Val (Text7. Text)
  l = Val (Text8. Text)
  cucaodu = Val (Text4. Text)

  aa = d / cucaodu
  bb = d / (2 * cucaodu)
  a = 27 * aa ^ 1. 1428
  b = 4160 * bb ^ 0. 85

  Text9. Text = a
  Text10. Text = b

Do
  c1 = c
  Re = c1 * d / yn
  Text11. Text = Format (Re, " 0. 00E + 00")

  If Re < 2300 Then
      lamd = 64 / Re

    ElseIf Re < a Then
      If Re < 10 ^ 5 Then
        lamd = 0. 3164 / (Re ^ 0. 25)
      Else
        lamd = 0. 0032 + 0. 221 * (Re ^ - 0. 237)
      End If
  ElseIf Re >= a And Re < b Then
```

```
        For i = 0.0001 To 0.1 Step 0.00005
          x = 1 / i ^ 0.5
          o = (2 / aa + 18.7 / (Re * i ^ 0.5))
          lg = Log (o) / Log (10)
          y = 1.74 - 2 * lg
          If Abs (y - x) <= 0.01 Then
              Exit For
              MsgBox lamb
          End If
        Next i
        lamd = i
    ElseIf Re >= b Then
          lg = Log (bb) / Log (10)
          lamd = 1 / ((1.74 + 2 * lg) ^ 2)

    End If
    Text5.Text = lamd
    c = (20 * h / (1.5 + lamd * l / d)) ^ 0.5
    Text12.Text = c

  Loop Until Abs (c1 - c) < 0.01
            Qv = c1 * 0.785 * d ^ 2
            Text6.Text = Qv

  End Sub

  Private Sub Command2_Click ()
  Text1.Text = ""
  Text2.Text = ""
  Text3.Text = ""
  Text4.Text = ""
  Text5.Text = ""
  Text6.Text = ""
  Text7.Text = ""
  Text8.Text = ""
  Text9.Text = ""
  Text10.Text = ""
  Text11.Text = ""

  End Sub
```

计算结果输出框图如下：

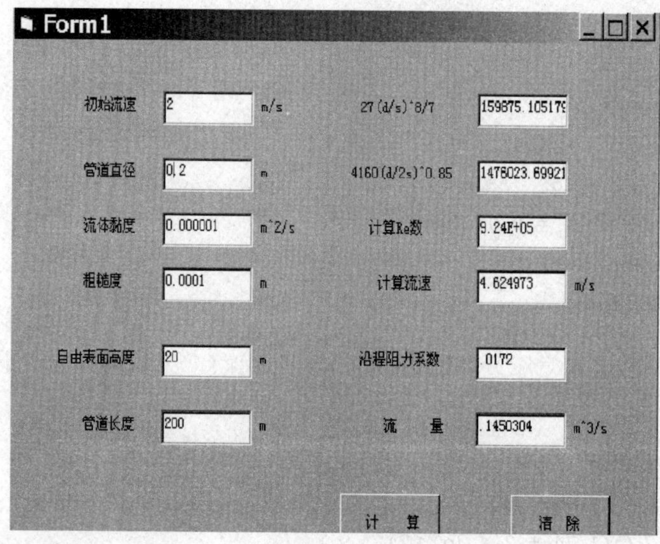

编程二（C语言编程）

```
#define G 9.18
#include<stdio.h>
#include<math.h>
void main ()
{
float d, L, C, v, H, E;
float Re, La, S, Qv;
float Re1, Re2, b, bb;
float i = 0.0001;
float x, cc, dd, e, ee, f, ff, fff;
float g, gg, CC;
printf (" 请输入管道直径:(单位为米)");
scanf ("%f", &d);
printf (" 请输入管道长度:(单位为米)");
scanf ("%f", &L);
printf (" 请假设流速为:(单位为 m/s)");
scanf ("%f", &C);
printf (" 平均运动黏度为:");
scanf ("%f", &v);
printf (" 液面高度为:(单位为米)");
scanf ("%f", &H);
printf (" 请输入粗糙度");
scanf ("%f", &E);
    Re = C * d/v;
    printf (" Re = %fn", Re);
Re1 = 27 * pow (d/E, 1.142857);
bb = 2 * E;
Re2 = 4160 * pow (d/bb, 0.85);
```

```
if (Re< = 2000)
{La = 64/Re;}
else if (Re< = Re1)
{
    if (Re< = 1e5)
     {
    b = pow (Re, 0.25);
    La = 0.3164/b;
    }
    else if (Re< = 3e6)
     {
    b = pow (Re, -0.237);
    La = 0.0032 + 0.221 * b;
    }
}
else if (Re< = Re2)
{
    do
     {
    i = i + 0.00005;
    x = 1/sqrt (i);
    cc = bb/d + 18.7 * x/Re;
    dd = 1.74 - 2 * log10 (cc);
    e = x - dd;
    ee = fabs (e);
    } while (ee>0.01);
La = i;
  }
  else if (Re>Re2)
   {
  f = d/bb;
  ff = 1.74 + 2 * log10 (f);
  fff = ff * ff;
  La = 1/fff;
  }
g = 1.5 + La * L/d;
gg = 2 * G * H/g;
CC = sqrt (gg);
printf (" 计算流速为: %f\n", CC);
S = 3.14/4 * d * d;
Qv = CC * S;
printf (" 流速 Qv = %f", Qv);
} →
```

【例 4-14】 某输水管线工程总长 5283m，该管道系统在每天 45 万 t 的额定工作状态下，从水库设计取水，管线入口水位为 298.00m，到净水厂配水井口为终点，管线出口水位为 268.90m。$\lambda=0.0109$。已知 7 个局部管件损失系数和 21 个节点数据如表 4-10 和表 4-11 所示，用 EXCEL 表计算完成设计管线水头压力分布规律并绘制各节点压力分布图。

表 4-10 管线局部阻力损失系数对应的信息码

信息码	含义	局部阻力系数
1	变坡	0.003 549
2	排气	0.1
3	弯头	0.003 549
4	水平转角	0.089 4
5	入口（接管井）	0.5
6	渐缩管	0.06
7	出口（配水井）	1.0

表 4-11 管线沿路程长的高程变化和局部阻力损失分布

节点序号	节点坐标（m）	管中心高程（m）	管径（mm）	信息码
0	0	298.00	3200	5
1	810	292.07	2200	1
2	1080	284.55	2200	1
3	1380	278.43	2200	1
4	1470	276.53	2200	1
5	1590	275.06	2200	2
6	1710	273.59	2200	1
7	1830	272.19	2200	1
8	2220	270.35	2200	1
9	2860	270.78	2200	3
10	3006	281.19	2200	1
11	3094	283	2200	1
12	3156	283	2200	1
13	3276	278.47	2200	1
14	3362.18	277.93	2200	4
15	3600	277.58	2200	6
16	3660	276.76	2200	1
17	3750	276.6	2200	1
18	3900	275.24	2200	1
19	4050	272.81	2200	1
20	5283	268.9	2200	7

解　$c = \frac{q_V}{A} = \frac{4 \times 45 \times 10^4 \times 10^3}{3.14 \times 1000 \times 24 \times 3600 \times 2.2^2} = 1.371(\text{m/s})$

EXCEL 计算结果列于表 4-12（取 $\rho = 1000\text{kg/m}^3, g = 9.807\text{m/s}^2, \lambda = 0.0109$）。

表 4-12　**各节点压力分布计算结果**

节点序号	节点坐标 L (m)	管中心高程 (m)	管径 d (m)	信息码对应的 ζ	截面高差 h_0-h_i	局部阻力系数之和 $\Sigma\zeta$	节点表压 $p_g=\rho g\ (h_0-h_i)\ -\rho\frac{c^2}{2}\left[\Sigma\zeta+\lambda\ (L/d)\ +1.0\right]$
0	0	298		0.5			
1	810	292.07	2.2	0.003 549	5.93	0.503 549	54 148.655 19
2	1080	284.55	2.2	0.003 549	13.45	0.507 098	125 457.623 3
3	1380	278.43	2.2	0.003 549	19.57	0.510 647	184 075.945 5
4	1470	276.53	2.2	0.003 549	21.47	0.514 196	202 286.754 9
5	1590	275.06	2.2	0.1	22.94	0.614 196	216 050.172 1
6	1710	273.59	2.2	0.003 549	24.41	0.617 745	229 904.253 3
7	1830	272.19	2.2	0.003 549	25.81	0.621 294	243 071.844 5
8	2220	270.35	2.2	0.003 549	27.65	0.624 843	259 297.052 1
9	2860	270.78	2.2	0.003 549	27.22	0.628 392	252 096.051 5
10	3006	281.19	2.2	0.003 549	16.81	0.631 941	149 321.883 6
11	3094	283	2.2	0.003 549	15	0.635 49	131 158.037 6
12	3156	283	2.2	0.003 549	15	0.639 039	130 865.950 6
13	3276	278.47	2.2	0.003 549	19.53	0.642 588	174 729.451 8
14	3362.18	277.93	2.2	0.089 4	20.07	0.731 988	179 539.832 1
15	3600	277.58	2.2	0.06	20.42	0.791 988	181 808.289 5
16	3660	276.76	2.2	0.003 549	21.24	0.795 537	189 567.257
17	3750	276.6	2.2	0.003 549	21.4	0.799 086	190 713.886 4
18	3900	275.24	2.2	0.003 549	22.76	0.802 635	203 349.479 5
19	4050	272.81	2.2	0.003 549	25.19	0.806 184	226 478.562 5
20	5283	268.9	2.2	1.0	29.1	1.806 184	258 141.515 2

用 EXCEL 的图表功能实现压力分布图的绘制，见图 4-31。

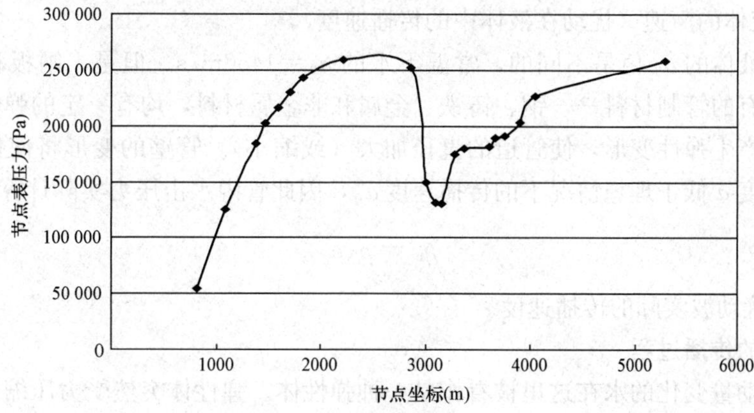

图 4-31　各节点压力分布图

管道水力计算在实际应用中更为复杂，这里仅举一些简单的例子，通过计算机编程掌握计算的基本思路和技巧。

第八节　水　击　现　象

前面讨论的都是管道的定常流动，下面讨论管道中的一种非定常的流动现象——水击。

一、水击现象及水击压力的计算

当液体在压力管道中流动时，由于某种外界扰动（如突然开启和关闭阀门，或水泵突然停车或启动），液体流动速度突然改变，引起管道中压力产生反复的、急剧的变化，这种现象称为**水击**（或水锤）。

水击现象发生时，管壁及管道上的设备承受比正常情况大几十倍甚至几百倍的压力，同时，压力的反复变化会使管壁及设备受到反复的冲击，发出强烈的振动和噪声，严重时会使管道破裂。水击不仅会使金属表面损坏，出现许多麻点，而且增大了流动的阻力损失，所以水击对电厂各种管道、生活中的供水管道及其他一些高速液体管道系统的安全运行是不利的，应尽量避免水击现象的发生。

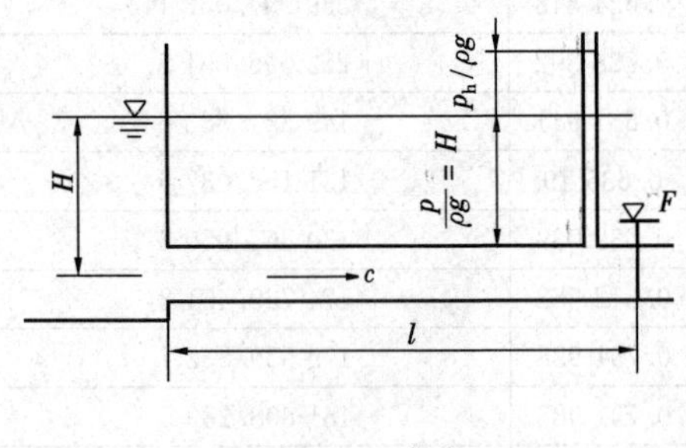

图 4-32　水击

水击产生的内在原因是液体高速运动的惯性和弹性。图 4-32 表示了一水管在能头 H 的驱动下，管内的水以流速 c 流动。管截面面积为 A，在距池 l 处有一闸阀 F。当闸阀 F 突然关闭切断水流，在极短的时间内，流速由原来的 c 变为零，动量发生了很大的变化。按照动量定律，液体的动量的变化是受外力作用的结果，这里的外力就是阀门作用给流体的。在外力作用下，流体的压力突然升高。若原来的压力为 p，阀门突然关闭后压力骤然升高到 $p+p_h$，突然增加的压力 p_h 即为水击压力。当认为闸板和管壁是绝对刚体时，可以得出水击压力的理论计算公式为

$$p_h = \rho c a_0 \tag{4-38}$$

式中　ρ——液体的密度；

c——液体运动速度；

a_0——液体的声速（扰动在液体中的传播速度）。

不同种类液体的 a_0 值是不同的，常温下水的 $a_0=1450\text{m/s}$。但是，闸板和管壁均不是绝对刚体，所有的管制材料——钢、铸铁、金属和非金属材料，均有一定的弹性，在水击压力的作用下，产生弹性变形，使管道的直径加大（或缩小）。管壁的变形将使扰动波在管中的实际传播速度 a 低于理想情况下的传播速度 a_0，因此管内水击压力实际计算式为

$$p_h = \rho c a \tag{4-39}$$

式中　a——扰动波实际的传播速度。

二、水击的传播过程

具有较大动量变化的水在这里被看作是一种弹性体。弹性体突然受力压缩，除了压力波在弹性体内以速度 a 传播的同时，它会像弹簧一样发生周期性的振动，每个周期经压缩、卸

压、膨胀、恢复四个过程循环反复进行，如图 4-33 所示。

1. 压缩过程

当管道下游的阀门突然关闭后，首先在阀门断面处的液体停止了流动，同时压力升高 p_h。然后相邻的流体也停止了流动，动量为零，压力相应升高到 p_h。这种压缩波一直向管道进口方向传播，即从右向左［图 4-33（a）］以速度 a 传播（a 为波速），经过时间 Δt 后（$\Delta t = l/a$），水击波传到管道进口，整个管道压力升高到了 p_h，流体压缩，密度增大，管壁膨胀，这个过程为压缩过程。

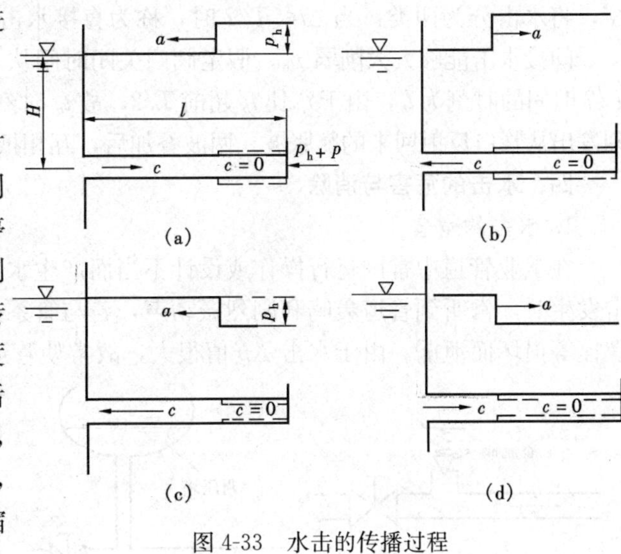

图 4-33　水击的传播过程

2. 压缩恢复过程

压缩过程结束，管道内的压力大于容器内的压力，即管道进口处的压力又会失去平衡，流体又开始向容器内回流倒灌，压力逐渐恢复，恢复的扰动波传递过程从左向右，传播速度仍为 a，如图 4-33（b）所示。经过第二个 Δt 时间后，管道受压得到恢复，这个过程为卸压过程或压缩恢复过程。

3. 膨胀过程

卸压过程结束，由于液体运动的惯性作用，管道中液体不能静止下来，还将以速度 c 向容器内流动，即从右向左流动，使得管道内液体的压力逐渐下降，液体体积膨胀，密度减少，管壁收缩，这种膨胀波的传播速度仍然是 a，从阀门处开始向左传播，如图 4-33（c）所示。经过第三个 Δt 时间后，管道中的液体处于膨胀状态，这个过程为膨胀过程。

4. 膨胀恢复过程

膨胀过程结束后，由于容器内的压力大于管道内的压力，使液体以速度 c 流回管道，最先是管道进口的压力恢复，恢复的波从左向右以 a 传播，随着压力的恢复，密度恢复，管壁恢复，经过第 4 个 Δt 时间后，管道中的压力都恢复到正常值，结束了一个周期的水击变化过程。

上述过程的前提是在水击传播的过程中无能量损失，压力的变化就会周期性地重复下去，四个阶段为一个完整水击周期，水击周期的计算式为

$$T = 4t = 4\,\frac{l}{a} \tag{4-40}$$

实际情况下，由于液体流动的阻力和管壁的变形消耗了能量，水击压力将迅速衰减，直至水击现象消失。

三、水击的类型

按水击的初始状态，可将它分为正水击和负水击两类。压力骤然升高的水击为正水击，如阀门突然关闭。压力骤然下降的水击为负水击，如阀门突然开启。若水管中的阀门不是突然关闭，而是缓慢关闭时，则水击的压升 p_h 将会有很大的削弱，因此根据阀门的关闭时间

Δt，将水击分为两类：当 $\Delta t \leqslant T/2$ 时，称为直接水击；当 $\Delta t > T/2$ 时，称为间接水击。

间接水击能够大大削弱 p_h，假定阀门关闭时间从 t_c 时刻开始，持续时间大于 $T/2$，经过 $T/2$ 时间的时刻为 t_b，由于 t_c 比 t_b 超前 $T/2$，故 t_b 时刻由阀门前发出的压力波，正遇到在 t_c 时刻发出从管口反射回来的膨胀波，两波叠加后，互相抵消削弱，故使水击强度大为下降。

四、水击的危害与消除

1. 水击的危害

在工业管道中常因运行操作或设计不当而产生水击，水击发生后常危及管道和设备。水击发生时，常听到管道轰鸣和剧烈振动声，若与管系共振，常使管道接口处的密封、法兰和螺栓等损坏而泄漏。由于水击 Δp 值很大，故常使管道及阀体破裂（自来水管系事故，常常由水击造成）、阀门变形卡涩或关闭不严；水冲击到水泵叶轮时，会使叶片振动，轴扭伤、弯曲，轴承、轴封损坏，水冲击常使压力表产生塑性变形或破裂损坏。

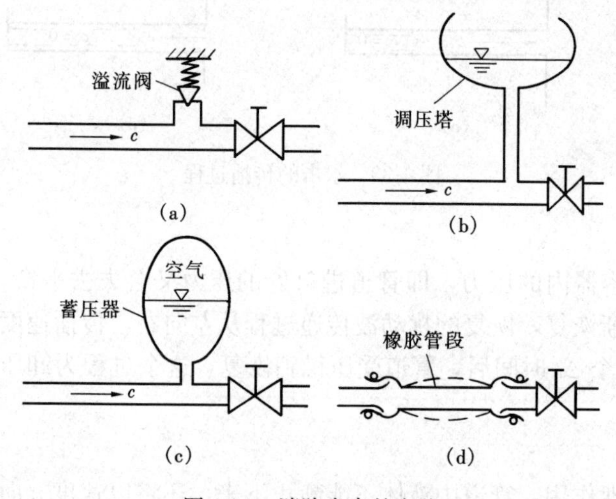

图 4-34 消除水击的方法

2. 防止和消除水击的方法

(1) 延长阀门的启闭时间，尽量缩短管道的长度，以避免直接发生水击。

(2) 加大管径，限制流速，以降低 p_h。

(3) 在管道中阀门前安装溢流阀（液体安全阀）或调压塔，如图 4-34 (a)、(b) 所示。

(4) 在管道中阀门前安装蓄压器、贮气罐等，或在低压段中接一橡胶管段，如图 4-34 (c)、(d) 所示，以吸收水击能量，加大管系弹性，降低 a 值，使 p_h 值下降。

思 考 题

4-1 什么是层流和紊流？判别层流和紊流的标准是什么？其判别准则数的物理意义是什么？

4-2 能量损失有几种形式？为什么会产生能量损失？

4-3 尼古拉兹实验揭示了什么？有哪些流动区域？能量损失的规律性是什么？

4-4 水力粗糙管与水力光滑管有什么区别？

4-5 紊流的水力光滑区、水力粗糙区和过渡区，对沿程阻力系数的影响因素有什么不同？

4-6 流速增加，水力粗糙管区的沿程阻力系数是否增大？沿程阻力损失是否增大？为什么？

4-7 两条长度相等，横断面积相同的风管，其一为圆形断面，其二为方形断面。如果它们的沿程损失相等，而且流动都处于平方区，试问哪条管道的流量更大？大多少？

4-8 保持水箱水位不变（见图 4-35），若将阀门的开度减小，问阀门前后测压管中的水

面差 Δh 将有怎样的变化？为什么？

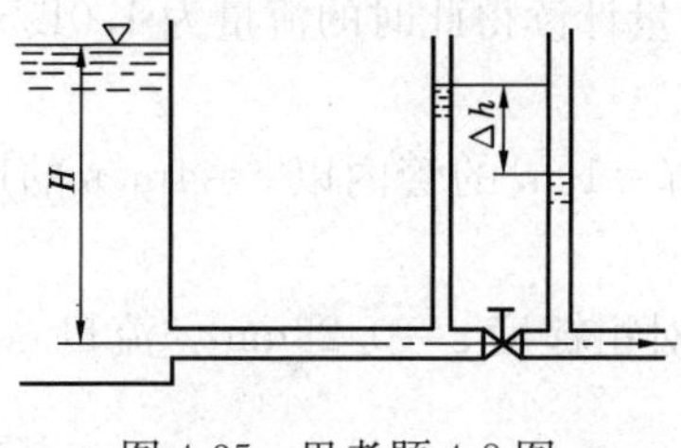

图 4-35　思考题 4-8 图

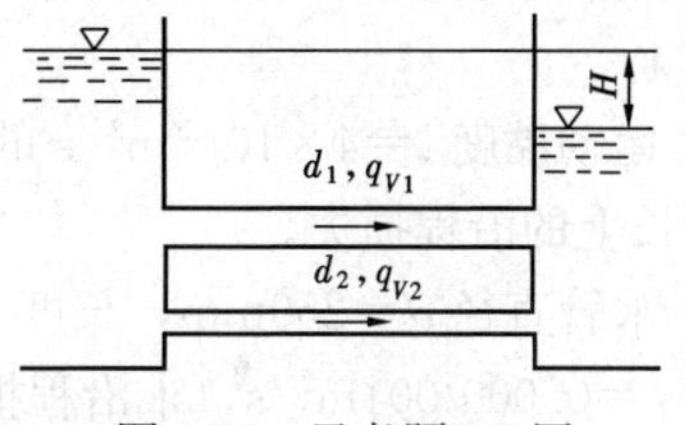

图 4-36　思考题 4-9 图

4-9　两个容器用两条液面下的管道连接起来，假定两条管道的沿程阻力系数和局部阻力系数相同，管道长度也一样（见图 4-36），试问：

（1）若直径 d_1 和 d_2 相等，q_{V1} 与 q_{V2} 相等吗？为什么？

（2）若直径 $d_1=2d_2$，q_{V1} 与 q_{V2} 的比值应为多少？

4-10　一个闭式循环油冷却管道系统如图 4-37 所示。三条并联管道中的流量分别为 q_{V1}、q_{V2} 和 q_{V3}。若保持油泵的进、出口压力不变，关闭一条并联管道上的阀门，其余两条管道上的流量将如何变化？总流量 q_V 又将如何变化？为什么？

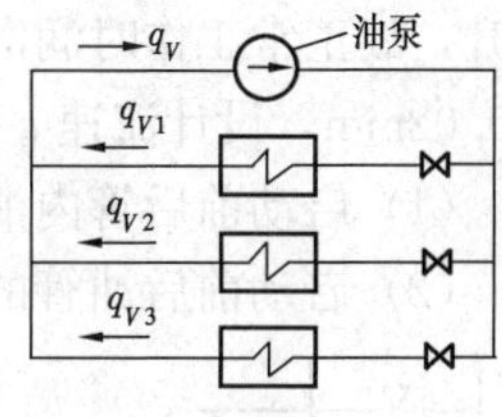

图 4-37　思考题 4-10 图

4-11　有两长度相同的支管并联，如图 4-38 所示。如果在支管 2 中加一个调节阀（阻力系数为 ζ），则 q_{V1} 和 q_{V2} 哪个大些？阻力损失 h_{w1} 和 h_{w2} 哪个大些？

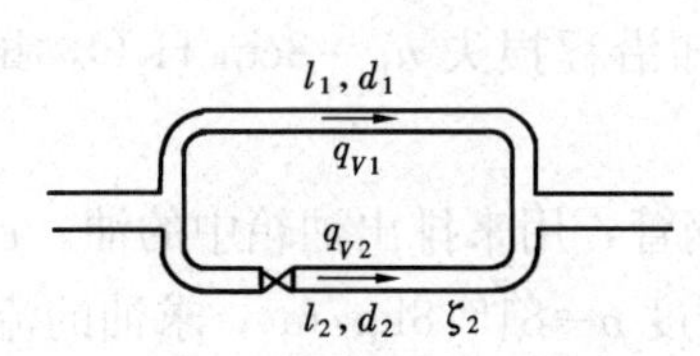

图 4-38　思考题 4-11 图

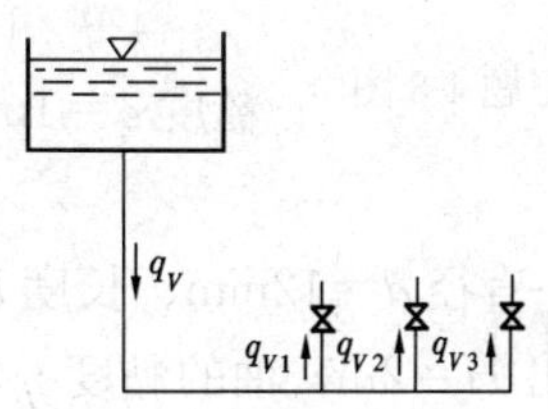

图 4-39　思考题 4-12 图

4-12　一个分支管道系统如图 4-39 所示。三条分支管中的流量分别为 q_{V1}、q_{V2} 和 q_{V3}。保持水箱水位不变，若关掉一条分支管上的阀门，其余两条分支管中的流量及总流量又将如何变化？为什么？

4-13　何谓水击？工程实际中如何防止水击现象？

习　　题

4-1　水的温度为 10℃，在直径 $d=100\text{mm}$ 的管道中流动，试判断流速分别为 0.25m/s 和 1.0m/s 时的流动状态。

4-2　一个渐缩的喷嘴，进口直径为 d_1，出口直径为 d_2，且 $\dfrac{d_2}{d_1}=\dfrac{1}{2}$，试问喷嘴进、出口哪个断面上雷诺数 Re 大？并求出 Re_1 与 Re_2 的比值。

4-3　在直径 $d=20\text{mm}$，长度 $l=1000\text{m}$ 的圆管中，以流速 $c=12\text{m/s}$ 输送温度为 10℃ 的水，求水在管道中的沿程阻力损失是多少？

4-4 流体力学实验室作工业管道的沿程阻力实验时，在直径 $d=25\text{mm}$ 的管道上相距 10m 的两测点读得测压管内的高度差为 2m，并由流量计读得此时的流量为 1.0L/s，求沿程阻力系数 λ。

4-5 运动黏度 $\nu=4\times10^{-5}\text{m}^2/\text{s}$ 的流体在直径 $d=1\text{cm}$ 的管内以 $c=4\text{m/s}$ 的速度流动，求每米管长上的沿程损失。

4-6 水管直径 $d=250\text{mm}$，长度 $l=300\text{m}$，绝对粗糙度 $\varepsilon=0.25\text{mm}$，流量 $q_V=95\text{L/s}$，运动黏度 $\nu=0.000\,001\text{m}^2/\text{s}$，求沿程损失为多少？

4-7 一台汽轮机组使用 30 号汽轮机油润滑，这种油在 50℃时 $\nu=30\times10^{-6}\text{m}^2/\text{s}$，在 25℃时 $\nu=200\times10^{-6}\text{m}^2/\text{s}$。汽轮机启动之前，我们用电动辅助油泵先向各轴承供油(25℃)，汽轮机正常运行后，由注油器供油，由于轴承耗功和汽轮机主轴传来的热量，油温上升，故正常工作时润滑油温在 50℃左右。设此汽轮机组的油管直径 $d=180\text{mm}$，粗糙度 $\varepsilon=0.02\text{mm}$，设计流速 $c=2\text{m/s}$，长 $L=30\text{m}$。求：

(1) 启动前后管内油流的 Re 值，并判断其流动状态。

(2) 启动前后油管的沿程阻力系数 λ 及沿程阻力损失 h_f。

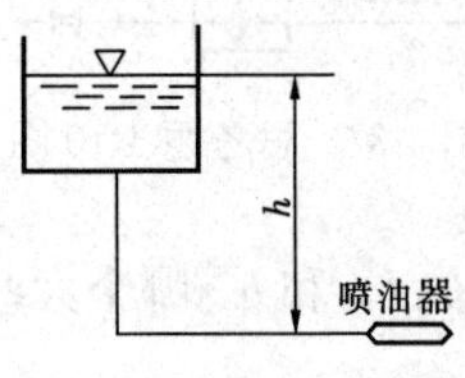

图 4-40 习题 4-8 图

4-8 加热炉消耗 $q_m=300\text{kg/h}$ 的重油，重油的密度 $\rho=880\text{kg/m}^3$，运动黏度 $\nu=0.000\,025\text{m}^2/\text{s}$。如图 4-40 所示，压力油箱位于喷油器轴线以上 $h=8\text{m}$ 处，输油管的直径 $d=25\text{mm}$，长度 $l=30\text{m}$。求在喷油器前重油的计示压力。

4-9 15℃的空气流过直径 $d=1.25\text{m}$，长度 $l=200\text{m}$，绝对粗糙度 $\varepsilon=1\text{mm}$ 的管道，已知沿程损失 $h_f=8\text{cm}\ H_2O$，试求空气的流量。

4-10 一直径 $d=12\text{mm}$、长度 $l=15\text{m}$ 的低碳钢管，用来排出油箱中的油。已知油面比管道出口高出 $H=2\text{m}$，油的黏度 $\eta=0.01\text{Pa}\cdot\text{s}$，密度 $\rho=815.8\text{kg/m}^3$，求油的流量。

4-11 水泵吸水管的直径 $d=250\text{mm}$，其中水的流量为 $486\text{m}^3/\text{h}$，吸水管的沿程阻力系数 $\lambda=0.024$，吸水管上底阀的局部阻力系数 $\zeta=8$。求底阀的当量长度 l_e 及局部阻力损失 h_j 是多少？

4-12 已知油的密度 $\rho=800\text{kg/m}^3$，动力黏度 $\eta=0.069\text{Pa}\cdot\text{s}$，如图 4-41 所示，油在连接两容器的光滑管中流动，$H=3\text{m}$。当计沿程和局部损失时，管内的流量是多少？

4-13 假设在题 4-12 的管道中安装一阀门，当调整阀门使得管内流量减小到原流量的一半时，问阀门的局部损失系数 ζ 等于多少？该阀门的局部阻力损失的当量长度 l_e 等于多少？

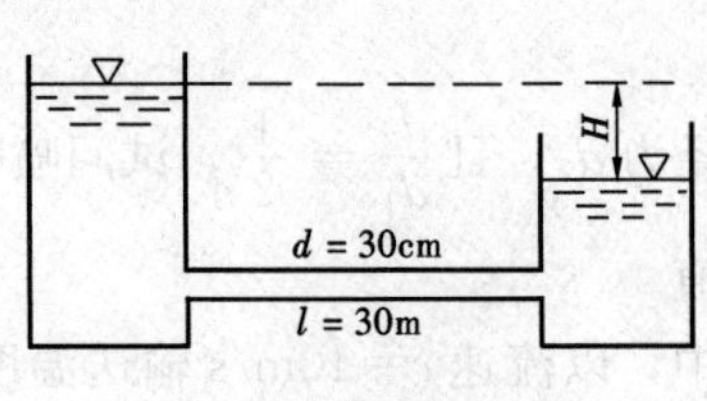

图 4-41 习题 4-12 图

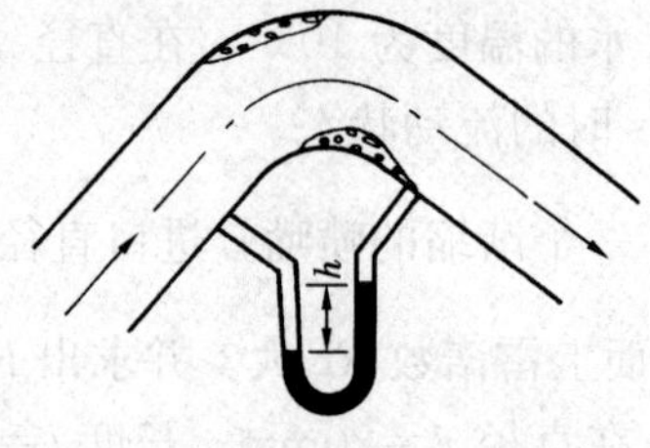

图 4-42 习题 4-14 图

4-14　如图 4-42 所示，流量 $q_V=15m^3/h$ 的水（$\nu=1.51\times10^{-6}m^2/s$）在 90°弯管中流动，其管径 $d=50mm$，管壁绝对粗糙度 $\varepsilon_1=0.2mm$。设水银差压计连接点之间的距离 $l=0.8m$，差压计中水银面高度差 $h=20mm$。求弯管的损失系数。

4-15　如图 4-43，虹吸管的全长 $L=22m$，其中水平段 $l=4m$，管道直径 $d=10mm$，每个弯管的局部阻力系数 $\zeta=0.3$，管道的沿程阻力系数 $\lambda=0.035$。若虹吸管中压力最低点的绝对压力不得低于 19.61×10^3Pa。当 $H=4m$ 时，求最大允许的虹吸高度 H_s 为多少？

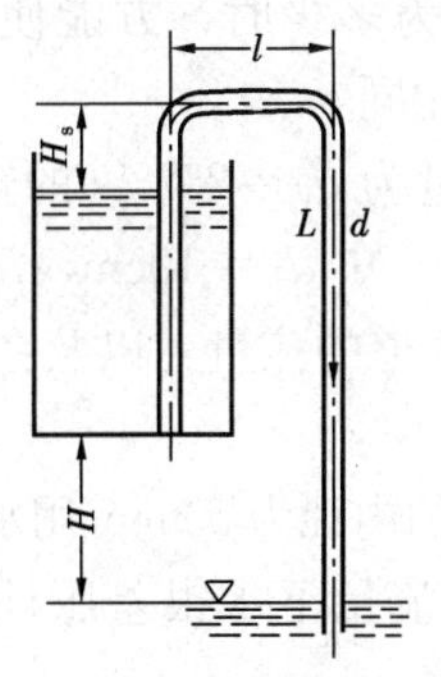

图 4-43　习题 4-15 图

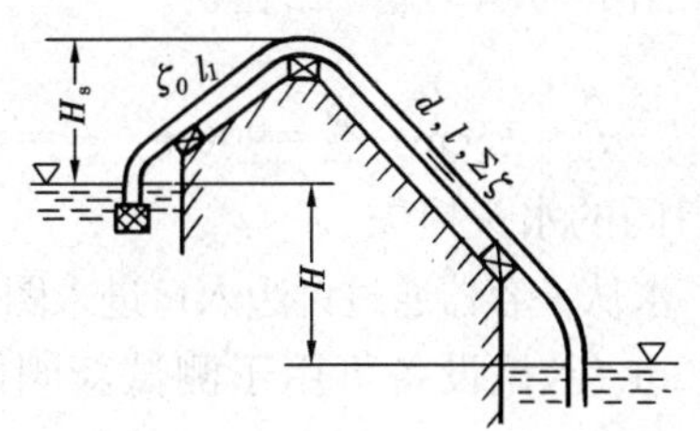

图 4-44　习题 4-16 图

4-16　虹吸管的直径 $d=50mm$，总长 $l=30m$，如图 4-44 所示。两水池水面高差 $H=4.5m$，虹吸高度 $H_s=2.5m$，沿程阻力系数 $\lambda=0.028$，整个管道的局部阻力系数之和 $\Sigma\zeta=2.26$，虹吸管进口到最高位置的总阻力系数 $\zeta_0=0.76$，管道长度 $l_1=4m$。求虹吸管中最高位置处的真空值。

4-17　锅炉钢制烟囱的直径 $d=500mm$，通过的烟气量 $q_V=3600m^3/h$，若烟气的密度 $\rho_1=0.71kg/m^3$，周围空气的密度 $\rho=1.301kg/m^3$，烟囱的沿程阻力系数 $\lambda=0.023$。为了保持烟囱底部的真空不小于 100Pa，问烟囱的高度至少应为多少？

4-18　往车间送水的输水管道由两管段串联而成，第一管段的直径 $d_1=150mm$，长度 $l_1=800m$，第二管段的直径 $d_2=125mm$，长度 $l_2=600m$，管壁的绝对粗糙度都为 $\varepsilon=0.5mm$。设水塔的水头为 $H=20m$，局部损失忽略不计。试求在阀门全开时的最大可能流量 q_V。

4-19　两容器用两段新的低碳钢管连接起来，如图 4-45 所示，已知 $d_1=20cm$，$l_1=30m$，$d_2=30cm$，$l_2=60m$，水温 15℃，$\varepsilon=0.1mm$，管 1 锐边入口和管 2 上阀门的损失系数均为 $\zeta=3.5$。当流量 $q_V=0.2m^3/s$ 时，求所需的总水头 H。

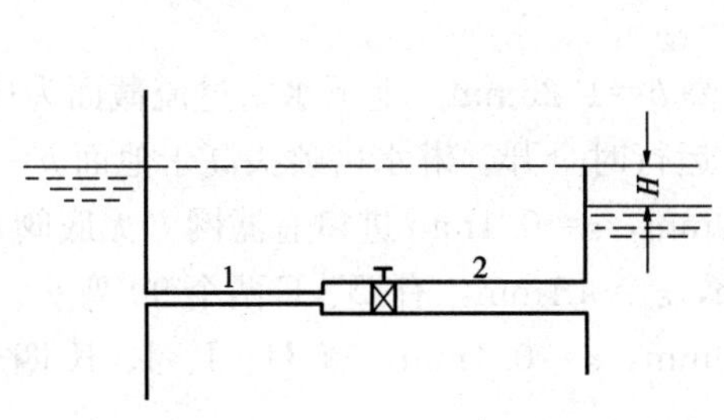

图 4-45　习题 4-19 图

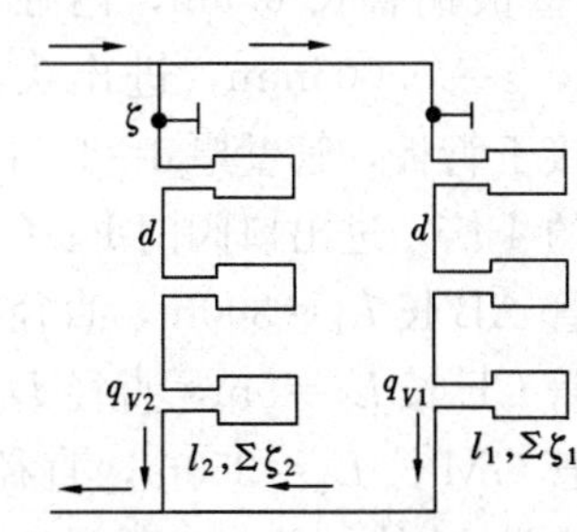

图 4-46　习题 4-20 图

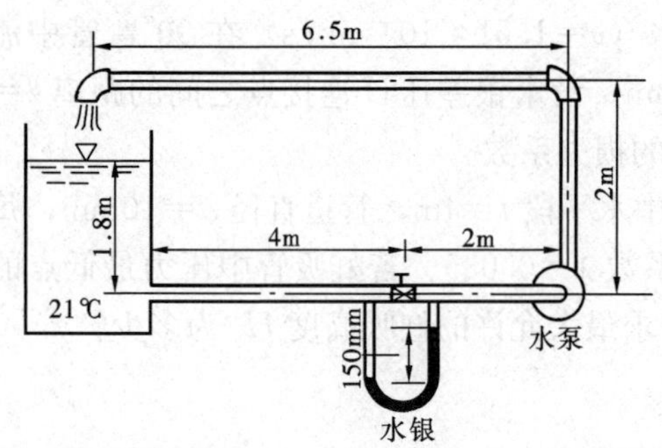

图 4-47 习题 4-22 图

4-20 图 4-46 表示了一个并联的热水采暖系统。并联的两段管道的直径均为 $d=25\text{mm}$，管长分别为 $l_1=25\text{m}$，$l_2=10\text{m}$。第一段管道上的阀门全开时，所有的局部阻力系数之和为 $\Sigma\zeta=15$，第二段管道上除开调节阀外的局部阻力系数之和为 $\Sigma\zeta_2=10$。试问第二段管道上的调节阀局部阻力系数 ζ 为多少时，方能使两段管道上的流量 q_{V1} 与 q_{V2} 相同？

4-21 在总流量为 $q_V=25\text{L/s}$ 的输水管中，接入两并联管道，已知 $d_1=10\text{cm}$，$l_1=500\text{m}$，$\varepsilon_1=0.2\text{mm}$，$d_2=15\text{cm}$，$l_2=900\text{m}$，$\varepsilon_2=0.5\text{mm}$。试求各并联管道的流量，以及在并联管道入口和出口间的水头损失。

4-22 水从一容器通过锐边入口进入图 4-47 所示的管系，钢管的内径为 50mm，用水泵保持稳定的流量 $12\text{m}^3/\text{h}$，该设备可用于测试新阀门的压力降，若在给定流量下水银差压计的示数为 150mm。$\lambda=0.02$，$\zeta_{套头}=2.0$ 求：

(1) 水通过阀门的压力降。

(2) 水通过阀门的局部损失系数。

(3) 阀门前水的计示压力。

(4) 不计水泵损失，求该系统的总损失，并计算水泵供给水的功率。

4-23 在两个容器之间用两根并联的管道连接起来，两根管道处在同一水平高度，$d_1=1.2\text{m}$，$l_1=2500\text{m}$，$d_2=1\text{m}$，$l_2=2000\text{m}$，$\lambda_1=\lambda_2=0.035$，已知两容器间的总水头高差 $H=3.6\text{m}$。不计局部阻力损失，求两个容器之间总的输水量 q_V。

4-24 一循环水系统如图 4-48 所示，循环水量为 4750t/h。循环泵从淋水塔下的水池吸水，压入凝汽器下水室，通过下半凝汽器铜管簇进入左水室折转入上半铜管簇，经右上水室流出后，送到淋水塔上部喷出落入水池中。

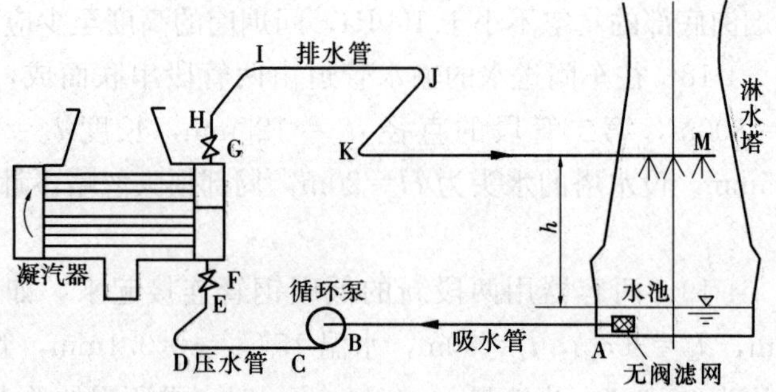

图 4-48 习题 4-24 图

已知：凝汽器两流程共有铜管 2984 根，每根铜管长 6.5m，内径 $d=25\text{mm}$，$\varepsilon=0.005\text{mm}$，进出尖角凸边涨接于管板，管壁厚 $\delta=1.5\text{mm}$，凸边高 $b=1.25\text{mm}$。上下水室过流截面为压、排水管截面积的 4 倍。进出口阀门 F、G 为闸阀，运行时全开。淋水塔喷头高于池面 $h=16\text{m}$。

吸水管 AB 长 $L_1=300\text{m}$，直径 $D_1=1000\text{mm}$，$\varepsilon=0.1\text{mm}$ 进口有滤网（无底阀）。

压水管 CE 长 $L_2=5\text{m}$，直径 $D_2=820\text{mm}$，$\varepsilon=0.1\text{mm}$，有 D、E 两个 90°弯头。

排水管 GM 长 $L_3=350\text{m}$，直径 $D_3=820\text{mm}$，$\varepsilon=0.1\text{mm}$，有 H、I、J、K 四个 90°弯头。在出水端 M 处，动能全部损失。

求此时循环水泵的扬程和功率（列表格计算）。

4-25　如图 4-49 所示，一分支管道系统，设 C 点和 D 点的标高分别为 $\nabla C = 20\text{m}$，$\nabla D = 15\text{m}$。要求管道中流量 $q_{V1} = 20\text{L/s}$，$q_{V2} = 8\text{L/s}$。已知 $l = 80\text{m}$，$d = 200\text{mm}$，$l_1 = 40\text{m}$，$d_1 = 150\text{mm}$，$l_2 = 60\text{m}$，$d_2 = 100\text{mm}$。沿程阻力系数均为 $\lambda = 0.027$。每段管道的局部阻力系数之和分别为 $\Sigma\zeta = 4$，$\Sigma\zeta_1 = 5$，$\Sigma\zeta_2 = 6$。问水箱中的水面标高至少应为多少？

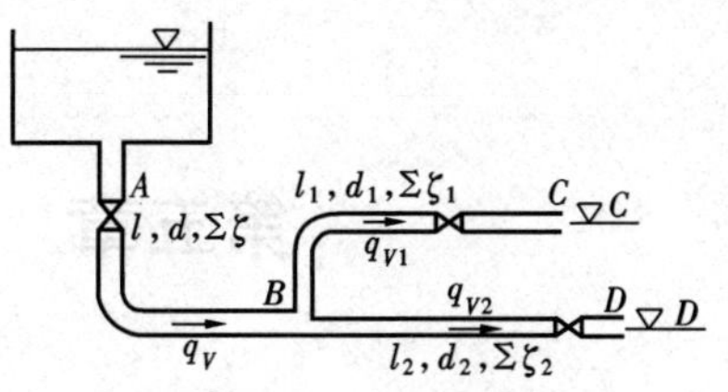

图 4-49　习题 4-25 图

第五章　流体平面运动规律

前面的章节以介绍流体的一元流动为主，主要解决工程实际中以管道流动为代表的流体力学问题。一元流动流体的基本运动规律——连续方程、伯努利方程、动量（矩）方程能很好地解决许多工程问题，但这又是远远不够用的，如汽轮机内过热蒸汽绕流叶栅膨胀作功，锅炉炉膛内四角喷燃形成的燃烧切圆，以及高温烟气横掠各种管束受热面等，如果仍然当作一元流体问题来处理，不仅与实际不符，甚至会得出悖论。解决此类问题，必须了解流体二元（平面）流动，甚至三元流动的基本特征，因为这些流场运动要素在两个（或者三个）坐标方向上均有较大的变化。呈现出更加复杂多变的运动形态，本章介绍流体平面运动的基本规律。

第一节　微元流团运动的形式

由于流体易变形，流体在运动时除了具有刚体（非弹性体）的平移和旋转运动外，还有线变形和角变形运动。

以图 5-1 流体微团 $ABCD$ 为例分析平面运动，流体微团的边长分别为 dx，dy。假设该微元流团 C 点的速度为 $u\vec{i}+v\vec{j}$，A 点上流体质点的速度为

$$\left(u+\frac{\partial u}{\partial x}dx+\frac{\partial u}{\partial y}dy\right)\vec{i}+\left(v+\frac{\partial v}{\partial y}dy+\frac{\partial v}{\partial x}dx\right)\vec{j}$$

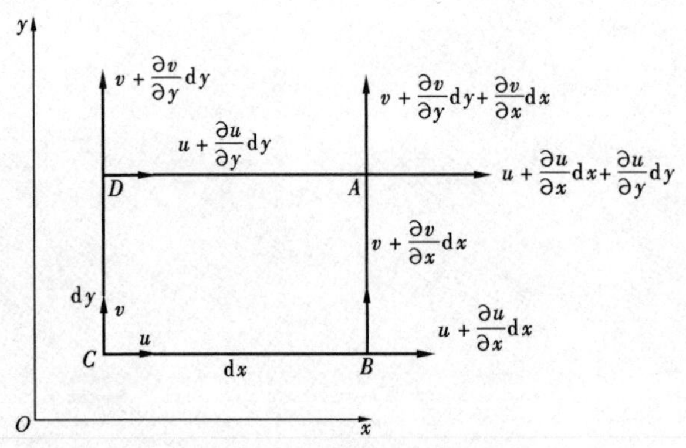

图 5-1　流体微团的平面运动

同理，B，D 两点的速度如图 5-1 所示。

该微元流团经过时间 dt 后，其位置和形状都发生了变化，下面我们就四种运动形式（见图 5-2）逐一分析。

一、平移运动

流体微团中各点的速度均含 u，v 两个速度分量。在仅有此速度时，经过时间 dt 后，流体微团分别沿 x，y 轴方向移动距离为 $u dt$ 和 $v dt$，而它的形状、方位都不改变，如图 5-2（a）所示。

二、线变形运动

流体微团中若各点的速度仅有 $\frac{\partial u}{\partial x}dx$，$\frac{\partial v}{\partial y}dy$ 项时，经过时间 dt 后，流体微团沿 x，y 方向分别延伸或缩短 $\frac{\partial u}{\partial x}dxdt$ 和 $\frac{\partial v}{\partial y}dydt$，如图 5-2（b）所示，这就是流体微团在 x，y 方向产生的线变形运动。单位时间内的相对变形量称为线变形速度，即

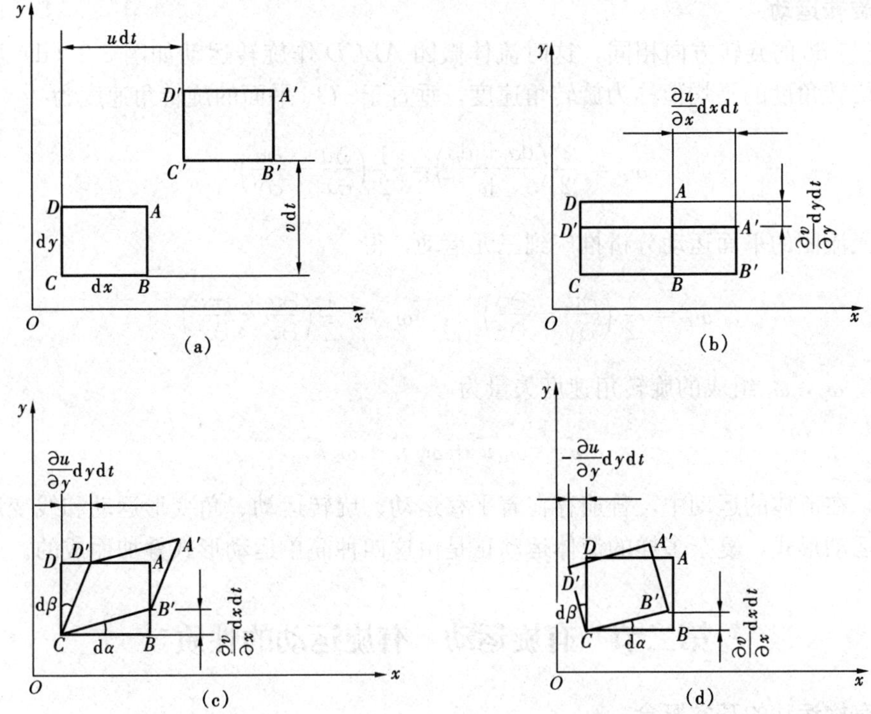

图 5-2　流体微团平面运动的分析

(a) 平移；(b) 线变形运动；(c) 角变形运动；(d) 旋转运动

$$\frac{\frac{\partial u}{\partial x}\mathrm{d}x\mathrm{d}t}{\mathrm{d}x\mathrm{d}t}=\frac{\partial u}{\partial x}\,,\quad \frac{\frac{\partial v}{\partial y}\mathrm{d}y\mathrm{d}t}{\mathrm{d}y\mathrm{d}t}=\frac{\partial v}{\partial y}$$

三、角变形运动

如图 5-2（c）所示，流体微团中若各点的速度仅有 $\frac{\partial u}{\partial y}\mathrm{d}y$，$\frac{\partial v}{\partial x}\mathrm{d}x$ 项时，经过时间 $\mathrm{d}t$ 后，D，A 两点与 B，A 两点分别沿 x，y 轴方向移动距离 $\frac{\partial u}{\partial y}\mathrm{d}y\mathrm{d}t$，$\frac{\partial v}{\partial x}\mathrm{d}x\mathrm{d}t$，如图 5-2（c）所示，则

$$\mathrm{d}\alpha=\tan\mathrm{d}\alpha=\frac{\frac{\partial v}{\partial x}\mathrm{d}x\mathrm{d}t}{\mathrm{d}x}=\frac{\partial v}{\partial x}\mathrm{d}t$$

$$\mathrm{d}\beta=\tan\mathrm{d}\beta=\frac{\frac{\partial u}{\partial y}\mathrm{d}y\mathrm{d}t}{\mathrm{d}y}=\frac{\partial u}{\partial y}\mathrm{d}t$$

单位时间内直角的角度变化量的一半称为角变形速度，所以，在 xoy 平面上的角变形速度为

$$e_z=\frac{1}{2}\left(\frac{\mathrm{d}\alpha+\mathrm{d}\beta}{\mathrm{d}t}\right)=\frac{1}{2}\left(\frac{\partial v}{\partial x}+\frac{\partial u}{\partial y}\right)$$

四、旋转运动

若 $\mathrm{d}\alpha$ 与 $\mathrm{d}\beta$ 的旋转方向相同，这时流体微团 $ABCD$ 作旋转运动如图 5-2（d）所示，单位时间内旋转角度的平均值称为旋转角速度，垂直于 xOy 平面的旋转角速度为

$$\omega_z = \frac{1}{2}\left(\frac{\mathrm{d}\alpha + \mathrm{d}\beta}{\mathrm{d}t}\right) = \frac{1}{2}\left(\frac{\partial v}{\partial x} - \frac{\partial u}{\partial y}\right) \tag{5-1}$$

将微元流团的平面运动分析推广到三元运动，得

$$\omega_x = \frac{1}{2}\left(\frac{\partial w}{\partial y} - \frac{\partial v}{\partial z}\right) \quad , \quad \omega_y = \frac{1}{2}\left(\frac{\partial u}{\partial z} - \frac{\partial w}{\partial x}\right)$$

由 ω_x，ω_y，ω_z 组成的旋转角速度矢量为

$$\vec{\omega} = \omega_x \vec{i} + \omega_y \vec{j} + \omega_z \vec{k}$$

总之，在流体的运动中，普遍存在着平移运动、旋转运动、角变形运动和线变形运动四种类型的运动形式，复杂多样的流体运动正是由这四种简单运动形式叠加而成的。

第二节　有旋运动　有旋运动的性质

一、有旋运动的基本概念

1. 有旋运动

通过上一节对流体微团的运动分析，我们知道流体微团的旋转运动作为基本运动形式之一，普遍存在于实际流体的运动之中。据此，我们依照流场中是否存在有旋转运动，把流场分为**有旋流场和无旋流场**两大类：有旋流场中流体作有旋运动，无旋流场中流体作无旋运动。需要注意的是，判别流体是否旋转的依据是流体微团本身是否旋转，如果流体微团本身并无旋转（即 $\omega=0$），即使流体微团做圆周运动，也不能称之为有旋运动。

有旋运动习惯上又称为旋涡运动，它大量存在于各种自然界和工程中的实际流动中，对流体的运动规律产生巨大的影响，是工程中必须解决的一个重要问题。

例如：燃煤锅炉常用的四角切圆燃烧方式是典型的有旋运动。如图 5-3 所示，在炉膛的四角布置直流燃烧器，燃烧器喷出的四股气粉混合射流在炉膛中心共同形成旋转上升的燃烧火焰。这个燃烧切圆剧烈的有旋运动有利于炉膛内热量、质量和动量的交换，能保证煤粉气流迅速稳定地燃烧。并且，燃烧切圆的直径和气流的速度将直接影响炉内的空气动力特性，进而影响燃烧的稳定性和经济性。

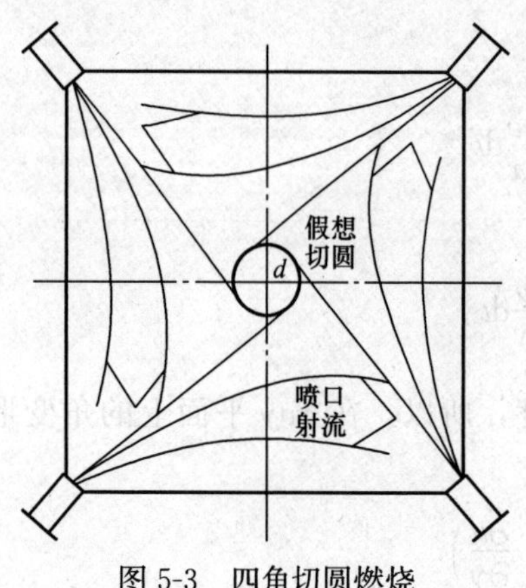

图 5-3　四角切圆燃烧

另一种常见的燃烧器是旋流燃烧器，喷出的是旋转的煤粉气流。随着旋流强度的变化，旋转气流的气流结构不同，从而影响燃烧的效率。这些有旋运动的运动规律和控制技术均是工程中重要的研究课题，并成为电厂中节能减排的主要研究内容。

2. 涡线、涡管、涡通量、速度环量

在有旋运动的流场中充满着作旋转运动的流体微团，

这样的流场又称为涡量场。描述涡量场的主要概念有：涡线、涡管和涡通量等。

涡线是一条空间曲线，在某一瞬时，位于该曲线上每一点的切线均与该点处流体微团的角速度$\vec{\omega}$的方向重合，如图 5-4 所示，所以，涡线是某一时刻曲线上所有流体微团的转动轴线。

显然，在定常流动中，涡线的形状和位置保持不变，而在非定常流动中，涡线的形状和位置随时间而变化。涡线一般不与流线重合，而与流线相交，但涡线本身不能相交。

在某瞬时，通过涡量场中的任一封闭曲线（不是涡线）上每一点作涡线，形成一个管状表面，称为**涡管**。涡管截面面积无限小时称为微元涡管。涡管内充满着作旋转运动的流体微团，称为**涡束**，如图 5-5 所示。

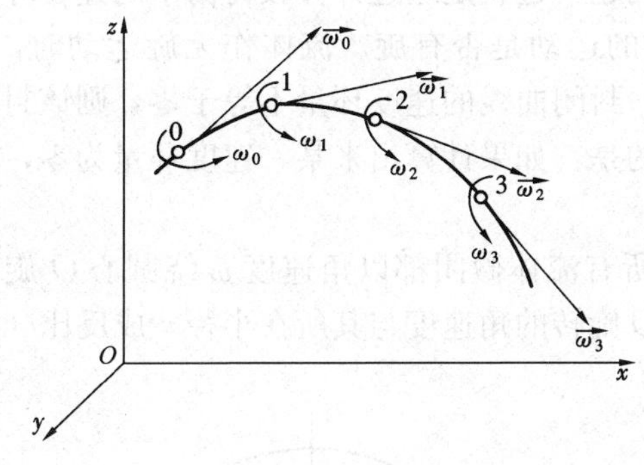

图 5-4　涡线

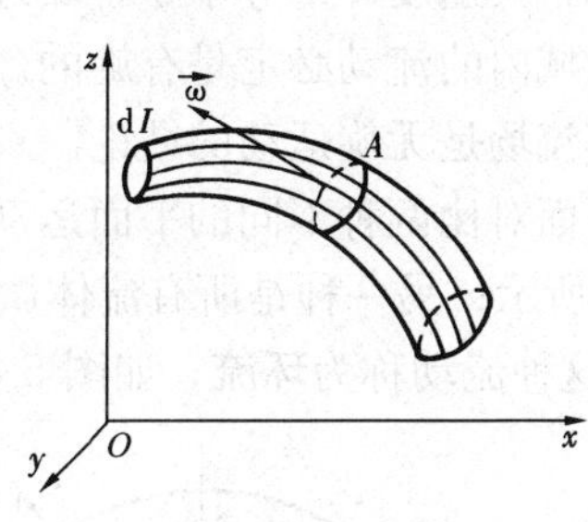

图 5-5　涡束

在涡量场中，取一微元面积 dA，其法向为$\vec{n}$，该流体微团的旋转角速度矢量为$\vec{\omega}$，定义该微元面积 dA 上的涡通量为

$$\mathrm{d}I = 2\,\vec{\omega}\,\mathrm{d}\vec{A} = 2\omega\mathrm{d}A\cos(\vec{\omega},\vec{n}) = 2\omega_n\mathrm{d}A$$

则面积 A 上的**涡通量**为

$$I = 2\iint\omega_n\mathrm{d}A \tag{5-2}$$

式中　ω_n——微元涡管的旋转角速度在截面法线方向的分量。

涡量场中的涡线、涡管、涡束、涡通量（又称旋涡强度）分别与流场中的流线、流管、流束、流量的概念相似，涡通量定义中的系数 2 仅是为了方便计算而引入的。流量反映流体流动的强弱，涡通量反映流体旋转的强弱。

流场中的流量可以很方便地利用各种流量计直接测量，但涡量场中的涡通量很难直接测出，而且旋涡运动的旋转角速度也没有线速度测量方便。为了解决这个问题，引入一个新的概念——**速度环量** Γ。

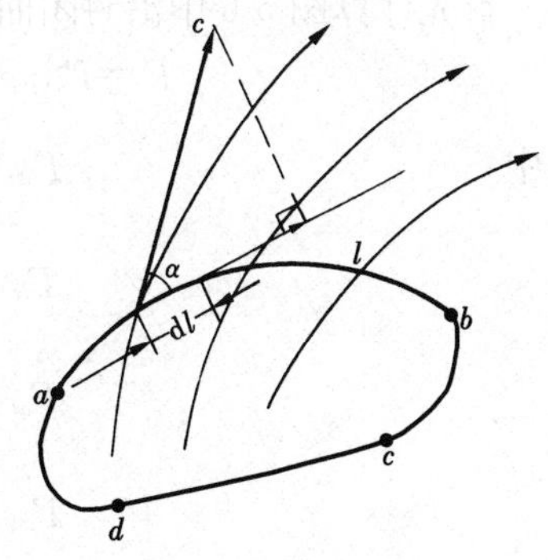

图 5-6　速度环量

在流场中，如图 5-6 所示，任取一封闭曲线 $abcda$，定义速度环量为

$$\Gamma_{abcda}=\oint_{abcda}c\cos\alpha\mathrm{d}l=\oint(u\mathrm{d}x+v\mathrm{d}y+w\mathrm{d}z)\tag{5-3}$$

式中 α——c 和 $\mathrm{d}l$ 之间的夹角。

速度环量的正负规定如下：沿封闭曲线逆时针积分时，Γ 为正。

二、有旋运动的基本规律

1. 斯托克斯定理

速度环量与涡通量之间有密切的关系，斯托克斯定理揭示了两者之间的关系。

斯托克斯定理的内容是沿任一封闭曲线的速度环量等于该封闭曲线内的所有涡束的涡通量之和，即

$$\Gamma=I\tag{5-4}$$

斯托克斯定理常用来解决涡通量的计算问题，也就是通过计算较为简单的速度环量代替计算更为复杂的涡通量，并可依此判断流体的运动是否有旋。流体作无旋运动时，$\omega=0$，相应地，其速度环量等于零。反过来，沿某一封闭曲线的速度环量不等于零，则该封闭曲线所围区域内的流动必定是有旋的。但应注意的是：如果计算出来某一速度环量为零，并不能得出其流场是无旋运动的结论。

下面对比两种不同的平面运动。一种是所有流体微团都以角速度 ω 绕圆心 O 旋转，如图 5-7 所示；另一种是所有流体微团绕圆心 O 旋转的角速度与其所在半径 r 成反比（原点除外），这种流动称为**环流**，如图 5-8 中所示。

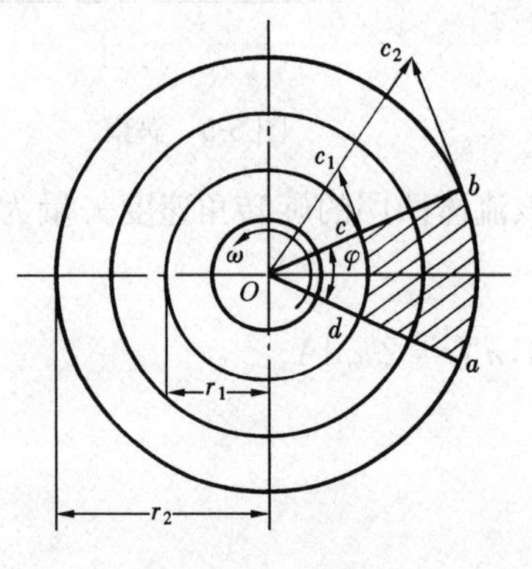

图 5-7 有旋运动

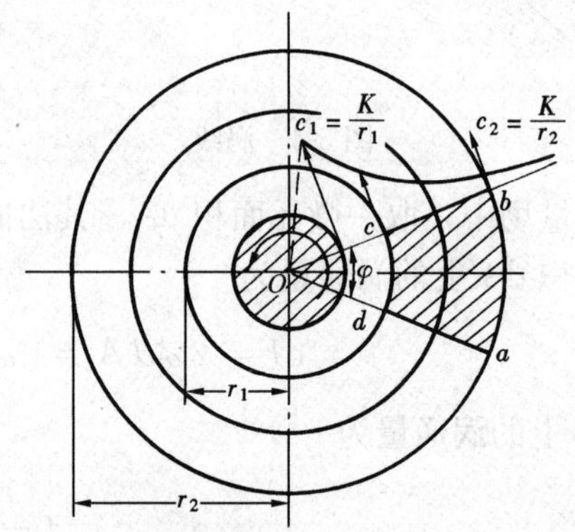

图 5-8 环流

首先计算图 5-6 中沿封闭曲线 $abcda$ 的速度环量

$$\Gamma=\Gamma_{abcda}=\Gamma_{ab}+\Gamma_{bc}+\Gamma_{cd}+\Gamma_{da}$$

其中

$$\Gamma_{ab}=\int_a^b c_2\cos0^\circ\mathrm{d}l=c_2l=r_2\omega r_2\varphi=\varphi\omega r_2^2$$

$$\Gamma_{bc}=\int_b^c c\cos90^\circ\mathrm{d}l=0$$

$$\Gamma_{cd}=\int_c^d c_1\cos180^\circ\mathrm{d}l=-\varphi\omega r_1^2$$

$$\Gamma_{da}=\int_d^a c\cos90^\circ\mathrm{d}l=0$$

即

$$\Gamma=\varphi\omega(r_2^2-r_1^2)$$

由于各流体微团均以相同的 ω 运动，涡通量为

$$I = 2\iint_A \omega_n \mathrm{d}A = 2\iint_A \omega\cos0^\circ \mathrm{d}A = 2\omega A = 2\omega\left(\frac{r_2^2}{2} - \frac{r_1^2}{2}\right)\varphi = \varphi\omega(r_2^2 - r_1^2)$$

$\Gamma = I$，斯托克斯定理成立，同时说明图 5-7 中的流体作有旋运动。

再来计算图 5-8 中沿封闭曲线 $abcda$ 的速度环量。

已知

$$cr = K$$

式中　K——常数。

$$\Gamma = \Gamma_{abcda} = \Gamma_{ab} + \Gamma_{bc} + \Gamma_{cd} + \Gamma_{da}$$

其中

$$\Gamma_{ab} = \int_a^b c_2\cos0^\circ \mathrm{d}l = c_2 r_2 \varphi$$

$$\Gamma_{cd} = \int_c^d c_1\cos180^\circ \mathrm{d}l = -c_1 r_1 \varphi$$

$$\Gamma_{bc} = \Gamma_{da} = 0$$

所以

$$\Gamma = c_2 r_2 \varphi - c_1 r_1 \varphi = K\varphi - K\varphi = 0$$

即

$$\Gamma = I = 0$$

此结论可推广至环流（除原点外）中的其他区域，说明图 5-8 中环流（除原点外）是无旋运动。但是如果取半径为 r_1 的圆周线计算速度环量（包括原点在内）：

$$\Gamma = \oint c_1\cos0^\circ \mathrm{d}l = c_1 2\pi r_1 = \frac{K}{r_1}2\pi r_1 = 2\pi K = \text{常数}$$

说明包括原点在内的整个运动是有旋的，这似乎与前面的结论是矛盾的，其实不然。在环流的中心处，$r\to0$，$c\to\infty$，此处称为点涡，该点作有旋运动，但是它只存在于理想流体当中，在实际流体中，速度不可能达到无限大。旋风除尘器、离心式喷油嘴或旋风燃烧室都是流体作环流运动的实例。

2. 汤姆逊定理

汤姆逊定理：理想流体中，沿任一封闭曲线的速度环量不随时间而改变，即

$$\frac{\mathrm{d}\Gamma}{\mathrm{d}t} = 0 \tag{5-5}$$

因为理想流体没有黏性，流体运动时流体内部不会产生内摩擦力，因而没有阻力。流体作有旋运动的旋转角速度不随时间而改变，所以，理想流体运动中涡通量不变。根据斯托克斯定理可知，其对应的速度环量亦不变。

汤姆逊定理表明：理想流体运动中，旋涡既不会产生也不会消失。如果理想流体一开始运动时没有旋涡，以后也永远不会产生旋涡；如果理想流体运动中有旋涡存在，以后也永远不会消失。同时，速度环量不随时间而改变，旋转运动的强度也保持不变。

在实际流体中，由于黏性的作用和绕流固体边界的影响，旋涡不断地生成和变化。因此，要想了解旋涡运动的基本特征，必须深入了解黏性及固体边界的性质。

3. 亥姆霍兹定理

亥姆霍兹定理是研究理想流体旋涡运动的基本定理。它包括三个基本定理，分别阐述如下。

（1）亥姆霍兹第一定理：在同一瞬时，同一条涡管中各截面上的涡通量都相等。

$$2\iint_A \omega_n \mathrm{d}A = C \tag{5-6}$$

如果截面上流体微团以相同的角速度旋转，则

$$\omega A = 常数 \tag{5-7}$$

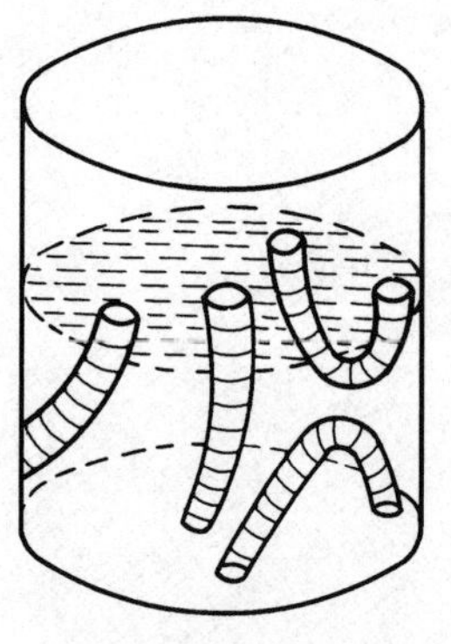

图 5-9 涡管不能在流体内部中断

在涡管上任意选取两截面，则

$$\omega_1 A_1 = \omega_2 A_2 \tag{5-8}$$

所以，在同一条涡管中，涡管截面积大，流体的旋转角速度比较小；涡管截面积小，流体的旋转角速度则比较大。如果涡管的截面积缩小为零，那么流体的旋转角速度为无穷大，这显然是不可能的，因此可得出结论，涡管不能在流体中开始或终止，而只能在流体的边界上开始或终止，或形成封闭的管涡，如图 5-9 所示。生活中常见的吸烟者吐出的烟圈，以及始于地面、止于高空的龙卷风都是非常典型的例子。

(2) 亥姆霍兹第二定理：涡管永远保持为由相同流体质点所组成。也就是说，由某些流体质点所组成的一根涡管，将永远由这些流体质点所组成。涡管内的流体质点将始终在涡管内，而涡管外的流体质点始终在涡管的外面。流体质点在运动过程中不可能穿过涡管，但是，涡管的形状和位置可发生变化，涡管的这个性质类似于流管。

(3) 亥姆霍兹第三定理：任何涡管的涡通量都不随时间而变化，即在运动中永远保持定值。这一定理很容易由汤姆逊定理和斯托克斯定理求证。

第三节 平面无旋运动 无旋运动的基本性质

在无旋运动中，每一个流体微团的旋转角速度 ω 都等于零，即

$$\omega_x = \frac{1}{2}\left(\frac{\partial w}{\partial y} - \frac{\partial v}{\partial z}\right) = 0$$

$$\omega_y = \frac{1}{2}\left(\frac{\partial u}{\partial z} - \frac{\partial w}{\partial x}\right) = 0$$

$$\omega_z = \frac{1}{2}\left(\frac{\partial v}{\partial x} - \frac{\partial u}{\partial y}\right) = 0$$

即

$$\left.\begin{aligned} \frac{\partial w}{\partial y} &= \frac{\partial v}{\partial z} \\ \frac{\partial u}{\partial z} &= \frac{\partial w}{\partial x} \\ \frac{\partial v}{\partial x} &= \frac{\partial u}{\partial y} \end{aligned}\right\} \tag{5-9}$$

根据数学分析可知，式（5-9）是 $u\mathrm{d}x + v\mathrm{d}y + w\mathrm{d}z$ 成为某一函数 $\varphi(x,y,z,t)$ 的全微分的充分和必要条件，即

$$\mathrm{d}\varphi = u\mathrm{d}x + v\mathrm{d}y + w\mathrm{d}z$$

函数 φ 的全微分形式为

$$\mathrm{d}\varphi=\frac{\partial\varphi}{\partial x}\mathrm{d}x+\frac{\partial\varphi}{\partial y}\mathrm{d}y+\frac{\partial\varphi}{\partial z}\mathrm{d}z \tag{5-10}$$

$$\left.\begin{aligned}u&=\frac{\partial\varphi}{\partial x}\\v&=\frac{\partial\varphi}{\partial y}\\w&=\frac{\partial\varphi}{\partial z}\end{aligned}\right\} \tag{5-11}$$

函数 φ 称为速度势函数或位函数，简称速度势，它与电位的概念相类似，电位的梯度是电场强度，而速度势的梯度则是流场的速度。

通常称这样的流动速度是有势的，称这样的流动为有势流动，简称为**势流**。可见，无旋运动必定是有势流动，有势流动也必定是无旋运动。该结论适用于可压缩流体和不可压缩流体。在平面流动中，速度势若写成

$$\varphi(x,y,t_0)=C \tag{5-12}$$

式（5-12）表示在 t_0 时刻，在平面 xy 上有一条曲线，该曲线上的每一点处，速度势 φ 为常数，称这条曲线为等势线，改变常数 C，就可得到不同的等势线。

下面引进不可压缩流体平面流动流函数的概念。

在不可压缩流体的平面流动中，流体的连续性方程为

$$\frac{\partial u}{\partial x}+\frac{\partial v}{\partial y}=0$$

或改写为

$$\frac{\partial u}{\partial x}=-\frac{\partial v}{\partial y} \tag{5-13}$$

根据数学分析可知，式（5-13）是 $u\mathrm{d}y-v\mathrm{d}x$ 成为某一函数 $\psi(x、y)$ 的全微分的充分和必要条件，即 $\mathrm{d}\psi=u\mathrm{d}y-v\mathrm{d}x$。

而函数 ψ 的全微分形式为

$$\mathrm{d}\psi=\frac{\partial\psi}{\partial x}\mathrm{d}x+\frac{\partial\psi}{\partial y}\mathrm{d}y \tag{5-14}$$

则

$$\left.\begin{aligned}u&=\frac{\partial\psi}{\partial y}\\v&=-\frac{\partial\psi}{\partial x}\end{aligned}\right\} \tag{5-15}$$

函数 ψ 称为**流函数。**

可见，不可压缩流体的平面流动，一定存在流函数；一个存在流函数的流场，一定是满足不可压缩流体的平面流动。

同样

$$\psi(x,y)=C \tag{5-16}$$

式（5-16）表示对每一个常数 C，对应着该流动平面上的一条等流函数线；对不同的常数 C，可以得到不同的等流函数线；在同一条流线上，流函数值为常数。

从上述的讨论中可以看出，在不可压缩流体的平面无旋运动中，同时存在速度势 φ 和流

函数 ψ。可以证明等势线必与等流函数线垂直，这两簇等值线组成一个互相正交的网络，通常被称为**流网**。

第四节　边界层的基本概念

1904 年德国科学家普朗特首次提出边界层的概念，这对解决实际流体绕流问题做出了前所未有的贡献。因为在此之前，运用理想流体理论根本无法解决绕流物体的阻力问题。

绕流现象普遍存在于各种流体空间运动当中，如河水流经堤坝、飞行器在空中飞行。在热力发电厂中，绕流现象也普遍地存在，如炉膛内高温烟气流过各种受热面，汽轮机、泵和风机内流体绕流叶栅等。由于实际流体中黏性的作用，导致流体与绕流物体之间的作用力以及由此对流动流体运动状态的影响，都需要运用边界层理论来解决。

工程实际中，绕流流体一般均是大雷诺数流动问题，即黏性较小的流体（水、空气、蒸汽等）以较高的流速绕流物体。这种情况下，流体运动主要受惯性力支配，而黏性力的影响主要限于边界层范围以内，这就是绕流现象中的基本力学性质。

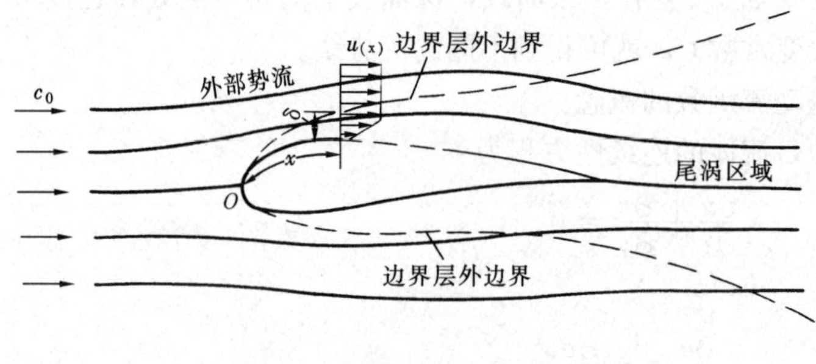

图 5-10　机翼翼型上的边界层

如图 5-10 所示，利用微型测速仪测量流经机翼表面的流体流速，可以发现，在紧贴翼型表面非常薄的流层内，流体流速变化非常大，而且速度变化率主要是沿物体边界的法线方向发生的，也就是说，沿物体表面法线方向的速度梯度很大。根据牛顿内摩擦定律，流体内部速度梯度大，必然产生较大的黏性力。进一步分析可知，在该流层区域内，黏性力与惯性力是同一个数量级，它们都对流体运动产生重要的影响，因此，在分析绕流问题时都必须加以考虑。这个在大 Re 流动中紧贴物体表面法向速度梯度很大，必须考虑黏性的流体薄层称为**边界层**或者**附面层**。

实际上，不管流体绕流前速度的大小如何，当流体绕流静止物体时，由于黏性力的影响，紧贴物体表面的流体速度必然为零，随着流体离开物体表面的距离的增大，黏性力的影响逐渐减小，速度梯度也随之减小，直至最终消失。所以，在离开物体表面一定距离之后，黏性力的影响就变得微乎其微，远远小于惯性力对流体运动的影响，这个区域可以不考虑黏性的影响，而把流体视为理想流体，或将此区域内的流体运动视为无旋运动的势流区。

边界层和势流区并没有明显的分界线，因为流体内部的速度梯度的变化是连续的，黏性力的影响也是逐渐减小的。但是，明确边界层的大小是作进一步研究的前提，通常把速度由物体表面为零增大至势流区速度的 99%处这一范围定义为边界层。根据此定义可划出边界层的外边界，从物体表面沿法线方向至外边界的距离定义为边界层的厚度 δ。

边界层内由于有黏性力的作用，流体作有旋运动，当边界层内的有旋流体离开物体顺游而下时，在物体后形成尾涡区。因此，整个绕流运动过程中，流场可分为边界层、外部势流区、尾涡区三部分。

通过实验测定，边界层厚度非常薄。从图 5-10 可知，流体在物体前缘点处流速滞止为零，此处是边界层的起始点，边界层的厚度为零。随着流动的延伸，边界层逐渐变厚，其厚度的大小变化取决于惯性力与黏性力之比，即雷诺数 Re 的大小。Re 越大，黏性作用的影响范围越小，边界层越薄。例如，在汽轮机叶片出汽边上，边界层最大厚度一般在 1mm 以内。边界层厚度通常只有被绕流物体厚度的百分之几或千分之几。虽然边界层很薄，但是它对流动及传热产生很大的影响，流动阻力和传热热阻就主要由边界层的状态决定。边界层的基本特征包括：

（1）与被绕流物体长度相比，边界层厚度非常小。

（2）边界层沿流动方向厚度逐渐增大。

（3）流体的流速从物体表面为零，沿物体表面法线方向迅速增加，即速度梯度很大。

（4）边界层内黏性力与惯性力是同一数量级。

（5）可近似地认为，边界层内沿物面法线方向压力不变，均等于其外边界处压力值。

（6）边界层内流体的运动也同样有层流和紊流两种流动状态，相对应地分别称之为层流边界层和紊流边界层。判别层流边界层和紊流边界层的标准仍然是雷诺数，其计算式为

$$Re_x = \frac{cx}{\nu} \tag{5-17}$$

式中　c——来流速度；

x——物体前缘点至计算位置处的距离；

ν——流体运动黏度。

当 $Re_x \leqslant Re_{cr}$（临界雷诺数）时，边界层内是层流状态，当 $Re_x > Re_{cr}$时，边界层内呈紊流状态。在边界层的初始阶段，由于流体运动的速度梯度很大，边界层厚度很薄，所以黏性力很大，流体边界层保持层流状态。随着流体向后流动，边界层内黏性力的影响不断向外扩展，边界层外的流体微团进入边界层内，因而边界层不断加厚，到达某一位置处，当雷诺数大于临界雷诺数时，边界层内的流动状态转变为紊流。当然，如果绕流速度较低，边界层会始终保持为层流状态。与流体在管道中的流动一样，层流边界层不会突然转变成紊流边界层，两者之间有一个短暂的过渡区域。在此区域内，部分流体为层流，其余为紊流，在具体解决问题时，一般按紊流处理。与管内紊流结构一样，在紊流边界层内，紧贴物面极薄的一层流体，由于黏性力起主要作用，将始终保持层流状态，并仍将其称为层流底层，如图 5-11 所示。

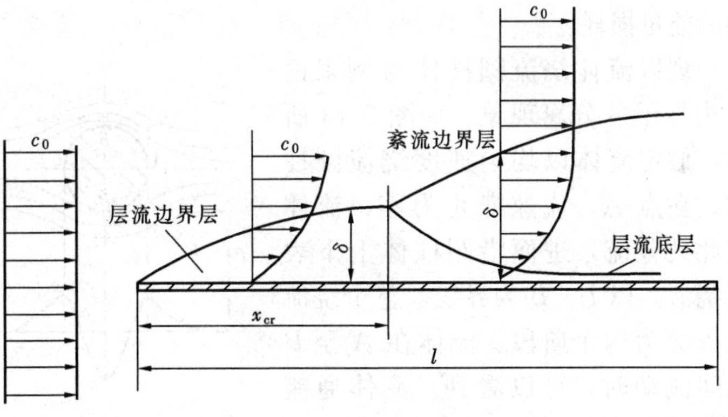

图 5-11　边界层内的流态

实验证明，平板绕流中，层流边界层开始向紊流边界层转变的临界雷诺数为

$$Re_{cr} = \frac{cx_{cr}}{\nu} = 5 \times 10^5 \sim 3 \times 10^6 \tag{5-18}$$

临界雷诺数的影响因素很多，来流紊流度、物体表面的粗糙度等都会影响到临界雷诺数

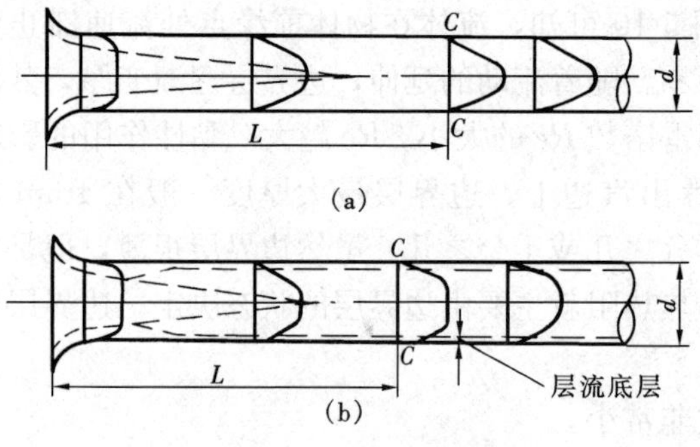

图 5-12　圆管内的边界层
(a) 层流管流；(b) 紊流管流

的数值。事实表明，增加来流紊流度和物体表面粗糙度都会降低临界雷诺数，使紊流边界层提前出现。

边界层的概念同样适用于流体在管道内的流动。如图 5-12 所示，入口处流速在截面上分布均匀，与绕流平板类似，沿流动方向上，由于流体黏性的作用，在圆管内壁开始形成边界层，厚度由零逐渐增加，由于边界层内速度的降低，根据流体运动的连续性方程可知，边界层以外即管子中心部分的流速必然增大，随着边界层的不断加厚，其流速持续增加，直到边界层发展到管轴处，通常称这一阶段为管道入口段。管道入口段的长度 L 主要受流动状态影响：圆管内流体呈层流状态时，层流边界层发展比较缓慢，L 较长；如果圆管内流速较高，开始阶段的层流边界层很快转变为紊流边界层，由于紊流边界层扰动较大，厚度发展较快，因此入口段 L 较短。从 $C-C$ 断面以后，圆管内边界层汇交在一起而不再发展。如果是定常流动，此后各截面上的速度分布不再变化，流动特征如第四章的介绍，称这一阶段为充分发展的管流。

第五节　边界层的分离

当物体表面呈曲面时，流体绕流会在某处发生边界层脱离物体表面的现象，并在其后形成回流区，这种现象称为边界层的分离。

边界层分离现象在工程中非常普遍，例如：锅炉内烟气横掠各管束受热面后产生旋涡。由于边界层分离必然伴随着旋涡的出现，从而导致额外的能量损失，它是管流局部阻力损失产生的主要原因。研究边界层分离现象的目的也就在于如何控制边界层的分离，从而降低流动的能量损耗。

现以流体绕流圆柱体为例来说明边界层的分离现象。如图 5-13 所示，假定流体以均匀速度绕流圆柱体。在点 A，流速滞止为零，流体在此处分流，进而沿圆柱体上下表面绕流。以 $B-B$ 为界线，整个绕流过程分为两个阶段。流体在 A 至 B 之间流动时，可以看到，流体通流面积逐渐减小，导致流体流速加快，根据能量守恒定律，这必然引起流体压力的下降。流体流过 B 点时，

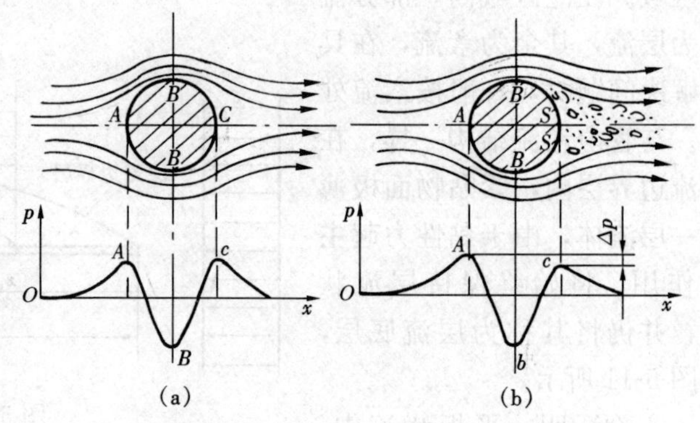

图 5-13　流体绕圆柱体的流动

流速达到最大值，而压力则降为最小值。从 B 点开始，流体进入下一阶段，正好与前一阶段相反，由于通流面积逐渐增大，致使流速减慢，压力上升。如果不考虑流体黏性的影

响，则流体流至 C 点时，速度降为零，压力上升为最大值。也就是说，BC 阶段的流动是 AB 阶段的一个恢复过程。AB 阶段一般称为顺压区，即升速降压区，BC 阶段一般称为逆压区，即减速升压区。实际上，由于流体黏性的影响，在整个绕流过程中，始终伴随有黏性力所产生的流动损失，所以，在 BC 阶段的流动中，流体流动至 C 点之前的某一位置 S 处便停滞不前，动能已消耗殆尽，后继流来的流体不断堆积于此，最终迫使其脱离物体表面，直接向下游流去，S 点称为分离点，分离点后的流体在逆压的作用下，产生反方向的回流形成旋涡区。

从以上分析可以看出，边界层的分离决不会出现在 AB 阶段——顺压区，而只可能出现在 BC 阶段——逆压区。进一步分析可知，边界层分离的根本原因是流体的黏性，以及受物体表面形状和流动状态的影响。边界层分离导致绕流阻力增加，绕流升力下降，破坏正常的流动过程，如飞机机翼上发生边界层分离可能会导致飞机失速而机毁人亡。如何控制边界层不发生分离或分离点后移成为一个重要的问题。

工程中常见的卡门涡街现象就是边界层分离的一个典型例子。

实验证实，当流体绕流圆柱体时，如果流速非常低，分离点 S 的位置几乎与 C 点重合，边界层分离所形成的旋涡很小。随着流速的增加，黏性力作用的增强，沿流程方向流动损失加大，分离点 S 越来越提前出现，旋涡区范围不断扩大。当 $Re<40$ 时，在圆柱体后面出现一对旋转方向相反的旋涡，如图 5-14 (a) 所示；当雷诺数在 40～60 时，上下分离点的位置不稳定，如图 5-14 (b) 所示；当 $Re>60$ 时，开始形成两列比较稳定的、上下交替出现的、非对称的、旋转方向相反的旋涡，称为**卡门涡街**，如图 5-14 (c) 所示。

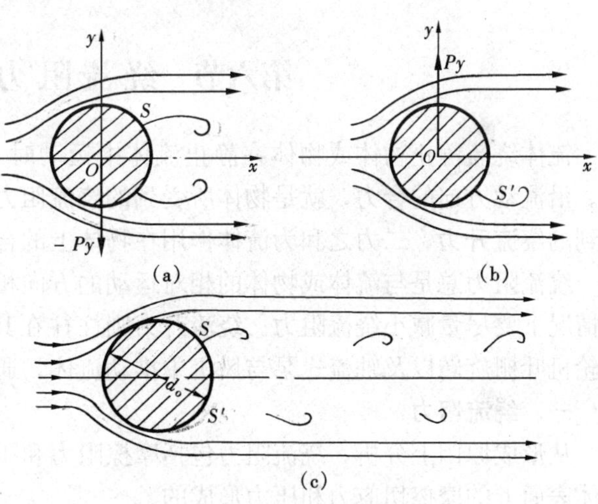

图 5-14　卡门涡街

卡门涡街中的两列旋涡有规则地周期性交替脱落，脱落频率如下：

$$f = Sr\frac{c}{d} \tag{5-19}$$

式中　f——卡门涡街脱落频率；

c——流体来流速度；

d——圆柱直径；

Sr——斯特劳哈尔数，只与 Re 有关。

利用卡门涡街的这个性质设计出了卡门涡街流量计，其工作原理是利用卡门涡街脱落频率测量流量。

在卡门涡街的两列反向旋转的旋涡交替脱落时，会在圆柱体上交替出现横向交变力。因为每当旋涡脱落时，会引起圆柱体表面上压力和切应力的相应变化。具体地说，当某一侧旋涡刚脱落时，这一侧绕流情况暂时改善，总压力降低，而此时另一侧的旋涡正在形成中，绕流情况变差，总压力升高，由此形成一个指向刚脱落旋涡一方的合力，如图 5-14（b）所示。随后，伴随另一侧旋涡的脱落，又形成一个与刚才大小相等，方向相反的合力。这种横向交变力变化的频率与旋涡交替脱落的频率相同，它会引起圆柱体内的交变应力，圆柱体在交变力的作用下会产生横向的振动，如果横向交变力的频率与圆柱体的固有频率相同，就会引起圆柱体的共振，严重时造成圆柱体的破坏。

同时，卡门涡街的交替脱落，还会引起周围空气振动产生噪声，发生声响效应。例如，锅炉空气预热器中，流体流过管箱时出现卡门涡街，引起管箱中气柱的振动，如果卡门涡街旋涡的脱落频率恰好与管箱内气体的固有振动频率相同时，就会产生强烈的声学共振。这种共振严重到会使管箱破裂，甚至炉墙倒塌，并伴随有巨大的噪声。因此，在设计管箱结构时要给予充分考虑。另外，常见的风吹过电线发出嘘嘘的响声也属于此类现象。经过大量实践证实，要避免边界层的分离以及卡门涡街的出现，最有效的措施是改善绕流物体的外形，如采用圆头尖尾的流线型外形，如汽轮机叶栅、泵和风机的叶片、飞机机翼等均采用流线型叶型。

第六节 绕流阻力与升力

流体绕流静止物体或物体在静止流体中运动时，物体表面承受法向的压力和切向摩擦力。沿流动方向的合力，就是物体所受到的**绕流阻力**；与流动方向垂直的合力，就是物体所受到的**绕流升力**，二力之和为流体作用在物体上的合力，如图 5-15 所示。

绕流阻力总是与流体或物体的相对运动的方向相反，并阻碍相对运动的进行，因此，一般情况下要尽量减小绕流阻力。绕流升力则往往在其作用力方向对物体作功，如飞机起飞，汽轮机叶栅旋转以及轴流式泵与风机中推动流体，通常希望获得足够的绕流升力。

一、绕流阻力

从形成原因上分析，绕流阻力包括摩擦阻力和压差阻力两个分力，分别是由流体作用在物体表面上的摩擦切应力和压力形成的。

摩擦阻力是黏性直接作用的结果。流体绕流物体时，由于黏性的作用，物体表面的流体边界层内产生内摩擦力，摩擦阻力即是边界层内内摩擦力在来流方向上的合力。

由此可见，摩擦阻力的大小取决于边界层内内摩擦力的性质，边界层内内摩擦力的大小和分布状态取决于边界层内流体的运动状态。理论分析和实验均证实，层流边界层内内摩擦力可直接由牛顿内摩擦定律计算得出；紊流边界层内除了内摩擦力以外，还有流体微团掺混所引起的附加切应力。要减小摩擦阻力，应尽量保持物体表面的边界层为层流状态，尽量推迟其向紊流边界层的转变。

压差阻力是黏性间接作用的结果。如图 5-13 所示，流体绕流圆柱体时，由于黏性的作用，流体在逆压区的速度滞止点不是 C 点，而是提前至 S 点，之后进入旋涡区。旋涡区的压力基本上接近于 S 点的大小，所以在 C 至 S 间的压力低于圆柱体前半部分的对称位置的压力，从而形成圆柱体前后的压力差。压差阻力就是作用在物体表面上的压力在来流方向上的合力。

流体作用在物体上的压力的大小主要取决于物体的形状，而直接导致压力差出现的原因是边界层的分离，而且分离点越靠前，压力差就越大，压差阻力也就越大。所以，要减少压差阻力，关键在于物体形状。因此，压差阻力又常称为形状阻力。经验表明，流线型物体表面很少出现边界层分离，绕流阻力以摩擦阻力为主，而像圆柱体等钝体的压差阻力极大地增加了绕流阻力。减少绕流阻力除了应尽量避免边界层分离以外，假如边界层分离是不可避免的，比如圆柱体绕流，则应尽量推迟分离点的到来。最有效的方法是在分离点之前尽量促使层流边界层尽快转变为紊流边界层，通过紊流扰动延迟分离点的到来，这样就可以大大降低压差阻力。

工程实际中，经常需要计算流体绕流物体的阻力，如飞机飞行时的阻力大小，但此问题目前还未从理论上解决，实际问题的解决均来自于实验数据。

工程中，常用式（5-20）计算绕流阻力，即

$$F_{\mathrm{D}} = C_{\mathrm{D}}\frac{1}{2}\rho c_{\infty}^{2}A \tag{5-20}$$

式中 C_{D}——无因次阻力系数；

ρ——流体密度；

c_{∞}——来流速度；

A——物体投影面积。

对于以压差阻力为主的 F_{D}，A 取物体在垂直于来流速度方向的投影面积；对于以摩擦阻力为主的 F_{D}，A 取物体在平行于来流速度方向的投影面积。实验证明，C_{D} 主要与雷诺数、物体形状等有关。

二、绕流升力

流体绕流物体产生的作用于物体上垂直于来流方向的力称为绕流升力。飞机就是借助于气流作用在飞机机翼上的升力飞行于空中的。绕流升力和绕流阻力一样，也是由流体作用在物体表面上的法向力和切向力共同形成的，但是以法向力为主。

下面以图 5-15 所示机翼翼型为例说明升力的特性。翼型是典型的圆头尖尾的流线型物体，在设计工况下，流体一般不会发生边界层的分离，这样可以获得较大的升力和较小的阻力。升力的获得与机翼的外形有很大的关系，可以看出，翼型本身结构不对称，上表面呈凸面，下表面呈凹面，这是典型的流体机械叶型（包括飞机机翼、汽轮机叶栅的叶型、轴流式泵与风机的叶片叶型等）的结构外形。

假定有一均匀流流过翼型，根据边界层理论，在翼型尾部形成一个尾涡，该尾涡以逆时针旋转，一般称它为起动涡。无旋运动的均匀流正是由于起动涡的出现诱发了绕翼型的环流，从而产生了升力，这可作如下解释：根据汤姆逊定理，开始为无旋运动的来流，沿如图 5-16 所示的封闭周线 $abcda$ 的速度环量应等于零，并在流动过程中始终等于零，所以，当具有速度环量 Γ 的起动涡出现时，必然在叶型上形成一个与之相抵消的、反向的、速度环量为 Γ' 的旋涡，称之为点涡，再由它诱导出绕翼型的环流，而流体自身是无旋的。包括点涡在内的速度环量等于 Γ'，且 $\Gamma'=-\Gamma$，这样，沿封闭周线 $abcda$ 的总速度环量仍为零。

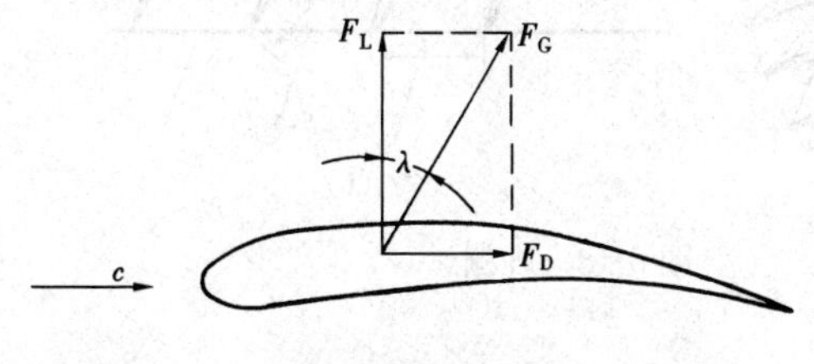

图 5-15 作用在翼型上的升力与阻力

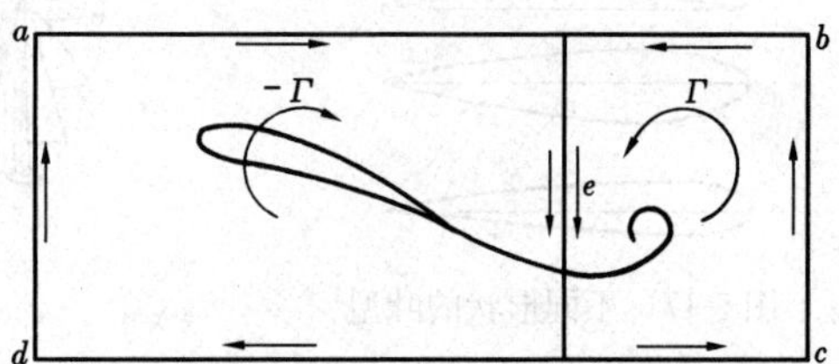

图 5-16 起动涡

绕流环流为顺时针旋转，把它叠加于均匀流之上，使得翼型的上表面绕流速度加快，下表面绕流速度减缓，根据伯努利方程，上表面压力降低，下表面压力升高，这样，就形成一个垂直于来流方向并指向上的合力，即升力。升力的大小可用库塔-儒可夫斯基公式表示，即

$$F_L = \rho c_\infty \Gamma \tag{5-21}$$

式中 F_L——单位长度翼型上的升力；

ρ——来流密度；

c_∞——来流速度；

Γ——绕翼型封闭曲线的速度环量。

升力的方向按来流速度方向反环流方向旋转 90°确定。工程上常用式(5-22)计算升力，即

$$F_L = C_L \frac{1}{2}\rho c_\infty^2 A \tag{5-22}$$

$$A = bl \tag{5-22a}$$

上两式中 C_L——无因次升力系数；

A——翼型面积；

b——翼型前缘点至后缘点的距离；

l——翼形长度。

实际使用中，升力系数 C_L 和阻力系数 C_D 一般由实验测定，并据此绘制出每种翼型的气动特性曲线。

每种翼型相对应的升力与阻力之比称为升阻比，是判别翼型空气动力特性的一个指标，也是反映翼型优劣的一个重要指标。

第七节 叶型与叶栅

有一类流体机械是利用流体绕流叶片获得升力而工作的，如汽轮机、水轮机轴流式泵与风机等。叶片横切面的形状称为叶型。叶型一般为圆头尖尾的流线型外形，不同的流体机械，其叶型外形会有变化，如图 5-17 所示。叶型的外轮廓线称为型线［图 5-18（a)］，叶型的型线直接决定了叶型的空气动力特性。相同的叶型等距离地排列在一条直线上称为叶栅，如图 5-18（b）所示。在认识流体绕流叶型、叶栅的流动规律之前，先来了解叶型、叶栅的基本几何参数，如图 5-19 所示。

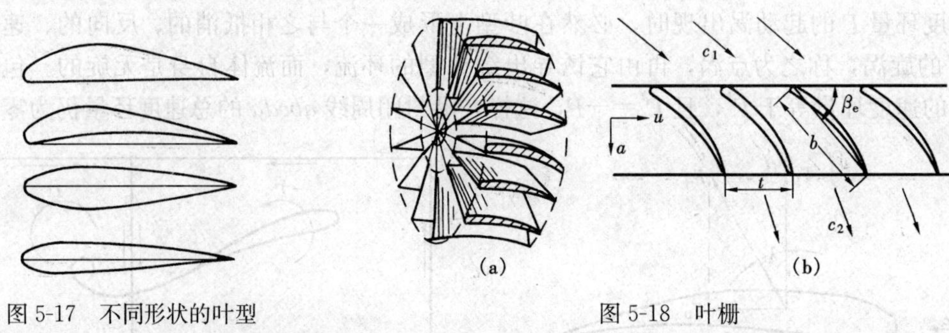

图 5-17 不同形状的叶型

图 5-18 叶栅

（1）中线：叶型内切圆心的连线。

（2）叶弦：叶型中线与型线的两个交点分别称为前缘点、后缘点，连接前、后缘点的直

线称为叶弦，其长度称为弦长，用 b 表示。

（3）叶展：与流体运动方向相垂直的叶型长度称为叶展，用 l 表示。

（4）叶型弯度：叶型中线与叶弦的距离。

（5）冲角：在前缘点，流体来流方向与叶弦之间的夹角，用 α 表示。

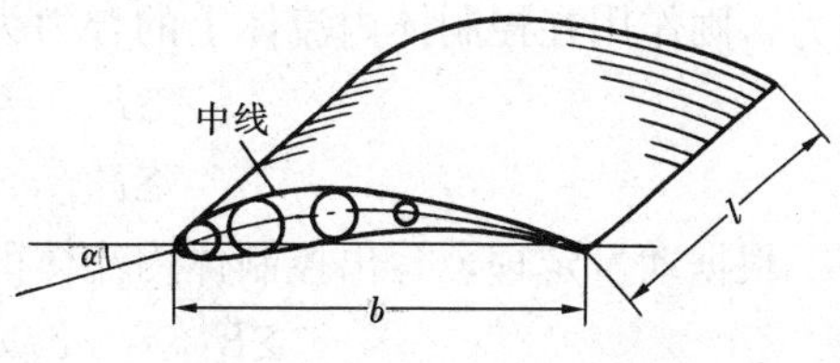

图 5-19　叶型的几何参数

取与汽轮机同轴的圆柱面，将圆柱面展开成平面后得到的就是一列叶栅，如图 5-18 所示叶栅的几何参数包括：

（1）列线：将叶栅中各叶片对应点连接成的一条直线，称之为列线。

（2）轴线：垂直于列线的直线为轴线。

（3）栅距：叶栅中叶型相互间的距离称为栅距，用 t 表示。

（4）叶栅稠度：叶型的弦长与栅距之比，称为叶栅稠度。

（5）安装角：叶弦与列线的夹角 β_e 称为叶型的安装角。

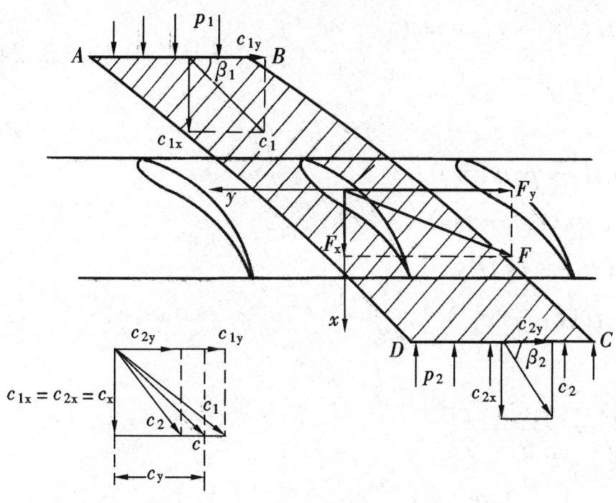

图 5-20　叶栅上的升力

下面讨论流体绕流叶型、叶栅的基本流动规律。

假定理想不可压缩均匀定常流绕流如图5-20 所示叶栅。由于叶栅中叶型均匀排列，流体绕流整个叶栅的流动，可通过分析其中任一叶型的绕流来加以讨论，并将结论推广至整个叶栅。

选取如图 $ABCDA$ 的控制体，其中 AB，CD 是平行于列线且距离列线足够远的两个平面，长度为栅距 t，垂直于纸面的长度为 l。流体流入 AB 平面之前是未受干扰的均匀流，流出 CD 平面时也为均匀流，在此之间流体绕流叶型产生环流，并因此产生一个沿列线方向的推力。在每个叶型上都受到一个大小相等、方向相同的推力作用，这些推力的合力作用于叶栅，推动汽轮机转子转动。因为该推力垂直于来流方向，是由于绕流环流产生的，所以同气流绕流飞机机翼一样，也称之为升力。至于流体绕流叶栅产生的升力大小是否与气流绕流机翼翼型的升力大小完全相同，必须通过进一步分析加以比较。

控制体上曲线 AD，BC 代表的是两组相同的流线组成的流面，该流面垂直于纸面，长度亦为 l。流体沿流面流动，不会从流面流入或流出，并且由于叶栅的对称性，两个流面上对应位置处的速度、压力分布是相同的。

假设流体以均匀流速 c_1 流入 AB 流面，c_1 与列线的夹角为 β_1，流面 AB 上的压力 p_1 均匀分布；流出 CD 流面的均匀流速为 c_2，与列线夹角为 β_2，流面 CD 上的压力为 p_2，均匀分布。

分析控制体内流体的受力情况。边界 AB，CD 受到控制体以外流体的压力作用，分别是 p_1tl 和 p_2tl。边界 AD，BC 对应位置处压力大小相等，方向相反，所以两界面的法向合力为零。另外，控制体的两个平行纸面的边界上所受法向力垂直于纸面，对绕流叶栅的平面流动不起作用。假设控制体内流体对叶型的作用力为 F，它可分解为轴向作用力 F_x，周向作用力 F_y，则 F 的反作用力 $-F_x$，$-F_y$ 分别是叶型作用于控制体内流体上的力，忽略流体重力，则作用在控制体内流体上的合力为

$$\begin{aligned}\Sigma F_{xt} &= -F_x + p_1 tl - p_2 tl \\ \Sigma F_{yt} &= -F_y\end{aligned} \tag{5-23}$$

根据动量定理，写出控制体内流体的动量方程，即

$$\Sigma F_{xt} = \rho c_{2x} tlc_{2x} - \rho c_{1x} tlc_{1x}$$

$$\Sigma F_{yt} = \rho c_{2x} tl(-c_{2y}) - \rho c_{1x} tl(-c_{1y})$$

根据流动的连续性，可知

$$\rho c_{2x} tl = \rho c_{1x} tl$$

所以

$$c_{1x} = c_{2x} = c_x$$

因此上两式简化为

$$\begin{aligned}\Sigma F_{xt} &= \rho c_x tl(c_{2x} - c_{1x}) = 0 \\ \Sigma F_{yt} &= \rho c_x tl(c_{1y} - c_{2y})\end{aligned} \tag{5-24}$$

结合式（5-23)、式（5-24）得

$$-F_x + p_1 tl - p_2 tl = 0$$

$$-F_y = \rho c_x tl(c_{1y} - c_{2y})$$

即

$$F_x = (p_1 - p_2) tl$$

$$F_y = \rho c_x tl(c_{2y} - c_{1y})$$

根据伯努利方程

$$\frac{p_1}{\rho g} + \frac{c_1^2}{2g} = \frac{p_2}{\rho g} + \frac{c_2^2}{2g}$$

$$p_1 - p_2 = \frac{\rho}{2}(c_2^2 - c_1^2) = \frac{\rho}{2}(c_{2y}^2 - c_{1y}^2)$$

所以

$$F_x = \frac{\rho tl}{2}(c_{2y}^2 - c_{1y}^2)$$

计算沿封闭曲线 $ADCBA$ 的速度环量。

$$\Gamma_{ADCBA} = \Gamma_{AD} + \Gamma_{DC} + \Gamma_{CB} + \Gamma_{BA}$$

因为沿流线 AD，CB 的速度环量大小相等，方向相反，所以

$$\Gamma_{AD} = -\Gamma_{CB}$$

$$\Gamma_{DC} = c_{2y} t$$

$$\Gamma_{BA} = -c_{1y} t$$

$$\Gamma_{ADCBA} = \Gamma = (c_{2y} - c_{1y}) t$$

如果用 c 表示流体流过控制体的几何平均速度，即

$$c = \frac{1}{2}(c_1 + c_2)$$

又

$$c = \sqrt{c_x^2 + c_y^2}$$

$$c_x = c_{1x} = c_{2x}$$

$$c_y = \frac{1}{2}(c_{1y} + c_{2y})$$

则

$$F_x = \rho c_y l \Gamma$$

$$F_y = \rho c_x l \Gamma$$

$$F = \sqrt{F_x^2 + F_y^2} = \rho c l \Gamma \tag{5-25}$$

式（5-25）是叶栅的库塔—儒可夫斯基公式。它表明：理想不可压缩流体绕流叶栅做定常平面流动时，每个叶型上所受到流体的作用力等于流体密度、流体几何平均流速、叶展和绕叶型的速度环量的乘积，作用力的方向沿反环流方向旋转 90°得到。

将这个结果与上一节绕流升力进行对比，区别仅在于计算流体绕流翼型的升力公式中少了一项叶展 l，那是因为它表示的是单位长度翼型上所受到的升力，也就是 $l=1$ 时的数值。这进一步说明流体绕流孤立叶型与绕流叶栅都遵循升力定理。

电厂汽轮机是以水蒸气为工质，通过高速汽流绕流叶栅，沿圆周方向产生 F_y 推动转子匀速旋转而做功的。反之，轴流式泵与风机则是在流体绕流旋转叶轮的叶栅时，由叶栅对流体产生的 $-F_y$ 使流体获得能量的。

第八节　自由淹没射流

射流指具有一定流速的流体自管嘴中喷射出来形成的流动，如自水枪喷出的水流，火箭升空时尾部喷射的燃烧气流，热力发电厂中锅炉燃烧器向炉膛喷射的一次风、二次风气流，都是射流的典型例子。工程中的流体一般为紊流流动，所以本节仅讨论紊流状态的射流，通常称之为紊流射流。

紊流射流的流动特征与紊流状态有很大关系，其发展与紊流内部流体的紊流程度有直接的关系。另外，发展空间的大小也在很大程度上制约着射流的发展。射流发展如果不受固体壁面限制，也就是说，射流发展的空间相对于射流为无穷大，射流完全可以不受固体壁面的限制而自由发展，这种射流称为自由射流。如果自由射流流入由同种介质组成的静止空间，并且自由射流与空间介质的温度、密度相同，则称这种自由射流为**自由淹没射流**。

通过实验，观察流体从圆形喷嘴喷出时形成的自由淹没射流，假设圆形喷嘴的半径为 r_0，流体以均匀流速 c_0 从喷嘴处喷出，建立如图 5-21 所示的坐标系。由于惯性，射流自喷嘴喷出后，继续沿 x 轴向前流动，进入相同温度、相同介质的静止空间中。因为静止空间非常大，射流的发展不受限制。

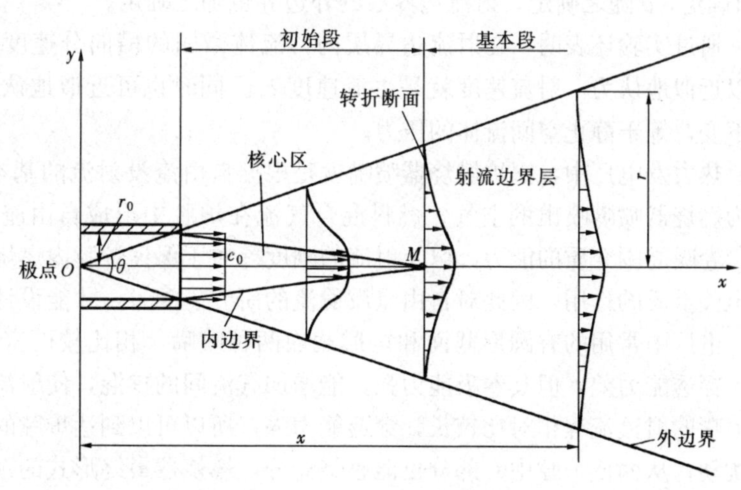

图 5-21　自由淹没射流

又因为射流流体作紊流流动，流体微团间相互扰动，它会不断卷吸周围静止空间中的同种介质进入射流区域，使得射流的流量增加，射流的影响范围在不断扩大，整个射流呈喇叭形向外扩散。由于动量交换，使射流速度逐渐降低，最终，射流的能量完全消失在整个空间当中，就像射流被静止空间淹没了一样，自由淹没射流即由此得名。

下面通过图 5-21 中的例子说明自由淹没射流的结构和特征。随着射流沿 x 方向向前流动，周围介质不断加入到射流当中，射流不断扩张，速度为 c_0 的断面越来越小，直至某一位置 M 点，断面上只有轴线上的速度为 c_0，其他点上的速度均小于 c_0。M 点所在的断面称为转折断面。从射流出口断面至转折断面称为射流初始段。一般把射流速度为零的外周面定义为射流边界层的外边界，把速度等于 c_0 的内锥面定义为射流边界层的内边界，两者之间即是射流边界层。内边界层内速度为 c_0 的区域为核心区。在初始段，随着流动向前继续，核心区越来越小，最终将消失，而核心区以外的射流边界层由于有新的介质加入，速度在不断降低，速度分布如图 5-21 所示，由内边界的 c_0 逐渐减小到外边界的零。转折断面以后的流体进入射流的第二阶段，一般称为射流的基本段。可见，基本段内完全是由射流边界层充满的，在射流基本段的流动中仍然保持着第一阶段射流质量不断增加，横截面积不断扩大，流速不断降低的基本特征。基本段射流轴心速度 c_0 沿流动方向不断降低，直至为零。

实验表明，射流边界层的外边界为直线。两条外边界线夹角为 θ，称为射流极角（或射流扩散角），交点 O 称为极点。任一射流横截面半径 r 与从极点算起的距离 x 成正比，即

$$\tan\frac{\theta}{2}=\frac{r}{x}=k \tag{5-26}$$

式中 k——实验系数。

对圆截面射流，$k=3.4\alpha$，α 称为紊流系数，α 是反映射流结构的特征系数，一般由实验确定。α 的大小与射流出口断面的紊流强度有关。紊流强度越大，紊乱程度越高，就越能卷吸更多的静止空间的介质，则 α 值越大，扩散角 θ 也随之增大，参与射流的流体质量也增多，射流速度下降也越快。α 值还与射流出口截面上速度分布的均匀性有关，喷嘴形状也影响 α 值，即射流出口速度分布越不均匀，喷嘴形状对射流出口扰动越大，则 α 值越大。一旦 α 值确定，θ 随之确定，射流边界层的外边界也随之确定。

通过实验还表明，在射流边界层内，流体微团的横向分速度 c_y 远远小于主流速度 c_x，所以近似地认为，射流速度就是主流速度 c_x。同时也可近似地认为，整个射流区内压力保持不变，等于静止空间流体的压力。

热力发电厂中，锅炉燃烧器喷嘴就是根据自由淹没射流的基本特征进行设计和布置的，因为燃烧器喷嘴喷出的空气、燃料混合气流在炉膛中形成自由淹没射流，而射流的流程大小，卷吸周围介质的能力，以及射流的刚度等对于保证炉膛内燃烧稳定、气粉充分混合等起着至关重要的作用，因此对自由淹没射流的研究越深入，才能设计出越完善的燃烧器结构。

电厂中常用的有圆形截面和矩形截面两种喷嘴，相比较而言，圆形喷嘴的射流流程较短，穿透能力差，但其卷吸能力强，能增加气流间的掺混，使射流周围的燃料充分燃烧；矩形喷嘴的射流流程相对比较长，穿透能力强，所以可以到达炉膛的火焰深处，增加火焰内部的扰动，从而使炉膛中心部分也能燃烧充分，燃烧器最终形式的选择还要根据燃料性质、燃料要求来综合考虑。

目前电厂中常用的燃烧器有直流燃烧器和旋流燃烧器。通常直流燃烧器由矩形喷嘴喷出不旋转的直流射流。单个直流射流的射流流程长，穿透能力强，可以深达炉膛中心，有利于充分燃烧，但是，卷吸能力不强，不足以使煤粉气流稳定着火，所以一般采用四角切圆燃烧方式（见图 5-3），以形成强烈的旋转运动，对炉膛内的着火和燃烧过程产生有利的影响。

旋流燃烧器的圆形喷嘴直接喷出旋转的射流。射流旋转的同时向前做螺旋运动。可近似看作旋转自由射流。旋转自由射流的结构和特征不同于前面所述的直流射流。

旋转射流既有轴向速度，也有比较大的切向速度，而且旋转半径不断扩大，在大量卷吸周围气体的同时，速度迅速减小，射程相比直流射流较短。

旋转自由射流的轴向速度与切向速度分布如图 5-22 所示。可以看出，离喷嘴出口不远处的轴心附近出现轴向速度为负值的流动特征，表明该位置存在一个回流区。切向速度初期较大，但很快降低，由轴线处为零沿半径方向先增加后减少，至外边界处降为零。

决定旋转射流结构和特征的是旋流强度。旋流强度越大，则旋转射流扩展角越大，回流区越大，射程越短。旋转射流有强烈的卷吸作用，高温烟气回流形成中心回流区，有利于煤粉燃烧。

由于实际上炉膛不是无限大空间，喷入的气流与炉膛内实际烟气的成分、温度均不同，实际的炉膛内空气动力特性必须结合试验，才能准确把握。实践中常常通过锅炉的冷态空气动力场试验指导锅炉的燃烧工作。锅炉优化燃烧节能技术的发展也是建立在对射流流场深入研究的基础之上的。

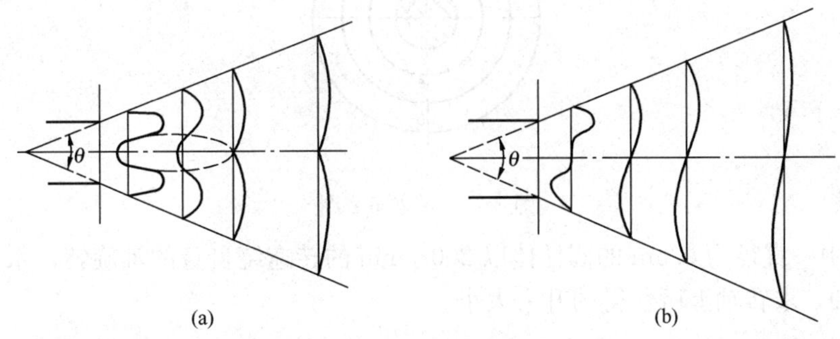

图 5-22　旋流自由射流

（a）轴向速度分布；（b）切向速度分布

思　考　题

5-1　流体运动有哪些基本运动形式？

5-2　如何判断流体是有旋运动还是无旋运动？

5-3　涡线、涡束和涡通量与流线、流束和流量在概念上有什么异同？

5-4　什么是速度环量？它与涡通量有什么关系？斯托克斯定理的内容是什么？

5-5　环流是有旋流动吗？为什么？

5-6　有旋运动有哪些基本定理？

5-7　为什么龙卷风均始于地面而终于高空？

5-8　什么是平面流动？在理想不可压缩流体平面流动中，流体的流速与等势线有什么关系？

5-9　不可压缩流体平面无旋流动的流线簇与等势线簇有什么关系？

5-10　什么是边界层？它有什么性质？

5-11　边界层为什么会分离？它对流动有哪些影响？

5-12　什么是卡门涡街？它有什么危害？

5-13　飞机是如何升空的？它与哪些因素有关？

5-14　物体运动中的阻力是如何产生的？怎样减少阻力？

5-15　什么是自由淹没紊流射流？

习　　题

5-1　判别下列流场是有旋流场还是无旋流场：

(1) $u = x^2 + 2xy, v = y^2 + 2xy$；

(2) $u = 2y + 3z, v = 2z + 3x, w = 2x + 3y$。

5-2　图 5-23 中所示一环流，试证明沿封闭曲线 $abcdefa$ 的环量为零。

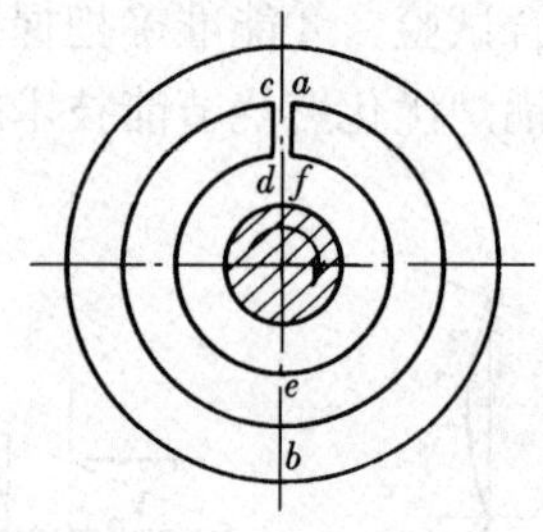

图 5-23　习题 5-2 图

5-3　水中一直径为 0.5m 的圆柱体以 200r/min 的转速绕自身的轴旋转，水以 10m/s 的速度横掠转轴，求转轴上所获得的升力大小。

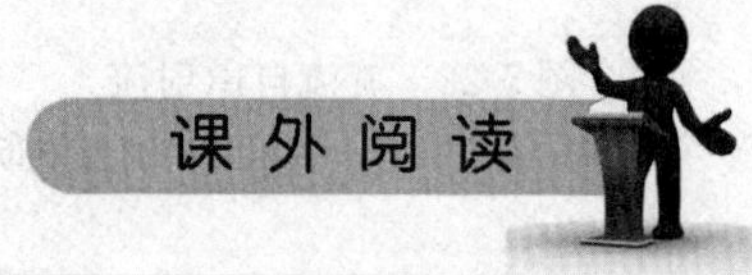

一、体育运动与流体力学

许多体育运动项目都与空气和水有着密切的关系。运动员的身体和使用的体育器械，跟空气和水都在做相对运动，如运动中产生的阻力、升阻比、稳定性及旋转等力学问题，直接会影响着体育比赛的成绩。下面我们来了解几项体育运动中流体力学的理论解释。

1. 足球运动

足球比赛的前场直接任意球，通常是防守方在球门前组成一道“人墙”，挡住进球路线，进攻方的主罚队员，起脚射门，球绕过了“人墙”，眼看偏离球门，却又沿弧线拐过弯来直入球门，这就是神奇的“香蕉球”。为什么足球会在空中沿弧线飞行呢？因为踢“香蕉球”的时候，运动员并不是踢足球的中心，而是稍稍偏向一侧，使球在空气中前进时不断地旋转，这时，一方面，空气迎着球向后流动；另一方面，由于空气与球之间的摩擦，球周围的空气又会被带着一起旋转。这样，球一侧空气的流动速度加快，而另一侧空气的流动速度减慢，于是足球在压力的作用下，被迫向空气流速大的一侧转弯了。

2. 游泳运动

体育运动中最常见的是阻力。一般情况下，多数体育比赛项目都希望阻力小一些，但是有的运动项目或者在运动的某一段时间，却希望阻力大一些，如游泳运动。近代游泳理论认为，人体在水中向前游动的力量，主要是靠手臂和下肢划水、打水、蹬水、夹水等动作来获得的。从流体力学的角度来看，这是利用水的反作用力，也就是人的手和脚向后运动的时候受到水的阻力，这个阻力在反过来作用到人的身上，使人向前进。显然，在这个过程中，这种阻力越大越好。所以游泳运动员应该尽量地把静止的水往后推压，这样才能增加阻力，加快游泳速度。由于在游泳的时候，手脚要做循环往返运动，也就是在完成一个前进的动作以后，马上要做一个回返动作，来为下一次动作做准备。由于做回返动作的时候，手脚的运动方向与人体前进的方向是一致的，此时手脚的运动产生的阻力就成了人体前进的不利因素，故游泳运动员在做回返动作的时候，应该尽量减小手和脚的迎水面积，降低回返速度，减小阻力。由此看出，游泳的不同阶段阻力起着不同的作用，因而对游泳动作的技术要求也有很大不同。运用流体力学的理论，可以找出游泳运动同流体阻力的特殊规律，提出合理的技术要求，采取科学的训练方法，提高比赛成绩。

3. 跳跃和投掷运动

有些运动项目，例如滑雪、标枪、铁饼等，要想提高成绩，光靠减小阻力是不够的，因为决定这些项目成绩的并不是阻力，而是上升力和阻力之比，称为升阻比，也就是通常说的滑翔性能。实验结果表明，当运动员把双手紧贴在身体的两侧，让上身和滑雪板跟地面保持平行的时候，可以获得最大的升阻比和最远的跳跃距离。在 1956 年冬奥会上，芬兰运动员瓦里宁首次采用了这种姿势，夺得了滑雪项目的冠军。滑雪跳跃比赛的运动员，大都采用这种姿势。从流体力学原理来看，高台滑雪跳跃的腾空时间只有 4～6s 的时间，而在这段时间最大速度却可达 35～45m/s，所以要取得最远的跳跃距离，就必须加大升阻比，也就是要尽可能提高滑翔性能，延长腾空时间。升阻比对提高投掷标枪、链球成绩，意义也非同小可。这些项目的共同特点是，运动员或者运动器械在空中停留的时间较短，运动的轨迹都有一个最高点，通过最高点后，滑翔的距离对于提高运动成绩起着关键的作用。在标枪投掷过程中，它在空中的滑翔距离一般要占整个距离的 49%～56%，标枪有时在逆风投掷比顺风投掷远，也是标枪逆风行进受到的升力较大的缘故。

4. 高尔夫运动

高尔夫球的表面做成有凹点的粗糙表面，是利用粗糙度使层流转变为紊流的临界雷诺数减小，使流动变为紊流，以减小阻力的实际应用例子。最初，高尔夫球表面是做成光滑的，后来发现表面破损的旧球反而打得更远，原来是临界雷诺数不同的结果。高尔夫球的直径为 41.1mm，光滑球的临界雷诺数为 3.85×10^5，相当于自由来流空气的临界速度为 135m/s，实际上由于制造得不可能十分完善，速度要稍微低一些。一般高尔夫球的速度达不到这么大，因此，空气绕流球的情况属于小于临界雷诺数的情况，阻力系数较大。将球的表面做成粗糙面，促使流动提早转变为紊流，临界雷诺数降低到 1×10^5，相当于临界速度为 35m/s，一般高尔夫球的速度要大于这个速度。因此，流动属于大于临界雷诺数的情况，阻力系数较小，球打得更远。

二、龙卷风是如何形成的

龙卷风是一种常见的气旋运动，是一种破坏力极强的灾难性自然现象。

气象学定义龙卷风是从强流积雨云中伸向地面的一中小范围强烈旋风。龙卷风出现时，往往有一个或数个漏斗状云柱从云底向下伸展，同时伴随狂风暴雨、雷电或冰雹。龙卷风漏斗状中心由吸起的尘土和凝聚的水气组成可见的“龙嘴”。龙卷风经过水面，能吸水上升，形成水柱，同云相接，俗称“龙吸水”。

龙卷风出现的时间和大气中对流旺盛的时间相一致，主要出现在夏季6～9月，以下午至傍晚最为多见。影响地面范围从数米到几十上百公里，龙卷风的直径一般为十几米到数百米。龙卷风的持续时间一般只有几分钟，最长也不超过数小时。风力特别大，在中心附近的风速可达100～200m/s。大多数龙卷风在北半球逆时针旋转，在南半球顺时针旋转。龙卷风中蕴含的能量是巨大的。当龙卷风的漏斗状旋涡直径为200m时，其旋流功率可达3万MW。龙卷风把江河湖海的水吸入后，通过漏斗状旋涡，急剧上升，送到寒冷的大气层，水冻结后自然又会释放能量。和龙卷风结构相仿的涡流，如旋风分离器、直升机螺旋桨、电扇、轴流式风机叶轮等设备形成的气流，就是利用模仿龙卷风结构和原理的。

设存在一个二维的气流场，有能压差存在，气流就会运动，假设现在存在一股气流开始运动，我们把这股气流分为头部和尾部，在头部向前运动时，它的尾部后就会出现一个负压区，就好像一辆行驶的汽车后面有一个尾随的负压区一样，如果这股气流不是一直沿直线向前运动，就会回过头来运动，这时，在“头”、“尾”之间会形成压差。于是，“头”部就会循着“尾”部的“负”压区追去，使“头”和“尾”衔接在一起，形成一个闭合的有序流动的“能流圈”。根据伯努利方程可知，当这股气流运动动能增加时，它的“内部”能压就会降低，所以，不断有气流挤着涌向“能流圈”，使“能流圈”开始逐渐变“粗大”，也就是说，气流在“能流圈”内的流通面积变大了。流通面积越大，流动就越有序，阻力就越小，所以气流的流速也开始逐渐变大。速度越大，负压就越大，补充进来的气流量就越多，“能流圈”越变得“粗大”，而且在“能流圈”外部压力的作用下，“能流圈”的密度也增加了。当“能流圈”内侧的气流涌向“能流圈”时，能压越来越低，使“能流圈”（直径）不断变小，如果这时候“能流圈”的流动没有新的方向突围，就会被外侧气流的能压挤跨而涣散、消失。现在，我们再回到三维空间和气象中的龙卷风去。因为“能流圈”的密度比较大，所以，它会“坠落”到第三维的方向上。由于积雨云上下温度相差很大，上面的冷气和下面的热气流形成对流，产生旋转的“能流圈”，逐渐扩大，最后形成近似平行地面的二维“能流圈”，到成长到一定程度时，就会从云中慢慢“坠”到地面，形成了龙卷风。

第六章　气体动力学基础

正如第一章所介绍，所有流体都是可以压缩的，不同之处仅在于不同种类的流体，在不同的环境中（主要是压力、温度不同）可压缩的程度不同。通常，液体较难压缩，密度变化比较小，而气体压缩性比较大，相应密度变化也比较大，所以，在工程上为简便起见，常常将压缩性比较小的液体当作不可压缩流体对待，忽略其密度的变化，将压缩性比较大的气体当作可压缩流体处理，考虑其密度的变化。当然，这是就一般问题而言，有些特殊情况除外，例如水击中液体的压缩性就不能不予以考虑，否则无法分析该现象，而对于常温下的低速气体流动，事实证明，当速度小于 70m/s 时，可忽略处理密度的变化，所以常被当作不可压缩流体来处理。

前面章节以介绍不可压缩流体为主，讨论了一般流体的运动规律，如连续性方程、伯努利方程、动量定律等。本章侧重介绍可压缩流体的基本流动特征。与不可压缩流体运动相比较，两者在本质上遵循着同样的力学规律，所不同的是，不可压缩流体运动中的主要参数变量是流速和压力，而可压缩流体运动中除了流速、压力以外，又多了流体密度、温度等变量，所以其运动就表现出不同于前者的形式，这是本章将主要讨论的内容。

本章内容主要适用于高速气流，尤其是超声速流动的气流，如汽轮机内过热蒸汽的绕叶栅流动，超声速歼击机的飞行等问题都是建立在气体动力学理论基础之上的。

第一节　微弱扰动波的传播及声速

众所周知，声音来源于物体的振动。当物体振动时，带动周围的空气发生微弱变化，使空气的压力、密度周期性地变化，这种变化依次向外传播，一般称为扰动波。变化到达的位置称为波面。因为此类扰动波中的变量（如压力等）变化很小，所以称之为微弱扰动波。微弱扰动波会以一定的速度向四周传播，其速度就是**声速**，用符号 a 表示。

下面通过一个实例来了解声速。如图 6-1（a）所示，一等直径圆管中安置一个活塞，圆管内的静止气体压力为 p、密度为 ρ，如果活塞以微小速度 dc 向右压缩气体，则首先受压缩的是活塞附近的一层气体，受压缩的气体密度增加了 $d\rho$，压力上升了 dp，并以同样的速度 dc 向右运动。这部分气体又像活塞一样继续推动与它相邻的一层气体，引起它产

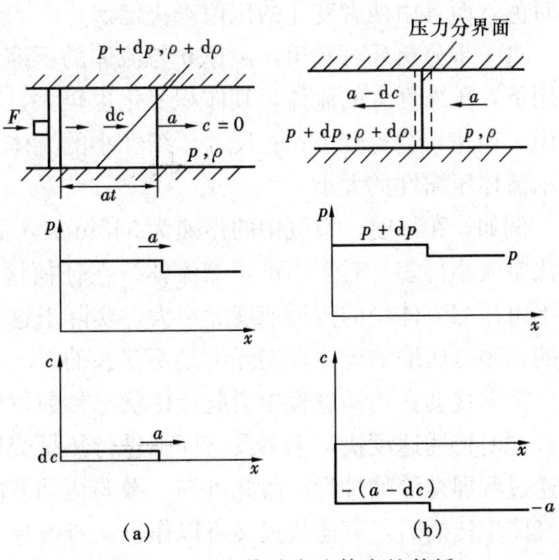

图 6-1　压力扰动在流体中的传播

生同样的变化，就这样形成一个向右传播的微弱扰动波，因为是气体受压缩形成的，所以称为压缩波。压缩波经过的气体压力为 $p+\mathrm{d}p$，密度为 $\rho+\mathrm{d}\rho$，速度为 $\mathrm{d}c$，而尚未到达的地方，气体仍保持最初的状态，压缩波向右传播的速度为 a。

建立相对坐标系，即把坐标原点放在沿管道向右前进的压缩波波面上，这个相对坐标随波面一起以速度 a 运动。相对于该坐标系而言，如图 6-1（b）所示，流体以流速 a 穿过波面向左作定常流动，经过波面后，速度降为 $a-\mathrm{d}c$，压力 p、密度 ρ 则增加为 $p+\mathrm{d}p$，$\rho+\mathrm{d}\rho$。

由连续性方程式得

$$\rho a A=(\rho+\mathrm{d}\rho)(a-\mathrm{d}c)A \tag{6-1}$$

上式经整理，并略去二阶无穷小量后，得

$$a\mathrm{d}\rho-\rho\mathrm{d}c=0 \tag{6-2}$$

建立压缩波波面前后控制体［如图 6-1（b）所示］的动量方程。$\mathrm{d}t$ 时间内控制体内的动量变化为

$$(\rho+\mathrm{d}\rho)(a-\mathrm{d}c)\mathrm{d}tA(a-\mathrm{d}c)-\rho a\,\mathrm{d}tAa$$

将式（6-1）代入后化简为

$$\rho a\,\mathrm{d}tA[(a-\mathrm{d}c)-a]$$

波前控制面受到的作用力为 pA，波后控制面受到的作用力为（$p+\mathrm{d}p$）A。由动量方程式得

$$[pA-(p+\mathrm{d}p)A]\mathrm{d}t=\rho a\,\mathrm{d}tA[(a-\mathrm{d}c)-a] \tag{6-3}$$

$$\mathrm{d}p=\rho a\,\mathrm{d}c \tag{6-4}$$

由式（6-2）与式（6-4）可知

$$a^2=\frac{\mathrm{d}p}{\mathrm{d}\rho}$$

即

$$a=\sqrt{\frac{\mathrm{d}p}{\mathrm{d}\rho}} \tag{6-5}$$

这就是声速的基本计算公式。可以看出，声速 a 的大小并不仅取决于压力或密度变化的绝对值，而且由两者变化的比值来决定。

进一步分析还可看出，声速 a 与流体的压缩性有一定的联系。在相同的压力变化 $\mathrm{d}p$ 的作用下，压缩性大的流体，其体积变化也较大，相对应地，流体密度也发生较大变化，也就是说，声速 a 会比较小；相反，压缩性小的流体，其声速 a 则比较大。因此，可以用声速来表示流体压缩性的大小。

例如，20℃时，空气中的声速为 343m/s，而水中的声速是 1478m/s，这表明水的压缩性比空气小得多。对于不可压缩流体，在任何情况下，$\mathrm{d}\rho=0$，则 $a=\infty$，表明微弱扰动波在不可压缩流体中的传播速度无穷大，实际上这是不可能的，这也说明了任何流体都是可压缩的，不可压缩的流体在实际中是不存在的。

微弱扰动在传播过程中引起流体状态参数发生较小的变化，所以可以看作是一个可逆过程，同时传播速度快，来不及与周围进行热量交换，所以又可以看作是一个绝热过程，绝热可逆过程即是等熵过程。由此可知，微弱扰动波的传播使流体按等熵过程发生变化。当声音在气体中传播时，声速公式又可以作进一步推导。

等熵过程气体的过程方程式为

$$\frac{p}{\rho^{\kappa}}=c(\text{常数})$$

$$\frac{\mathrm{d}p}{\mathrm{d}\rho}=c\kappa\rho^{\kappa-1}=\kappa\frac{c\rho^{\kappa}}{\rho}=\kappa\frac{p}{\rho}$$

代入式（6-5），得

$$a=\sqrt{\kappa\frac{p}{\rho}} \tag{6-6}$$

由完全气体的状态方程式得

$$\frac{p}{\rho}=RT$$

则完全气体中声速的计算公式为

$$a=\sqrt{\kappa RT} \tag{6-7}$$

式中　κ ——气体的等熵指数；
　　R——气体常数。

κ 和 R 都与气体的种类有关。对于某种气体来说，κ 与 R 均为常数。例如：空气的等熵指数 $\kappa=1.4$，气体常数 $R=287\text{J}/(\text{kg}\cdot\text{K})$，则可得

$$a=20.1\sqrt{T} \tag{6-8}$$

声速不仅与气体的种类有关，还与气体的温度有关，即使对于同一种气体，由于不同地点的温度不同，声速也不同，因此，对于定常流动的气体，声速成为位置的函数，所以又称为**当地声速。**

总之，声速是气体动力学中一个最基本的参数，它与气体的状态、压缩性等有密切的关系，压缩性越小、温度越高的介质，其中的声速越大。一般用声速来衡量气体流动的快慢。

第二节　微弱扰动波在流场中的传播　马赫数

由于管道的限制，上一节讨论的微弱扰动波只能沿管道一个方向传播。如果扰动波的振动源相对于流场来说非常小，则可将其看作一个源点。把这个源点放在静止流场中，其产生的扰动波以相同的声速 a 向四周传播，便形成了球形的波面，即波面的半径 r 以速度 a 不断向外扩大，如图 6-2（a）所示，四个圆分别代表了扰动波自波源发出 1s，2s，3s，4s 后的大小和位置。可以看出，扰动波是以源点为中心的同心球面，最终它将到达流场的任何位置。

如果气体以一定的速度在流动，情况又会是怎么样呢？不同的速度对扰动波的传播有什么不同的影响吗？现在来加以讨论。

为了叙述方便，先介绍气体动力学中经常使用的一个重要参数——马赫数。马赫数是一个无量纲的参数，常用来衡量气流运动的快慢。

马赫数定义为气体的流动速度与当地声速之比，用 Ma 表示，即

$$Ma=\frac{c}{a} \tag{6-9}$$

根据马赫数的大小，通常将气体流动分为三种不同的类型：

$Ma<1$，即 $c<a$，称为亚声速流动；

$Ma=1$，即 $c=a$，称为临界声速流动；

$Ma>1$，即 $c>a$，称为超声速流动。

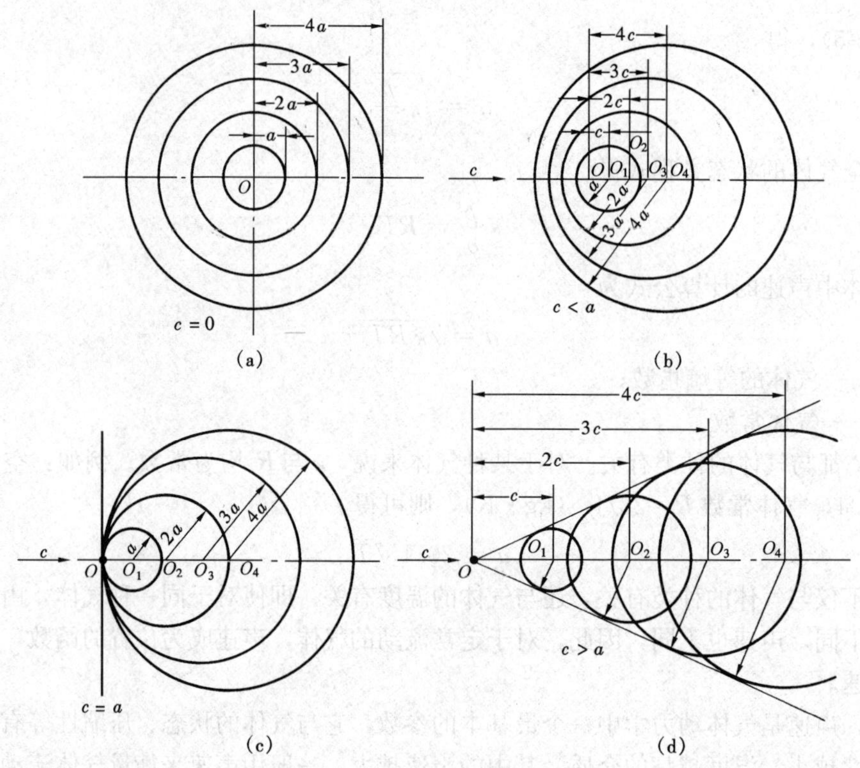

图 6-2 微弱扰动在气流中的传播

下面讨论不同类型的流动对微弱扰动波传播的影响。与在静止流场中所不同的是：球面波是在流动的气体中不断向外扩展的，即球面波在向四周传播的同时，还被气流带着以流速 c 沿气流方向运动。

1. 亚声速流动

在亚声速流动的流场中，气体流速 c 小于声速 a。如图 6-2（b）所示，扰动源在 O 点发出扰动波，1s 后，球面波半径为 a，而整个球面波沿气流运动方向移动的距离是 c，此时球面波的中心 O_1 距 O 点的距离也是 c；2s 后，球面波半径为 $2a$，而整个球面波沿气流方向又移动 c 距离，这时球面波中心 O_2 距 O 点的距离是 $2c$；3s 后，球面波半径为 $3a$，而整个球面波沿气流方向又运动了一个 c 的距离，这时球面波中心 O_3 距 O 点的距离是 $3c$；球面波如此传播下去。球面波的传播速度可以用矢量叠加的方法求得，在气体流动方向上，波面传播速度为 $a+c$，而在相反方向上，传播速度则为 $a-c$，最终它可以到达整个流场。

2. 临界声速流动

气体流动速度刚好等于声速，所以扰动波以声速向外传播的同时，还随气流一起以声速 a（$Ma=1$）运动。如图 6-2（c）所示，在气体流动方向上，波面传播速度 $a+c=2a$，而在相反方向上，传播速度为 $a-c=0$，所以，在作声速流动的流场中，波面只能沿流动方向传播，而不能逆流动方向传播，这样，整个流场被一分为二，以过 O 点的与流动方向垂直的平面为分界面，分界面右边的空间将受到扰动波的影响，而分界面左边的空间将永远不会受到扰动，一般称之为寂静区。也就是说，假如扰动源是声源，那么寂静区内永远听不到声音。

3. 超声速流动

此时流场中气体的流动速度超过声速，扰动波在以声速向四周传播的同时，还将以超声速随气流一起运动。如图 6-2（d）所示，在气流流动方向上，波面传播速度为 $a+c>2a$，而在相反方向上，传播速度为 $a-c<0$。传播速度为负数，说明传播方向仍指向气体流动方向，因此，当气体作超声速流动时，扰动波将被气流带向下游。可以看出，寂静区的范围更加扩大，扰动波只能在如图 6-2（d）所示的圆锥内传播，而不可能传播到圆锥区域以外，所以圆锥以外均为寂静区。也就是说，声源发出的声音在圆锥以外接收不到，即使位置离声源很近。

这个圆锥称为马赫锥。马赫锥以扰动源为顶点，其中心轴线与气体流动方向重合，它与马赫锥母线之间的夹角 θ 称为马赫角，其计算式为

$$\sin\theta=\frac{at}{ct}=\frac{a}{c}=\frac{1}{Ma} \tag{6-10}$$

可见，马赫角的大小取决于马赫数 Ma。气体流速越大，马赫数就越大，而马赫角就越小；反之，马赫角就越大。因此，超声速气流速度的快慢决定了扰动波传播的范围：气流速度越快，扰动波传播的范围越小；气流速度越慢，扰动波传播的范围越大；当气流作临界声速流动时，即 $Ma=1$ 时，马赫角 $\theta=90°$，即分界面由圆锥面变为平面。

下面介绍马赫数的另一个特征，即 Ma 值等于气体中压力波传播时的压缩量。

压缩量是指气体密度的相对变化量，一般用气体的密度变化量 $\mathrm{d}\rho$ 与变化后气体的密度 $\rho+\mathrm{d}\rho$ 之比来表示，即

$$s=\frac{\mathrm{d}\rho}{\rho+\mathrm{d}\rho}$$

由式（6-1）得

$$\mathrm{d}c=\frac{a\mathrm{d}\rho}{\rho+\mathrm{d}\rho}$$

即

$$\frac{\mathrm{d}c}{a}=\frac{\mathrm{d}\rho}{\rho+\mathrm{d}\rho}$$

则

$$Ma=s \tag{6-11}$$

前面曾经作过介绍，声速 a 可以表示气体压缩性的大小，即 a 大，表示其压缩性小；a 小，表示其压缩性大。气体的压缩量的大小，不仅与声速有关，还与气体的速度有关，即使压缩性大的气体，如果其流动速度较低或者是静止状态，即气体的马赫数较小，气体的压缩量仍然较小或者为零；反过来，压缩性小的气体，如果其流动速度较高，即 Ma 较大，那么气体的压缩量也会比较大。在此注意区分：声速是反映气体压缩性的标准，马赫数是反映气体压缩量的参数。虽然气体的压缩性都比较大，但对于静止流体和低速流动的气体，一般其压缩量都比较小，在工程上往往予以忽略。但高速气流压缩量比较大，而且对气体其他运动参数产生影响，所以，必须予以考虑。因此，工程上把 $Ma\leqslant0.2$ 的气流视为不可压缩气体

流动，而把 $Ma>0.2$ 的气流视为可压缩气体的流动。

第三节 可压缩一元定常管流基本方程式

不管是可压缩流体还是不可压缩流体，在本质上它们均遵守同样的运动规律，所以质量守恒定律、能量守恒定律、动量定理不仅适用于不可压缩流体，也同样适用于可压缩流体。同样可得到可压缩流体运动的三个基本方程式——连续方程、能量方程、动量方程。区别仅在于可压缩流体由于有密度的变化，方程形式更加复杂，求解起来更加困难。

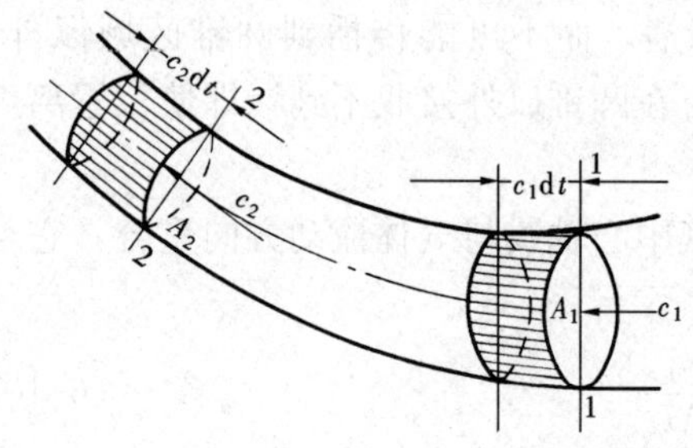

图 6-3 气体在管道中的流动

本节只讨论最简单流动的方程式，即以一元定常管流的气体流动为例来推导可压缩一元定常管流的基本方程式。

如图 6-3 所示，选定管道中 1—1 与 2—2 截面间的空间为控制体。假设截面 1—1 的面积为 A_1，气体的平均流速为 c_1，密度为 ρ_1；截面 2—2 的面积为 A_2，气体平均流速为 c_2，密度为 ρ_2。因为是定常流动，控制体内气体质量保持不变，根据质量守恒定律，在相同时间内进、出控制体的质量应该相等，即

$$\rho_1 c_1 \mathrm{d}tA_1 = \rho_2 c_2 \mathrm{d}tA_2$$

$$\rho_1 c_1 A_1 = \rho_2 c_2 A_2 \tag{6-12}$$

或

$$q_{m1} = q_{m2} \tag{6-13}$$

即

$$q_m = 常数 \tag{6-14}$$

式中 q_m——流体的质量流量。

式（6-12）～式（6-14）是可压缩流体的连续方程。

式（6-12）同样适用于不可压缩流体，即当式（6-12）中 $\rho_1=\rho_2$ 时，该公式就变为不可压缩流体的连续方程了。

以图 6-3 为例讨论可压缩流体的能量方程。假设管道内气体是绝热流动，即气体不与外界交换热量。定常流动的控制体内气体所具有的能量保持不变，根据能量守恒定律，在相同的时间内，进出控制体的流体所具有的能量应该是相等的，即

$$q_{m1} e_1 \mathrm{d}t = q_{m2} e_2 \mathrm{d}t$$

式中 e_1、e_2——单位质量流体所具有的能量，称为比能。

因为

$$q_{m1} = q_{m2}$$

所以

$$e_1 = e_2 \tag{6-15}$$

对于气体来说，比能包括四种形式能量，分别是比动能、比压能、比位能和比热力学能，即

$$e = \frac{c^2}{2} + \frac{p}{\rho} + gz + u \tag{6-16}$$

代入式（6-15）得

$$\frac{c_1^2}{2} + \frac{p_1}{\rho_1} + gz_1 + u_1 = \frac{c_2^2}{2} + \frac{p_2}{\rho_2} + gz_2 + u_2 \tag{6-17}$$

此式即为等熵绝热流动气体的能量方程式。在液体流动的能量方程式中之所以没有热力学能一项，是因为液体的比热容很大，所引起的热力学能变化非常小，一般均不予考虑。相反，气体流动过程中，热力学能变化是比较大的，所以必须记入。

实际气流运动中必然产生流动损失 h_w，而公式中没有该项，是因为内摩擦力做功消耗的机械能完全转化为热能被气体吸收，它的变化体现在热力学能的增加上。

一般情况下，与其他几项比能相比，气体的比位能变化很小，可以忽略，则式（6-17）可写为

$$\frac{c_1^2}{2}+\frac{p_1}{\rho_1}+u_1=\frac{c_2^2}{2}+\frac{p_2}{\rho_2}+u_2 \tag{6-18}$$

根据工程热力学的知识，气体的比热力学能可写为

$$u=c_V T \tag{6-19}$$

式中　c_V——气体的比定容热容，J/(kg·K)。

又由完全气体状态方程式　$$\frac{p}{\rho}=RT \tag{6-20}$$

迈耶公式　$$R=c_p-c_V \tag{6-21}$$

式中　c_p——气体的比定压热容，J/(kg·K)；

　　R——气体常数。

及等熵指数　$$\kappa=\frac{c_p}{c_V} \tag{6-22}$$

得　$$u=\frac{1}{\kappa-1}\frac{p}{\rho} \tag{6-23}$$

代入式（6-16），得

$$e=\frac{c^2}{2}+gz+\frac{p}{\rho}+\frac{1}{\kappa-1}\frac{p}{\rho}$$

或　$$e=\frac{c^2}{2}+gz+\frac{k}{\kappa-1}\frac{p}{\rho} \tag{6-24}$$

式（6-17）又可写为

$$\frac{c_1^2}{2}+gz_1+\frac{\kappa}{\kappa-1}\frac{p_1}{\rho_1}=\frac{c_2^2}{2}+gz_2+\frac{\kappa}{\kappa-1}\frac{p_2}{\rho_2} \tag{6-25}$$

式（6-18）又可写为

$$\frac{c_1^2}{2}+\frac{\kappa}{\kappa-1}\frac{p_1}{\rho_1}=\frac{c_2^2}{2}+\frac{\kappa}{\kappa-1}\frac{p_2}{\rho_2} \tag{6-26}$$

常见的气体能量方程式还有如下几种形式：

（1）将式（6-20）代入式（6-26），得

$$\frac{c_1^2}{2}+\frac{\kappa}{\kappa-1}RT_1=\frac{c_2^2}{2}+\frac{\kappa}{\kappa-1}RT_2 \tag{6-27}$$

（2）将 $a=\sqrt{\kappa RT}$ 代入得

$$\frac{c_1^2}{2}+\frac{a_1^2}{\kappa-1}=\frac{c_2^2}{2}+\frac{a_2^2}{\kappa-1} \tag{6-28}$$

(3) 又由气体的比焓值

$$h = c_p T = (c_V + R)T = c_V T + RT$$

及
$$h = u + \frac{p}{\rho} = \frac{\kappa}{\kappa - 1}\frac{p}{\rho} \tag{6-29}$$

由式 (6-18) 得

$$\frac{c_1^2}{2} + h_1 = \frac{c_2^2}{2} + h_2 \tag{6-30}$$

第四节　参考状态

流场中的气体总处于某一状态，一般用状态参数描述气体在某点的状态，如压力 p、密度 ρ、温度 T、比焓值 h 等。参考状态就是把气体所处的实际状态按照等熵过程变化到某一特定的状态。这里介绍三个常用的参考状态：滞止状态、临界状态和最大速度状态。

参考状态常用来描述流场中气体的各种状态，在气体动力学中具有极为重要的意义，经常用在工程实际中对气体的描述，大大方便了分析和计算的过程，并提供了对不同气体状态作比较的标准，因此，得到了广泛的应用。

一、滞止状态

将气体状态（p，ρ，T，c 等）按等熵过程变化到气流速度为零的状态，即**滞止状态**，通常用 p_0，ρ_0，T_0，h_0，a_0 等表示其状态参数，习惯上称为滞止压力、滞止密度、滞止温度、滞止焓、滞止声速等。汽轮机的进汽参数往往就用滞止参数来表示。

根据气体能量方程式 (6-27) 可知

$$\frac{c^2}{2} + \frac{\kappa}{\kappa - 1}RT = \frac{\kappa}{\kappa - 1}RT_0, \quad \frac{T_0}{T} = 1 + \frac{\kappa - 1}{2}\frac{c^2}{\kappa RT}$$

则
$$\frac{T_0}{T} = 1 + \frac{\kappa - 1}{2}\frac{c^2}{a^2}$$

或
$$\frac{T_0}{T} = 1 + \frac{\kappa - 1}{2}Ma^2 \tag{6-31}$$

根据气体等熵过程方程式可得

$$\frac{p_0}{p} = \left(\frac{\rho_0}{\rho}\right)^{\kappa}$$

代入完全气体状态方程，可得

$$\frac{p_0}{p} = \left(\frac{T_0}{T}\right)^{\frac{\kappa}{\kappa-1}} = \left(1 + \frac{\kappa - 1}{2}Ma^2\right)^{\frac{\kappa}{\kappa-1}} \tag{6-32}$$

$$\frac{\rho_0}{\rho} = \left(\frac{p_0}{p}\right)^{\frac{1}{\kappa}} = \left(\frac{T_0}{T}\right)^{\frac{1}{\kappa-1}} = \left(1 + \frac{\kappa - 1}{2}Ma^2\right)^{\frac{1}{\kappa-1}} \tag{6-33}$$

根据气体能量方程式 (6-30) 得

$$\frac{c^2}{2} + h = h_0 \tag{6-34}$$

二、临界状态

按等熵过程将任一实际气体状态（p，ρ，T，c 等）变化到气体流动速度刚好等于当地声速的状态，这个状态称为**临界状态**。临界状态的状态参数用临界压力 p^*、临界密度 ρ^*、临界温度 T^* 等表示。

根据气体能量方程式（6-28）可知

$$\frac{c^2}{2}+\frac{a^2}{\kappa-1}=\frac{c^{*2}}{2}+\frac{a^{*2}}{\kappa-1}$$

其中，$c^*=a^*$，又

$$\frac{c^2}{2}+\frac{a^2}{\kappa-1}=\frac{a_0^2}{\kappa-1}$$

得
$$c^*=a^*=\sqrt{\frac{2}{\kappa+1}}a_0 \tag{6-35}$$

由式（6-31）得

$$\frac{T_0}{T^*}=1+\frac{\kappa-1}{2}Ma^{*2} \tag{6-36}$$

由
$$Ma^*=\frac{c^*}{a^*}=1$$

得
$$\frac{T_0}{T^*}=1+\frac{\kappa-1}{2}=\frac{\kappa+1}{2} \tag{6-37}$$

由式（6-32）、式（6-33）得

$$\frac{p_0}{p^*}=\left(\frac{\kappa+1}{2}\right)^{\frac{\kappa}{\kappa-1}} \tag{6-38}$$

$$\frac{\rho_0}{\rho^*}=\left(\frac{\kappa+1}{2}\right)^{\frac{1}{\kappa-1}} \tag{6-39}$$

三、最大速度状态

将一状态的气体按绝热过程膨胀加速到极限，即其绝对温度为零，压力也为零，这时气体进入绝对真空状态，气流速度也达到其最大极限 c_{max}，这就是**最大速度状态**。当然，绝对真空只是一个理想概念，永远无法实现，所以，所谓的最大速度实际上只是一个理论值，但它具有实用价值，常用来作为衡量气流速度的参考值。

根据气体能量方程式（6-27），得

$$\frac{c^2}{2}+\frac{\kappa}{\kappa-1}RT=\frac{c_{max}^2}{2} \tag{6-40}$$

又由
$$\frac{c^2}{2}+\frac{\kappa}{\kappa-1}RT=\frac{\kappa}{\kappa-1}RT_0$$

得
$$c_{max}=\sqrt{\frac{2}{\kappa-1}\kappa RT_0}$$

或
$$c_{max}=\sqrt{\frac{2}{\kappa-1}}a_0 \tag{6-41}$$

又因为
$$\frac{c^2}{2}+h=h_0,\quad \frac{c^2}{2}+h=\frac{c_{max}^2}{2}$$

有
$$h_0 = \frac{c_{\max}^2}{2} \tag{6-42}$$

由
$$\frac{c^2}{2} + \frac{a^2}{\kappa - 1} = \frac{c^{*2}}{2} + \frac{a^{*2}}{\kappa - 1} = \frac{c_{\max}^2}{2}$$

得
$$c^* = a^* = \sqrt{\frac{\kappa - 1}{\kappa + 1}} c_{\max} \tag{6-43}$$

应该注意，在三个参考状态中，滞止状态、临界状态都是实际中可以存在的状态，只有最大速度状态是一种假想的情形。根据研究问题的需要，按照能量守恒的原则，可将气体的实际状态灵活地转变为其中任一参考状态，以利于问题的分析和解决。

第五节 激 波

前面介绍过微弱扰动波的传播特性，气体受到微弱压缩后，包括压力在内的一系列参数发生微小的变化，这种微小变化即微弱扰动波以声速向前传播，传播过程为等熵过程。那么，如果气体受到强烈压缩后，它会引起气体的强扰动波吗？气体的参数又会如何变化呢？本节专门讨论这几个问题。

事实和理论都证实，当超声速气流流过障碍物时，气流在障碍物前将受到急剧的压缩，气体的压强、温度和密度都将急剧地升高，从而形成强压缩扰动波。一般称这种气体参数发生急剧突跃性变化的强压缩扰动波为激波（或冲波）。这种现象在很多超声速气流中是普遍存在的，例如，爆炸物爆炸时会在四周形成冲击波，超声速飞行器飞行时会形成激波，热力发电厂中超声速汽流在汽轮机内绕流叶栅时也会形成激波，锅炉炉膛内煤粉爆燃产生的冲激波甚至会使炉膛炸裂，所以要设置防爆门及时降压。

根据其形状及与气流方向之间的关系，激波一般分为三种类型。

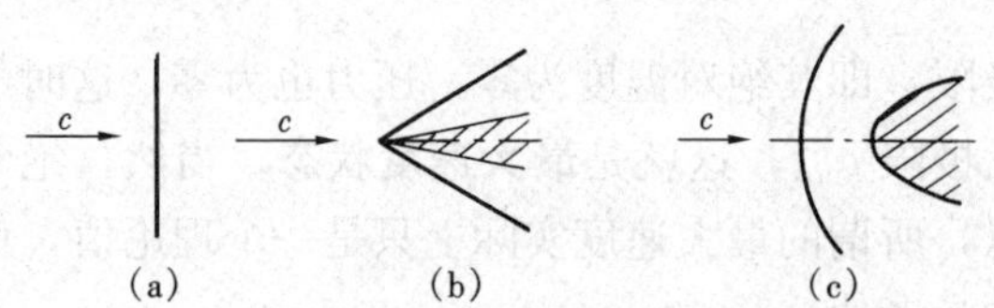

图 6-4 激波的种类

(a) 正激波；(b) 斜激波；(c) 脱体激波

(1) 正激波。如图 6-4 (a) 所示，激波面与气流方向垂直，激波面为平面，气流通过正激波后不改变原来的流动方向。

(2) 斜激波。如图 6-4 (b) 所示，激波面与气流方向不垂直，激波面为平面，气流通过斜激波后会改变原来的流动方向，一般超声速气流流过尖锐的楔形物时会出现斜激波。

(3) 脱体激波。如图 6-4 (c) 所示，一般超声速气流流过钝体时会出现脱体激波，脱体激波面为曲面，并且脱离物体表面，形成在物体的前方。

下面通过一个例子来说明正激波的形成过程。假设一根等直径的长管内有一个活塞（如图 6-5 所示），开始时静止气体的压力为 p、密度为 ρ、温度为 T，活塞由原来的静止状态开始作连续的加速运动，把这个连续的加速运动看作是一个个依次发生的微小加速。如同前面所介绍过的，每一次微小加速都形成一次微弱扰动，并以声速沿管道向前传播，一个个微弱扰动波最终叠加形成强扰动波。微弱扰动波叠加的过程是这样的：首先，活塞由静止突然加速，第一次微小加速使活塞获得速度 Δc_1，它压缩周围的气体使其压力、密度、温度都产生一个微小的增量，从而形成第一个微弱扰动波，微弱扰动波在静止的气体中开始以声速 a_1 向右传播，同时静止的气体也以速度 Δc_1 开始向右运动；紧接着活塞作第二次微小加速，活塞提速到 Δc_2，它压缩周围的气流，使其压力、密度、温度在第一次升高的基础之上再次产生微小增量，从而形成第二个微弱扰动波，第二个微弱扰动波在流速为 Δc_1 的气流中开始以声速 a_2 向右传播，同时气流再次提速以速度 Δc_2 向右运动。这里应注意，声速 a_1 在未受扰动的静止气体中传播，声速 a_2 在受过一次扰动，温度已有升高的速度为 Δc_1 的气流中传播。第二个微弱扰动波的实际传播速度为 $a_2+\Delta c_1$。显然，$a_2>a_1$，如此进行下去……

随着每一次微小加速都产生一个比上一次传播声速更快的微弱扰动波，气体的运动速度、压力、密度、温度也同时得到一次增加，最终必然导致在某一时刻后产生的微弱扰动波一个个追赶上前面的扰动波，波形变得越来越陡，如图 6-5 所示，最后在某个截面上所有微弱扰动波叠加在一起，使气流参数发生急剧的突跃的变化，形成一个强扰动波，这个强扰动波波面与流动方向垂直，称为正激波。如果活塞不再加速，正激波会以某一速度 c_s 继续向前传播。波面经过之处，气体的压力、密度、温度均突然升高，这种参数的急剧变化是在一个极小的激波面厚度（相当于分子平均自由行程的数量级）内完成的。一般情况下视其为没有厚度的不连续的间断面，这里的不连续指的是参数的突跃。

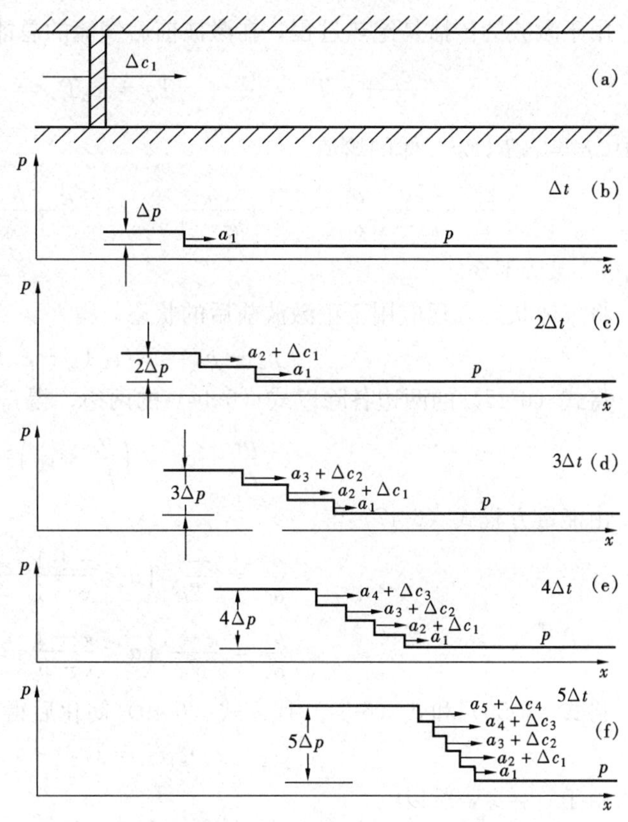

图 6-5 正激波形成过程

激波使气体受到突然地急剧地压缩，这个过程所耗时间非常短，来不及与外界进行热交换，所以可看作是绝热过程，但激波两侧气流参数的变化非常大，气体的黏性作用和热传导作用不能忽略，所以必然伴随有不可逆损失，即有熵增出现，因此激波的传播是一个非等熵过程。

下面来分析正激波前后各气流参数间的关系。正如上述管内形成的正激波一样，正激波在气体中传播时，是非定常流动。为了便于研究，把坐标系固定在激波面上，这样相对于坐标系来说，激波是静止的，气体以与激波传播速度大小相等，方向相反的相对速度流过激波面，此时，气流相对于坐标系是定常流动。

在相对坐标系中，假设波前气流参数分别为 p_1，ρ_1，c_1，T_1，波后气流参数分别为 p_2，ρ_2，c_2，T_2，如图 6-6 所示。下面利用连续性方程、动量方程、能量方程和状态方程来确定

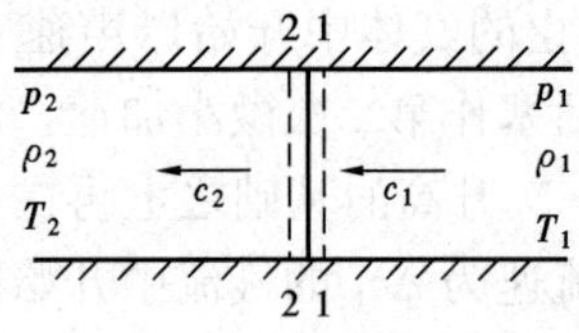

图 6-6 正激波前后气流参数关系

正激波前后各气流参数之间的关系。

选取如图 6-6 所示的控制体。因为圆管的截面不变，则连续性方程为

$$\rho_1 c_1 = \rho_2 c_2 \tag{6-44}$$

不考虑摩擦的影响，列动量方程

$$p_1 - p_2 = \rho_1 c_1 (c_2 - c_1)$$

或

$$p_1 + \rho_1 c_1^2 = p_2 + \rho_2 c_2^2 \tag{6-45}$$

由于激波的传播是绝热过程，在激波前后气流的总能量相等，列完全气体的能量方程式

$$\frac{c_1^2}{2} + c_p T_1 = \frac{c_2^2}{2} + c_p T_2 = c_p T_0 = \frac{c^2}{2} + h = 常数 \tag{6-46}$$

其中，$h = c_p T$，为气体的焓值。

$$\frac{c_1^2}{2} + \frac{\kappa}{\kappa-1}\frac{p_1}{\rho_1} = \frac{c_2^2}{2} + \frac{\kappa}{\kappa-1}\frac{p_2}{\rho_2} = \frac{\kappa}{\kappa-1}\frac{p_0}{\rho_0} = \frac{\kappa+1}{\kappa-1}\frac{a^{*2}}{2} = 常数 \tag{6-47}$$

式中 a^* 保持不变。

将气体状态方程应用于正激波前后的状态，得

$$p_2 - p_1 = R(\rho_2 T_2 - \rho_1 T_1) \tag{6-48}$$

将式（6-45）的两边各除以式（6-44）的两边，得

$$\frac{p_1}{\rho_1} + c_1^2 = \left(\frac{p_2}{\rho_2} + c_2^2\right)\frac{c_1}{c_2} \tag{6-49}$$

由能量方程式（6-47）得

$$\frac{p_1}{\rho_1} = \frac{\kappa-1}{2\kappa}\left(a^{*2}\frac{\kappa+1}{\kappa-1} - c_1^2\right) \tag{6-50}$$

$$\frac{p_2}{\rho_2} = \frac{\kappa-1}{2\kappa}\left(a^{*2}\frac{\kappa+1}{\kappa-1} - c_2^2\right) \tag{6-51}$$

将式（6-50）和式（6-51）代入式（6-49）简化后得

$$(c_2 - c_1)c_1 c_2 = (c_2 - c_1)a^{*2}$$

由于 $c_1 \neq c_2$，所以

$$c_1 c_2 = a^{*2} \tag{6-52}$$

这是著名的普朗特公式。由此可得到以下结论：超声速气流通过正激波后，一定变成亚声速气流。

由于 $a^2 = \kappa\frac{p}{\rho}$ 和 $Ma = \frac{c}{a}$，所以式（6-45）可改写成

$$p_1 - p_2 = \rho_2 c_2^2 - \rho_1 c_1^2 = \kappa p_2 Ma_2^2 - \kappa p_1 Ma_1^2$$

故

$$\frac{p_2}{p_1} = \frac{1 + \kappa Ma_1^2}{1 + \kappa Ma_2^2} \tag{6-53}$$

又由 $c = aMa = Ma\sqrt{\kappa RT}$，代入式（6-46）得

$$\frac{1}{2}Ma_1^2 \kappa RT_1 + c_p T_1 = \frac{1}{2}Ma_2^2 \kappa RT_2 + c_p T_2 \tag{6-54}$$

由于 $c_p = \frac{\kappa}{\kappa-1}R$，式（6-54）可写成

$$\frac{T_2}{T_1}=\frac{c_p+\frac{1}{2}Ma_1^2\kappa R}{c_p+\frac{1}{2}Ma_2^2\kappa R}=\frac{1+\frac{1}{2}(\kappa-1)Ma_1^2}{1+\frac{1}{2}(\kappa-1)Ma_2^2} \tag{6-55}$$

由状态方程式和式（6-44）得

$$\frac{T_2}{T_1}=\frac{p_2\rho_1}{p_1\rho_2}=\frac{p_2c_2}{p_1c_1}=\frac{p_2Ma_2}{p_1Ma_1}\sqrt{\frac{\kappa RT_2}{\kappa RT_1}}$$

所以

$$\frac{T_2}{T_1}=\left(\frac{p_2Ma_2}{p_1Ma_1}\right)^2 \tag{6-56}$$

再将式（6-53）和式（6-55）代入式（6-56），得

$$\frac{1+\frac{1}{2}(\kappa-1)Ma_1^2}{1+\frac{1}{2}(\kappa-1)Ma_2^2}=\left(\frac{1+\kappa Ma_1^2}{1+\kappa Ma_2^2}\right)^2\frac{Ma_2^2}{Ma_1^2}$$

或

$$\left[\frac{\kappa-1}{2}(1+\kappa Ma_1^2)-\kappa^2Ma_1^2\left(1+\frac{\kappa-1}{2}Ma_1^2\right)\right]Ma_2^4+\left[(1+\kappa Ma_1^2)^2-2\kappa Ma_1^2\left(1+\frac{\kappa-1}{2}Ma_1^2\right)\right]Ma_2^2-Ma_1^2\left(1+\frac{\kappa-1}{2}Ma_1^2\right)=0$$

简化成

$$\left(\frac{\kappa-1}{2}-\kappa Ma_1^2\right)Ma_2^4+(1+\kappa Ma_1^4)Ma_2^2-Ma_1^2\left(1+\frac{\kappa-1}{2}Ma_1^2\right)=0$$

或

$$(Ma_2^2-Ma_1^2)\left[\left(\frac{\kappa-1}{2}-\kappa Ma_1^2\right)Ma_2^2+\left(1+\frac{\kappa-1}{2}Ma_1^2\right)\right]=0 \tag{6-57}$$

式（6-57）的解有两个：一个是 $Ma_1=Ma_2$，即上下游马赫数相等，无正激波存在；另一个是

$$Ma_2^2=\frac{1+\frac{\kappa-1}{2}Ma_1^2}{\kappa Ma_1^2-\frac{\kappa-1}{2}} \tag{6-58}$$

将式（6-58）代入式（6-53）和（6-55），得

$$\frac{p_2}{p_1}=\frac{2\kappa Ma_1^2-(\kappa-1)}{\kappa+1} \tag{6-59}$$

$$\frac{T_2}{T_1}=1+\frac{2(\kappa-1)}{(\kappa+1)^2}\frac{\kappa Ma_1^2+1}{Ma_1^2}(Ma_1^2-1) \tag{6-60}$$

再将式（6-59）和式（6-60）代入式（6-56），得

$$\frac{c_2}{c_1}=\frac{\rho_1}{\rho_2}=\frac{2+(\kappa-1)Ma_1^2}{(\kappa+1)Ma_1^2} \tag{6-61}$$

式（6-58）～式（6-61）表明：正激波前、后各气流参数之比都是波前马赫数的函数，所以，当波前各气流参数已知时，就可以从这些公式求得波后各气流参数之值。

当超声速气流流过物体时，产生的激波使气流速度降低，其原因是部分动能将转变成热能，使气流的熵增加，这部分能量成为不可逆损失，也就是说，超声速气流与物体之间因为激波的原因各自形成作用于对方的阻力，阻碍两者之间的相对运动，它与摩擦阻力不同，完全是由激波造成的，称之为**波阻**。在各种形式的激波中，正激波中的熵增是最大的，因此正激波中的波阻最大。

第六节　渐缩喷嘴和缩放喷嘴的工作原理

渐缩喷嘴和缩放喷嘴是流体工程中常见的装置。一般是根据工程的需要，利用流管截面的变化来加速气流的。由于各种喷嘴的轴向尺寸较小，气流通过的时间很短，可以认为气流在喷嘴中流动时来不及与外界发生热交换，同时忽略气体黏性的影响，把喷嘴内的流动视为绝热可逆过程，即等熵过程。工程应用中，经常用气体的一元定常等熵流动规律来加以研究。

第三章中曾讨论过不可压缩流体在变截面管道中流动时流动速度是如何变化的。在流量保持不变的前提下，它的唯一影响因素是流通面积，并且流动速度与截面积成反比，也就是说，要想获得加速流就必须采用渐缩喷嘴，要想使流体减速，就必须采用渐扩式扩压管。那么，可压缩流体在变截面管道中流动时，流动速度如何变化？影响因素有哪些？下面就针对这些问题加以讨论。

假设气体作一元定常等熵流动，其连续方程为

$$\rho cA = 常数$$

对上式两边取对数后，取全微分形式，得

$$\frac{\mathrm{d}\rho}{\rho}+\frac{\mathrm{d}c}{c}+\frac{\mathrm{d}A}{A}=0 \tag{6-62}$$

在微元流管上取微元长度为控制体。假设气体在控制面进、出口流速分别为 c 和 $c+\mathrm{d}c$，压力分别为 p 和 $p+\mathrm{d}p$，不考虑气体黏性的作用，忽略质量力。由动量方程得

$$-\mathrm{d}p=\rho c\cdot\mathrm{d}c \tag{6-63}$$

由 $a=\sqrt{\dfrac{\mathrm{d}p}{\mathrm{d}\rho}}$ 得

$$\mathrm{d}p=a^2\mathrm{d}\rho \tag{6-64}$$

由式（6-63）、式（6-64）得

$$\frac{\mathrm{d}\rho}{\rho}=-\frac{c\mathrm{d}c}{a^2} \tag{6-65}$$

代入式（6-62），得

$$-\frac{c\mathrm{d}c}{a^2}+\frac{\mathrm{d}c}{c}+\frac{\mathrm{d}A}{A}=0$$

所以

$$(Ma^2-1)\frac{\mathrm{d}c}{c}=\frac{\mathrm{d}A}{A} \tag{6-66}$$

此公式就是气体在管内作一元流动时遵循的基本关系式。可以看出，在可压缩流体流动中，流通面积仍然是速度变化的主要影响因素，但不是唯一的因素。根据流动马赫数 Ma 的不同，下面分三种情况讨论马赫数对流动速度的影响。

（1）亚声速流动。当 $Ma<1$ 时，$\dfrac{\mathrm{d}c}{c}$ 与 $\dfrac{\mathrm{d}A}{A}$ 异号，表明当气体作亚声速流动时，流动速度随截面积的增加而减小，或随截面积的减小而增加，这与不可压缩流体在变截面管道中速度的变化规律相同。不可压缩流体在同一管道中作定常流动时，$\dfrac{\mathrm{d}c}{c}=-\dfrac{\mathrm{d}A}{A}$，对可压缩流体，$\dfrac{\mathrm{d}c}{c}\neq-\dfrac{\mathrm{d}A}{A}$。

(2) 超声速流动。当 $Ma>1$ 时，$\frac{dc}{c}$ 与 $\frac{dA}{A}$ 同号，表明当气体作超声速流动时，气流速度随截面积的增加而增加，或随截面积的减小而减小。流速的变化规律与亚声速流动时相反。这个结论似乎难以理解，事实上，前面曾经讨论过，气流马赫数的大小反映出了气流中气体压缩量的大小。气体作超声速流动时，气体的密度变化非常大，对流动产生了很大的影响。由式（6-65）得

$$\frac{d\rho}{\rho}=-Ma^2\frac{dc}{c}$$

将式（6-66）代入上式得

$$\frac{d\rho}{\rho}=\frac{Ma^2}{1-Ma^2}\frac{dA}{A}$$

当 $Ma<1$ 时，随着管道面积的增加，密度增加，密度的相对变化率小于速度的相对变化率，引起气体密度的增加和速度的减小。但当 $Ma>1$ 时，随着管道面积的增加，密度减小，但密度的相对变化率大于速度的相对变化率，从而引起气体密度的减小和速度的增大。

(3) 临界声速流动。当 $Ma=1$，$dA=0$，表明当气体作声速流动时，管道截面积应保持不变。对于变截面管道来说临界声速只能发生在最小截面，因为，在亚声速流动和超声速流动中，流速变化与截面变化的关系是不同的，当加速气流由亚声速连续变为超声速时，气流截面先收缩后扩大，在最小截面（$dA=0$）处速度达到声速（$c=a^*$），气流此时处于临界状态，对应的最小截面称为临界截面，也称为喉部。反之，当升压减速气流由超声速连续变为亚声速时，气流截面先是收缩，在最小截面（$dA=0$）处速度达到声速，而后截面扩大。所以，只有在最小截面上气体的流速才能等于声速，而在其他截面（包括最大截面）上气体的流速不可能等于声速。但应注意，并不是在所有的最小截面上都出现声速流动，声速流动的出现还须满足其他条件。

下面来讨论气流在渐缩喷嘴和缩放喷嘴中的具体情况。

一、渐缩喷嘴

图 6-7 所示为一渐缩喷嘴，气流在进口处的参数用其所对应的滞止参数 p_0，ρ_0，T_0 等表示，气流在出口处的参数用 p_1，ρ_1，T_1，c_1 等表示。

气体在渐缩喷嘴内的流动可近似为一元定常等熵流动。列喷嘴进、出口的能量方程

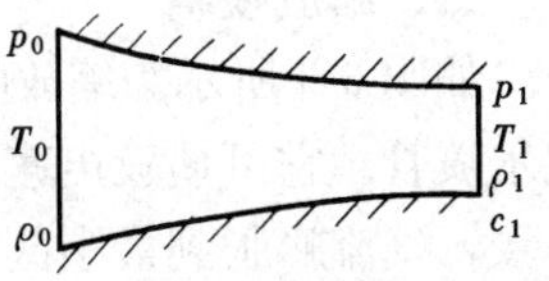

$$\frac{\kappa}{\kappa-1}\frac{p_1}{\rho_1}+\frac{c_1^2}{2}=\frac{\kappa}{\kappa-1}\frac{p_0}{\rho_0}$$

图 6-7　渐缩喷嘴

等熵过程关系式

$$\frac{p_1}{\rho_1^\kappa}=\frac{p_0}{\rho_0^\kappa}$$

整理得

$$c_1=\sqrt{\frac{2\kappa}{\kappa-1}\frac{p_0}{\rho_0}\left[1-\left(\frac{p_1}{p_0}\right)^{\frac{\kappa-1}{\kappa}}\right]} \tag{6-67}$$

则通过喷嘴的质量流量为

$$q_m = \rho_1 c_1 A_1 = A_1 \left(\frac{p_1}{p_0}\right)^{\frac{1}{\kappa}} \sqrt{\frac{2\kappa}{\kappa-1} p_0 \rho_0 \left[1-\left(\frac{p_1}{p_0}\right)^{\frac{\kappa-1}{\kappa}}\right]} \tag{6-68}$$

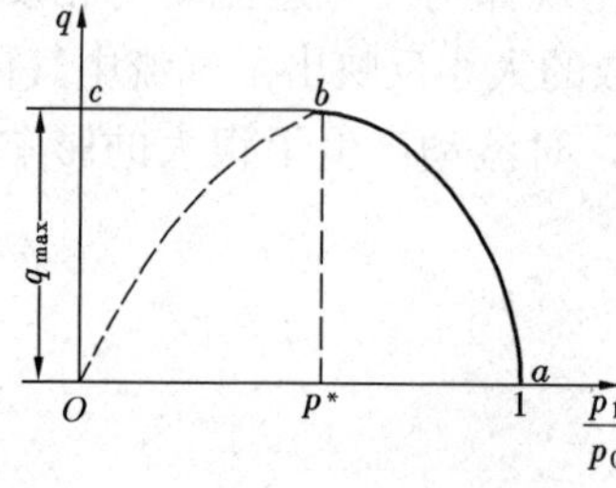

图 6-8 气体流过渐缩喷嘴时流量与设计出口压力和背压的变化

式（6-68）表明，当滞止参数给定时，通过喷嘴的质量流量只随出口压力而变化，其变化规律如图 6-8 中的曲线，即随着 p_1 由零增加到 p_0，q_m 先由零增加到最大值 q_{max}，而后又减少到零。但在实际流动中，流量按曲线 abc 变化，即当背压（喷嘴出口以外的气体压力）$p'=p_1=p_0$ 时，$q_m=0$；当 p'_1 从 p_0 逐渐降低，流量沿 ab 段变化，当 p'_1 下降至某一值时，q_m 达到最大值，在此阶段 $p_1=p'_1$；当背压 p'_1 继续降低时，流量不按图中虚线降低，而保持 q_{max} 不变，如图 6-8 中实线所示。其原因在于，亚声速气流在渐缩喷嘴内不可能增速到超声速，在出口截面上速度最大只能达到声速，所以气流在喷嘴中只能膨胀到 p^* 为止，无论背压如何减小，出口断面上的压力都将保持不变，而气流只能在流出喷嘴以后在环境中继续膨胀，最终其压力降至与背压相同，因此流量将保持不变，如图中 bc 段。最大流量 q_{max} 可由 $\frac{dq_m}{dp_1}=0$ 求出。对式（6-68）求导得

$$p_1 = p_0 \left(\frac{2}{\kappa+1}\right)^{\frac{\kappa}{\kappa-1}} = p^* \tag{6-69}$$

即当喷嘴出口压力刚好等于临界压力时，通过渐缩喷嘴的流量达到最大值，这时喷嘴出口速度为临界速度。

$$c_1 = a^* = \sqrt{\frac{2\kappa}{\kappa+1}\frac{p_0}{\rho_0}}$$

将式（6-69）代入式（6-68）得最大流量为

$$q_{max} = A_1 \left(\frac{2}{\kappa+1}\right)^{\frac{\kappa+1}{2(\kappa-1)}} \sqrt{\kappa p_0 \rho_0} \tag{6-70}$$

综合来看，亚声速气流在渐缩喷嘴中可获得加速，最大可加速到声速。在渐缩喷嘴中不可能加速获得超声速气流，要想获得超声速气流，只能借助于另一种喷嘴——缩放喷嘴。

二、缩放喷嘴

如图 6-9 所示为缩放喷嘴。缩放喷嘴是 19 世纪末瑞典工程师拉伐尔发明的，故又称拉伐尔喷管。它可使亚声速气流加速至超声速流动，其中喷嘴收缩部分的作用与渐缩喷嘴完全一致，气流膨胀到最小截面处达到临界声速，而后，在扩张部分中继续膨胀，达到超声速。出口断面上的气流速度（超声速）仍可用式（6-67）求得，只需将出口截面上的设计压力 p_1 代入，而通过喷嘴的流量取决于最小截面（即喉部）的参数，因为此时已达到声速，流量为最大值，即

$$q_{max} = A^* \left(\frac{2}{\kappa+1}\right)^{\frac{\kappa+1}{2(\kappa-1)}} \sqrt{\kappa p_0 \rho_0} \tag{6-71}$$

式中 A^*——喉部截面积。

下面讨论当背压 p'_1 与出口截面上的设计压力 p_1 不同时，背压对气流的影响。假定喷嘴进口气流对应的滞止参数 p_0 保持不变，背压 p'_1 从 p_0 开始逐渐降低。

（1）当 $p'_1=p_0$ 时，由于喷嘴进出口没有压差，气体在喷嘴内没有流动，压强变化如图

6-9 中 OB 线所示。

(2) 当 p_1' 从 p_0 开始降低时，只要在最小截面上的压力 p 大于临界压力，即 $p>p^*$，则在整个喷嘴内都是亚声速气流。也就是说，气流在渐缩部分加速至最小截面处时仍为亚声速流动（因为 $p>p^*$），之后，亚声速气流在渐扩部分不但不会加速，反而变为增压降速过程，所以，出口处流速只能是亚声速，如图 6-9 中 ODE 曲线所示。

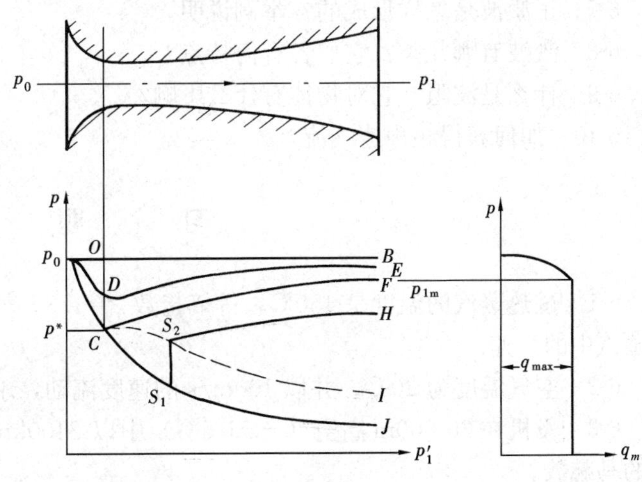

图 6-9 缩放喷嘴内的压力和流量变化

(3) 如果背压 p_1' 继续降低，刚好使最小截面上的压力达到临界压力 p^*，则流量达到式（6-71）的最大值 q_{max}，此时喷嘴出口截面上的压力为 p_{1m}。虽然这时在最小截面处，气流流速增加到声速，但由于 $p_{1m}>p^*$，所以，在喷嘴的扩张部分，气体不能继续膨胀，压强变化如图 6-9 中 OCF 所示，流动转为增压降速的亚声速流动。

(4) 如果背压 p_1' 在前一基础上继续降低，直降为零，这期间喷嘴的渐缩部分气流流动将不再发生变化，流量保持最大流量 q_{max}，最小截面处始终为声速流动，这与前面刚讨论过的渐缩喷嘴的状况完全相同。喷嘴的渐扩部分却随背压 p_1' 的不同而出现各种情况。

1) 当 $p_{1m}>p_1'>p_1$ 时，气流在渐扩部分会出现压力的不连续变化，也就是形成一个正激波，正激波的位置随着 p_1' 的降低，从最小截面处移至喷管出口处，p_{1m} 就是正激波形成于喷嘴最小截面时的背压，气流通过正激波从超声速变为亚声速，一直到出口截面处，压力变化如图 6-9 中 OCS_1S_2H 线。

2) 当 $p_1'=p_1$ 时，喷嘴内的气流在设计工况下流动，喷嘴出口获得超声速气流，压力变化如图 6-9 中的 OCS_1J 线所示。

3) 当 $p_1'<p_1$ 时，喷嘴内气流的流动不再发生变化，保持设计工况下的流动状态。喷嘴出口处的压力始终保持 p_1 不变，喷嘴流量也始终保持最大流量，气流从喷嘴出口流出后，继续在环境中膨胀降低至 p_1' 为止。

思 考 题

6-1 什么是声速？它与流体的压缩性有什么关系？

6-2 简要叙述扰动源在静止气体中以不同速度运动时，微弱扰动波的传播特点。

6-3 什么是马赫数？它在气体动力学中有何意义？

6-4 可压缩流体的连续性方程和能量方程与不可压缩流体的连续性方程和能量方程有何区别？又有何联系？

6-5 什么是“滞止状态”、“临界状态”和“最大速度状态”？它们之间有何关系？

6-6 什么是激波？经过激波后气体参数将如何变化？

6-7 正激波是怎样形成的？举例说明。

6-8 激波有哪几类？它们各有何特点？

6-9 什么是波阻？它对物体有什么影响？

6-10 如何获得超声速气流？

习 题

6-1 过热蒸汽的温度是 450℃，等熵指数 $\kappa=1.3$，气体常数 $R=462\text{J}/(\text{kg}\cdot\text{K})$。求过热蒸汽中的声速。

6-2 空气温度为 20℃，并以 100m/s 的速度流动，求空气的当地声速和马赫数。

6-3 飞机在 20 000m 高空（－56.5℃）中以 2400km/h 的速度飞行，求气流相对于飞机的马赫数。

6-4 假定管道中空气的温度为－9℃，管中压力为 $61.62\times10^3\text{Pa}$（462.2mmHg），同时用微压计测出音波上的压力升高量为 353Pa（$36\text{mmH}_2\text{O}$）。试求沿管轴传播声波的空气质点的运动速度。

6-5 空气流经一管道，在断面 1－1 处直径为 500mm，温度为 60℃，绝对压力为 $0.3\times10^6\text{Pa}$，速度为 24m/s。断面 2－2 处直径为 7000mm，温度为 30℃，绝对压力为 $0.1\times10^6\text{Pa}$。求断面 2—2 处的流速。

6-6 氧气瓶内的绝对压力为 10^6Pa，温度为 25℃，氧气的气体常数 $R=260\text{J}/(\text{kg}\cdot\text{K})$，等熵指数 $\kappa=1.4$。试计算氧气从瓶口流出的速度。

6-7 有一拉伐尔喷管，其喉部断面面积为 80mm^2，蒸汽的初始压力和温度分别为 $p_0=9\times10^6\text{Pa}$，$t=600$℃。求喷管的流量及蒸汽膨胀至 $Ma=2.2$ 时的出口面积。

6-8 过热蒸汽的流速 $c=80\text{m/s}$，温度 $t=430$℃，压力 $p=3.6\times10^6\text{Pa}$。求其最大速度及临界声速的数值。

参 考 文 献

[1] 管楚定，王右寰. 工程流体力学. 北京：中国电力出版社，1998.
[2] 孔珑. 工程流体力学. 4版. 北京：中国电力出版社，2014.
[3] 毛正孝. 泵与风机. 2版. 北京：中国电力出版社，2007.
[4] 尚进. 工程流体力学. 北京：中国电力出版社，2001.
[5] 陈兴华. 流体力学 泵与风机. 北京：中国电力出版社，1987.
[6] [英]普林特(Plint, M. A)，[奥]伯斯威特(Boswirth, L.). 流体力学实验教程. 康振黄，等译. 北京：中国计量出版社，1986.
[7] 周光坰，严宗毅，许世雄，等. 流体力学. 北京：高等教育出版社，2000.
[8] 江宏俊. 流体力学. 北京：高等教育出版社，1985.
[9] 沈维道，郑佩芝，蒋淡安. 工程热力学. 北京：高等教育出版社，1983.
[10] 朱之墀，王希麟. 流体力学理论例题与习题. 北京：清华大学出版社，1986.
[11] 祁德庆. 工程流体力学. 上海：同济大学出版社，1995.
[12] 常石明. 工程流体力学. 北京：水利电力出版社，1994.
[13] 赵克强，韩占忠. 流体力学基本理论与解题方法. 北京：北京理工大学出版社，1989.
[14] 胡正瑗. 工程流体力学导论及其应用. 上海：复旦大学出版社，1992.
[15] 沈钧涛. 流体力学习题集. 北京：北京大学出版社，1990.
[16] [英]J. F. 道格拉斯(J. F. Douglas). 流体力学题解. 勒思源，译. 成都：成都科技大学出版社，1990.
[17] 金朝铭，陆肇达. 流体传输设备与运行. 哈尔滨：哈尔滨工业大学出版社，1988.
[18] 杜广生. 工程流体力学. 北京：中国电力出版社，2009.
[19] 王振东. 诗情画意谈力学. 北京：高等教育出版社，2008.
[20] 戈忠恕. 谈谈体育运动中的流体力学. 气象知识，1998，4：13.